国家级职业教育规划教材
人力资源和社会保障部职业能力建设司推荐
高等职业技术院校电类专业教材

常用机床电气检修

（第二版）

CHANGYONG JICHUANG DIANQI JIANXIU

主编　王兵

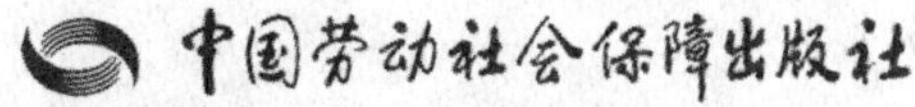

中国劳动社会保障出版社

简介

本书主要内容包括 CA6140 型车床电气检修、C5225 型双柱立式车床电气检修、CK6136 型数控车床电气检修、Z35 型摇臂钻床电气检修、Z3040 型摇臂钻床电气检修、M7130 型平面磨床电气检修、M1432A 型万能外圆磨床电气检修、M7475B 型立轴圆台平面磨床电气检修、X62W 型万能铣床电气检修、T68 型卧式镗床电气检修、T612 型卧式镗床电气检修、20/5t 桥式起重机电气检修和 B2012A 型龙门刨床电气检修等。

本书由王兵主编，丁娜、赵怡、张志参与编写。

图书在版编目(CIP)数据

常用机床电气检修/王兵主编. —2 版. —北京：中国劳动社会保障出版社，2014
高等职业技术院校电类专业教材
ISBN 978-7-5167-0828-6

Ⅰ.①常… Ⅱ.①王… Ⅲ.①机床-电气设备-维修-高等职业教育-教材 Ⅳ.①TG502.34

中国版本图书馆 CIP 数据核字(2014)第 015927 号

中国劳动社会保障出版社出版发行
(北京市惠新东街 1 号 邮政编码：100029)

*

北京金明盛印刷有限公司印刷装订 新华书店经销
787 毫米×1092 毫米 16 开本 14.5 印张 3 插页 344 千字
2014 年 1 月第 2 版 2016 年 1 月第 2 次印刷
定价：28.00 元

读者服务部电话：(010) 64929211/64921644/84626437
营销部电话：(010) 64961894
出版社网址：http://www.class.com.cn

前　言

为了更好地适应全国高等职业技术院校电类专业教学要求，全面提升教学质量，人力资源和社会保障部教材办公室组织有关学校的一线教师和行业、企业专家，充分调研企业生产和学校教学情况，广泛听取各职业技术院校对教材使用情况的反馈意见，对2006年至2007年出版的全国高等职业技术院校电类专业基础平台教材和电气自动化技术专业模块教材进行了修订，并做了适当的补充开发。

本次教材修订（新编）工作的重点主要体现在以下四个方面：

第一，科学合理安排内容，融入先进教学理念。

根据电类专业毕业生所从事职业的实际需要和教学实际情况的变化，合理确定学生应具备的能力与知识结构，适当调整部分教材的内容及其深度、难度，如《数控机床电气检修（第二版）》中增加了教学中广泛使用的广数GSK980T系统的相关知识；根据相关工种及专业领域的最新发展，在教材中充实“四新”内容，如《变频器应用技术（三菱 第二版）》中改用目前广泛应用的较新型的FR－E740型通用变频器。同时，结合教学改革要求，在教材中融入较为成熟的课改理念和教学方法，以完成具体典型工作任务为主线组织教材内容，将理论知识的讲解与具体的任务载体有机结合，激发学生学习兴趣，提高学生实践能力。

第二，进一步完善教材体系，充分满足教学需求。

在进一步完善现有教材教学内容的基础上，适应专业发展趋势，新开发了《电力电子技术》《过程控制技术》《工业组态软件应用技术》《自动化综合实训》教材，以充分满足当前电气自动化技术专业教学的实际需求。同时，相关教材还可满足“生产过程自动化技术”“工业网络技术”“计算机控制技术”等其他电类专业方向的教学需要。

第三，涵盖国家职业技能标准，与职业技能鉴定要求相衔接。

教材编写坚持以国家职业技能标准为依据，涵盖《维修电工》等国家职业技能标准中（中、高级）的知识和技能要求，并在与教材配套的习题册中增加针对相关职业技能鉴定考试的练习题。同时，严格贯彻国家有关技术标准的要求。

第四，进一步开发辅助产品，提供优质教学服务。

根据大多数学校的教学实际需求，部分教材还配套开发了习题册，以便于学生巩固练习使用。本套教材均提供多媒体教学课件，可通过中国人力资源和社会保障出版集团网站（http：//www. class. com. cn）免费下载，进入主页后搜索相应教材并进入图书详细页面即可找到下载链接。

本次教材的修订（新编）工作得到了江苏、安徽、山东、河南、湖南、广东、广西、四川等省人力资源和社会保障厅及一些高等职业技术院校的大力支持，教材的编审人员做了大量的工作，在此我们表示诚挚的谢意。

人力资源和社会保障部教材办公室

2013 年 11 月

目录

CONTENTS

国家级职业教育规划教材

课题一　CA6140 型车床电气检修

在工农业生产和日常生活中，经常见到轴、螺纹等机械零件，这些零件大都是经过车床加工得到的。车床是一种应用极为广泛的金属切削机床，可用于车削内圆、外圆、端面、螺纹、螺杆及成形表面，并可以在尾座上安装钻头或铰刀进行钻孔或铰孔等加工。

任务 1　认识 CA6140 型车床

学习目标

1. 了解车床的主要运动形式，能进行试车操作。
2. 能看懂机床电路图的表示方法。
3. 掌握 CA6140 型车床电路的工作原理。

任务引入

当机床设备发生电气故障时，机床维修人员必须快速、准确地排除故障，保障生产的顺利进行，而要快速、准确地排除设备电气故障，首先要认识机床的基本结构组成和主要运动形式，掌握设备的电气线路工作原理。本任务就来学习 CA6140 型车床的结构组成、运动形式和基本操作方法，学习机床电气控制线路的基本知识，并识读 CA6140 型车床的电气控制电路图。

相关知识

一、CA6140 型车床的型号规格

CA6140 型车床的型号规格及含义如下：

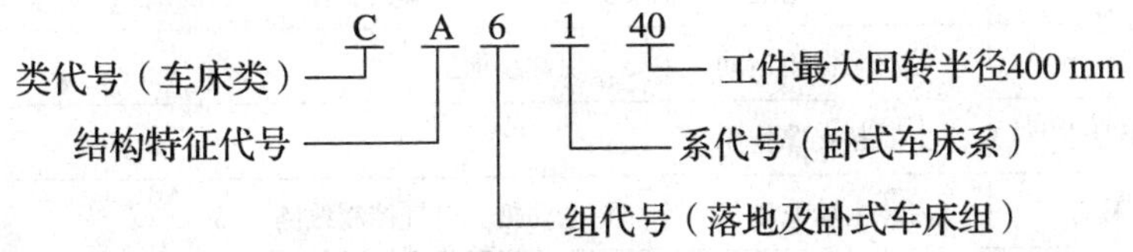

二、CA6140 型车床的主要结构

CA6140 型普通卧式车床外形如图 1—1 所示，其主要由主轴箱、进给箱、溜板箱、卡盘、方刀架、尾座、挂轮架、光杠、丝杠、大溜板、中溜板、小溜板、床身、左床座和右床座等组成。车床主要结构的具体功能见表 1—1。

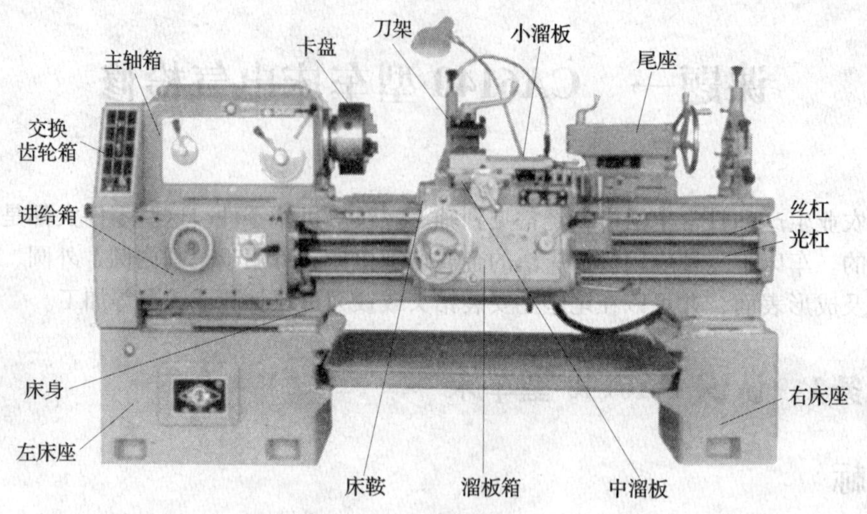

图 1—1　CA6140 型车床外形与结构图

表 1—1　**CA6140 型车床主要结构及功能**

序号	结构名称	主要功能
1	主轴箱	由多个直径不同的齿轮组成，实现主轴变速
2	进给箱	实现刀具的纵向和横向进给，并可改变进给速度
3	溜板箱	实现大溜板和中溜板手动或自动进给，并可控制进给量
4	卡盘	夹持工件，带动工件旋转
5	交换齿轮箱	将主轴电动机的动力传递给进给箱
6	刀架	安装刀具
7	床鞍	带动刀架纵向进给
8	中溜板	带动刀架横向进给
9	小溜板	通过摇动手轮使刀具纵向进给
10	尾座	安装顶尖、钻头和铰刀等
11	光杠	带动溜板箱运动，主要实现内外圆、端面、镗孔等切削加工
12	丝杠	带动溜板箱运动，主要实现螺纹加工
13	床身	主要起支撑作用
14	左床座	内装主轴电动机和冷却泵电动机、电气控制线路
15	右床座	内装切削液

三、CA6140 型车床的主要运动形式

CA6140 型普通车床的主要运动形式有切削运动、进给运动、辅助运动。其中，切削运动包括卡盘带动工件旋转的主运动和刀具的直线进给运动；进给运动是刀架带动刀具的直线

运动；辅助运动有尾座的纵向移动、工件的夹紧与放松等。车床工作时，绝大部分功率消耗在主轴运动上。

四、CA6140 型车床电气控制的特点

1. 主驱动电动机选用三相笼型异步电动机，不进行电气调速。采用齿轮箱进行机械有级调速。为了减小振动，主驱动电动机通过几条 V 带将动力传递到主轴箱。

2. 该型号的车床在车削螺纹时，通过机械的方法实现主轴的正反转。

3. 刀架移动和主轴转动有固定的比例关系，以满足对螺纹加工的需要。

4. 车削加工时，由于刀具及工件温度过高，有时需要冷却，因此配有冷却泵电动机，在主轴启动后，根据需要决定冷却泵电动机是否工作。

5. 具有过载、短路、欠压和失压（零压）保护。

6. 具有安全可靠的机床局部照明装置。

五、CA6140 型车床电路工作原理

如图 1—2 所示为 CA6140 型车床电路原理图，机床电路一般比电气传动基本环节电路复杂，为便于读图分析、查找图中元器件及其触点的位置，机床电路图的表示方法有自己相应的特点，见图中引出的标注。

1. 主电路

主电路有三台电动机，均为正转控制。主轴电动机 M1 由交流接触器 KM 控制，带动主轴和工件旋转做进给运动；冷却泵电动机 M2 由中间继电器 KA1 控制，输送切削冷却液；刀架快速移动电动机 M3 由 KA2 控制，在机械手柄的控制下带动刀架快速做横向或纵向进给运动。主轴的旋转方向、主轴的变速和刀架的移动方向均由机械控制实现。

主轴电动机 M1 和冷却泵电动机 M2 设过载保护，FU1 作为冷却泵电动机 M2、快速移动电动机 M3、控制变压器 TC 一次绕组的短路保护。

机床电路的读图应从主电路着手，根据主电路电动机控制形式分析其控制内容，包括启动方式、调速方法、制动控制和自动循环等基本控制环节。

2. 控制电路

（1）机床电源

接通电源：

正常工作状态下 SB 和 SQ2 处于断开状态，QF 线圈不通电。SQ2 装于配电箱壁龛门后，打开配电箱壁龛门时，SQ2 恢复闭合，QF 线圈得电，断路器 QF 自动断开，切断电源进行安全保护。控制电路的电源由控制变压器 TC 二次侧输出的 110 V 电压提供，FU2 为控制电路提供短路保护。

（2）主轴电动机的控制

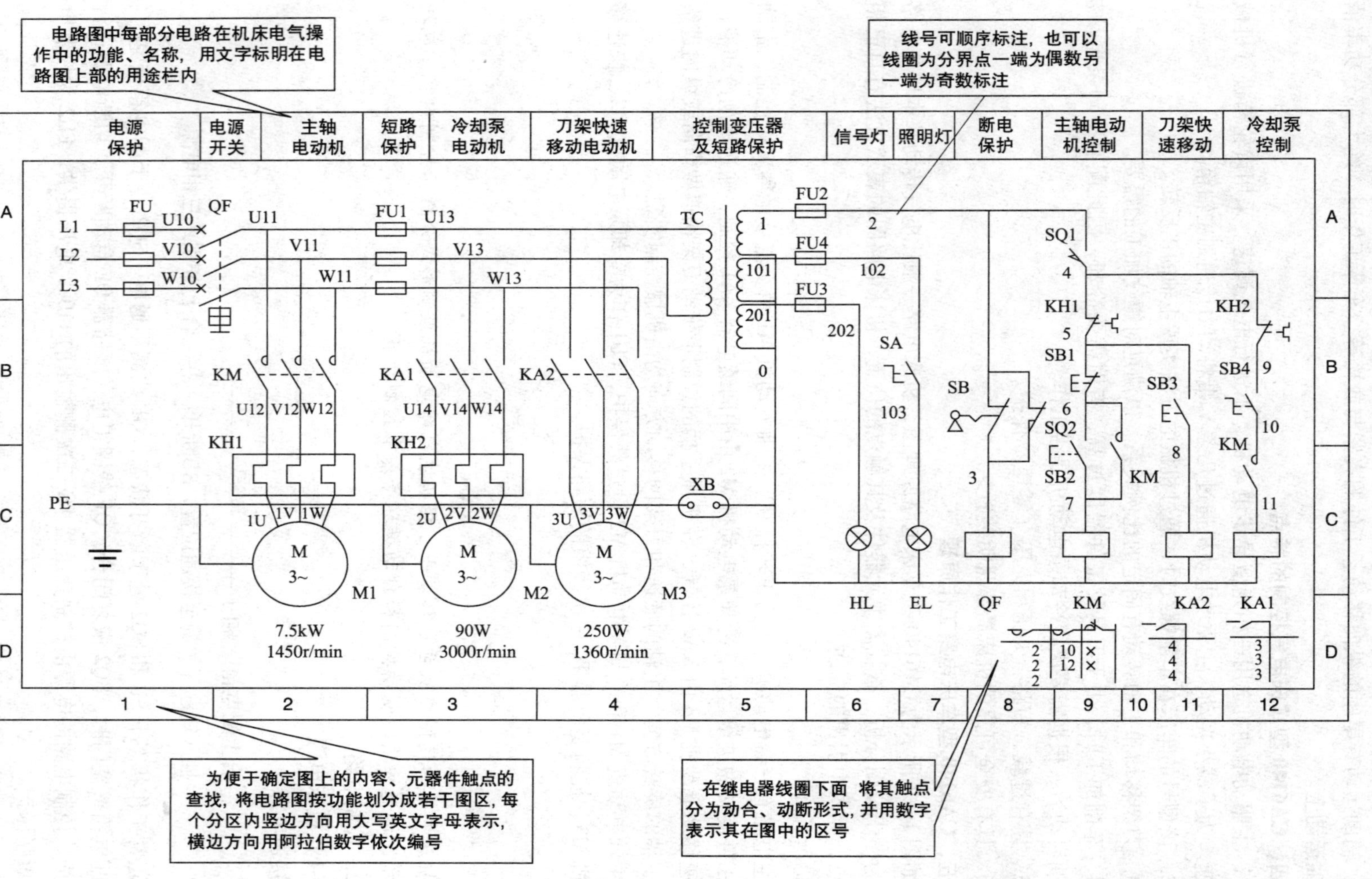

图 1—2　CA6140 型车床电路图

为保证人身安全，车床正常运行时必须将皮带罩合上，位置开关 SQ1 装于主轴传动带罩后，起断电保护作用。

M1 启动：

按下 SB2 ——→ KM 线圈得电 ——→ KM 的自锁触点（8 区）闭合
　　　　　　　　　　　　　——→ KM 主触点（2 区）闭合 ——→ M1 启动运转
　　　　　　　　　　　　　——→ KM 的常开触点（10 区）闭合，为 KA1 得电作准备

M1 停止：

按下 SB1→KM 线圈失电→KM 触点复位→M1 失电停转

KH1 作为主轴电动机的过载保护装置。

（3）快速移动电动机 M3 的控制

刀架快速移动电动机 M3 的启动，由安装在刀架快速进给操作手柄顶端按钮 SB3 点动控制。

（4）冷却泵电动机 M2 的控制

冷却泵电动机 M2 与主轴电动机 M1 采用顺序控制，只有当接触器 KM 得电，主轴电动机 M1 启动后，转动旋钮开关 SB4，中间继电器 KA1 线圈得电，冷却泵电动机 M2 才能启动。KM 失电，主轴电动机停转，M2 自动停止运行。KH2 为冷却泵电动机提供过载保护。

（5）照明、信号回路

控制变压器 TC 二次侧输出的 24 V、6 V 电压分别作为车床照明、信号回路电源，FU4、FU3 分别为其各自的回路提供短路保护。

控制电路的分析可按控制功能的不同，划分成若干控制环节进行，即采用“化零为整”的方法；在分析各控制环节时，还应注意各控制环节之间的联锁关系，最后再“积零为整”对整体电路进行分析。

CA6140 型车床元器件明细见表 1—2。

表 1—2　　**CA6140 型车床元器件明细表**

代号	名称	型号及规格	数量	用途	备注
M1	主轴电动机	Y132M－4－B3，7.5 kW，1 450 r/min	1	主传动	
M2	冷却泵电动机	AOB－25，90 W，3 000 r/min	1	输送冷却液	
M3	快速移动电动机	AOS5634，250 W，1 360 r/min	1	溜板快速移动	
KH1	热继电器	JR2016－20/3D，15.4 A	1	M1 过载保护	
KH2	热继电器	JR20－20/3D，0.32 A	1	M2 过载保护	
KM	交流接触器	CJ20－20，线圈电压 110 V	1	控制 M1	
KA1	中间继电器	JZ7－44，线圈电压 110 V	1	控制 M2	

续表

代号	名称	型号及规格	数量	用途	备注
KA2	中间继电器	JZ7－44，线圈电压 110 V	1	控制 M3	
SB1	按钮	LAY3－01ZS/1	1	停止 M1	
SB2	按钮	LAY3－10/3.11	1	启动 M1	
SB3	按钮	LA9	1	启动 M3	
SB4	旋钮开关	LAY3－10X/2	1	控制 M2	
SQ1、SQ2	位置开关	JWM6－11	2	断电保护	
HL	信号灯	ZSD－0.6 V	1	刻度照明	无灯罩
QF	断路器	AM2－40，20 A	1	电源开关	
TC	控制变压器	JBK2－100，380 V/110 V/24 V/6 V	1	控制、照明	110 V，50 V·A 24 V，45 V·A
EL	机床照明灯	JC11	1	工作照明	
SB	旋钮开关	LAY3－01Y/2	1	电源开关锁	带钥匙
FU1	熔断器	BZ001，熔体 6 A	1		
FU2	熔断器	BZ001，熔体 1 A	1	110 V 控制电源	
FU3	熔断器	BZ001，熔体 1 A	1	信号灯电路	
FU4	熔断器	BZ001，熔体 2 A	1	照明灯电路	

六、CA6140 型车床元件位置图

元件位置图也称为电气元件布置图，用来表明电气设备上的电动机和电气元件的实际位置，为生产机械电气控制设备的制造、安装和维修提供必要的资料。机床元件位置图主要由机床电气设备位置图、控制柜及控制板电气设备位置图、操纵及悬挂操纵箱电气设备位置图等组成。电气元件布置图可按电气控制系统的复杂程度集中绘制或单独绘制。CA6140 型车床的元件位置图如图 1—3 所示。

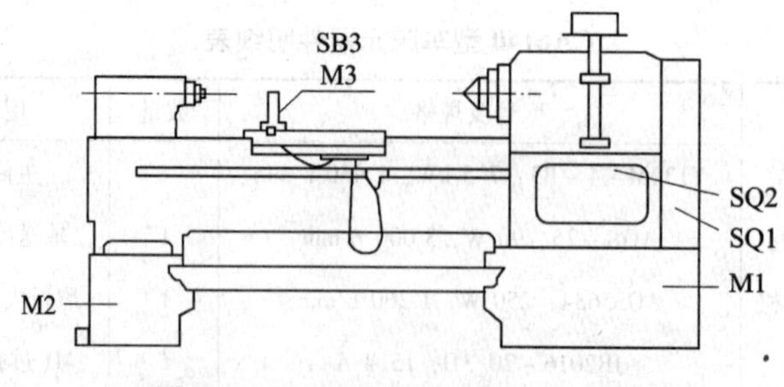

图 1—3　CA6140 型车床元件位置图

七、CA6140 型车床的接线图

接线图是根据电气设备和电气元件的实际位置和安装情况绘制的，用来表示电气设备和

电气元件的位置、配线方式和接线方式。主要用于安装接线、线路的检查维修和故障处理。CA6140 型车床接线图如图 1—4 所示。

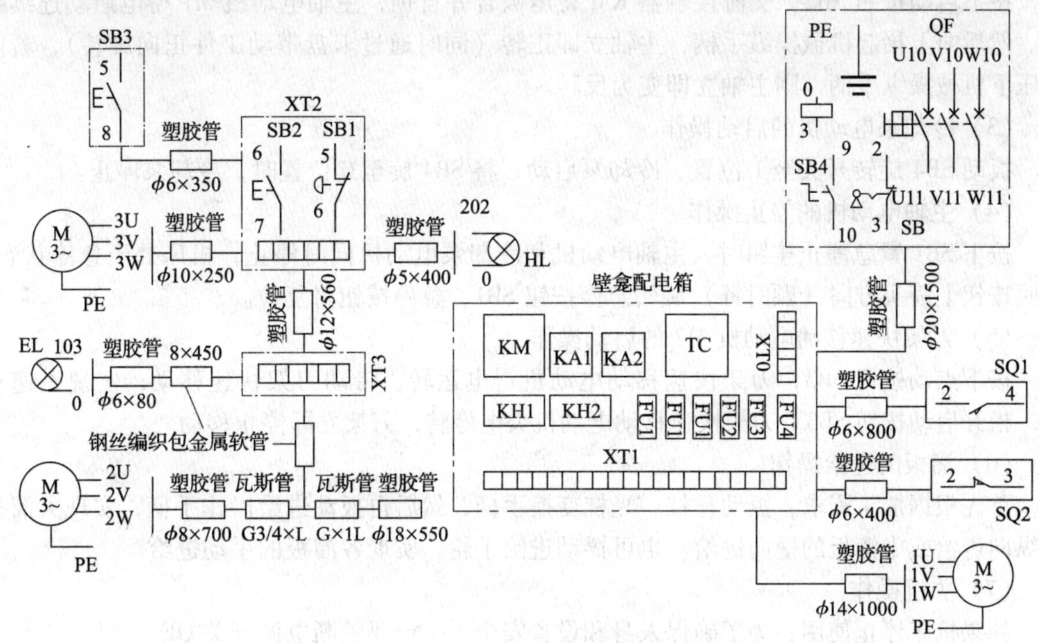

图 1—4 CA6140 型车床接线图

任务实施

一、认识 CA6140 型普通车床的主要结构和操作部件

通过观摩 CA6140 型车床实物与图 1—1 所示的车床外形图，认识 CA6140 型车床的主要结构和操作部件。

二、熟悉 CA6140 型车床的电气设备名称、型号规格、代号及位置

首先切断设备总电源，然后在教师指导下，根据元器件明细表 1—2 和图 1—3、图 1—4 所示的元器件位置，熟悉 CA6140 型车床的电气设备名称、型号规格、器件代号及器件在机床中的位置。

三、观摩操作

观察教师对 CA6140 型车床试车的基本操作方法和步骤，并在教师指导下对 CA6140 型车床进行操作。

1. 开机前的准备工作

打开电气柜门，检查各电气元件安装是否牢固，各电气开关是否合上，接线端子上的电线是否有松动的现象，把各电气开关合上，各接线端子与连接导线紧固后，关好电气柜门。

2. 试车操作步骤

（1）开机操作

合上电气柜侧面的总电源开关 QF，此时机床电气部分已通电。

（2）主轴电动机的启动操作

按下启动按钮 SB2，交流接触器 KM 得电吸合并自锁，主轴电动机 M1 得电启动连续旋转。然后向上抬起机械操纵手柄，主轴立即正转（同时通过卡盘带动工件正向旋转），若向下压下机械操纵手柄，则主轴立即变为反转。

（3）冷却泵电动机的启动操作

扳动 SB4 旋转开关至 1 位置，冷却泵启动，将 SB4 旋至 0 位置时，冷却泵停止。

（4）主轴电动机的停止操作

按下 SB1 紧急停止按钮时，主轴电动机和冷却泵电动机同时停止，机床处于急停状态。按照按钮上箭头方向（顺时针）旋转急停按钮 SB1，急停按钮将复位。

（5）刀架快速移动电动机 M2 的启动操作

按下点动按钮 SB3，刀架快速移动电动机得电运转，带动刀架快速移动，实现迅速对刀。松开启动按钮 SB3，刀架快速移动电动机失电停转，刀架立即停止移动。

（6）溜板的进给操作

首先根据加工需求，扳动丝杠、光杠变换手柄，然后再扳动进给操作手柄，实现大溜板的纵向进给或中溜板的横向进给。也可摇动进给手轮，实现各溜板的手动进给。

（7）关机操作

如果机床停止使用，为了确保人身和设备安全，一定要关断电源开关 QF。

四、识读 CA6140 型车床电路图

识读相关电路图，在教师的指导下，结合对机床的实际操作，进一步理解机床各部分的功能及工作原理。

五、识读 CA6140 型车床的接线图

根据车床接线图和元件位置图，熟悉车床的布线情况，并通过测量等方法找出各回路的实际布线路径。

查找线路实际布线路径的方法是：首先根据元件位置图确定电路中各电气元件的位置，然后结合工作原理，根据接线图中的元件接点号（实际电气设备上就是编码套管号）找出布线路径。

任务测评

对任务实施完成情况进行检查，并将结果填入表 1—3。

表 1—3　　评分标准

项目内容	序号	评分标准	配分	得分
机床认识	1	不能对照机床实物或挂图说出机床主要部件名称，每处扣 2 分	6	
	2	不能指出机床主要电气元件位置，每处扣 2 分	6	
	3	不会进行主轴试车、刀架试车或试车有误，每处扣 6 分；不能正确分合机床总电源、机床照明，不会启停冷却泵电动机，每处扣 3 分	18	

续表

项目内容	序号	评分标准			配分	得分
识读机床电路图	4	机床电路图的用途栏、分区栏、线号标注、继电器触点的分区表示方法、机床电路绘制要求叙述不清，每处扣 1 分			5	
	5	机床电路图的识读方法、步骤不清楚，每处扣 2 分			5	
	6	机床主电路各电动机的工作特点不清，每处扣 5 分			10	
	7	保护电路、信号与照明电路、电源电压等级表述不清，每处扣 5 分			10	
	8	主轴、刀架、冷却泵控制电路的工作原理叙述不清，每处扣 10 分			40	
备注	本项目可采用自查和互查方式进行			成绩		
开始时间		结束时间		实际时间		

任务 2　检修 CA6140 型车床

学习目标

1. 掌握机床电气设备的维修要求、检修方法和维修步骤。
2. 掌握 CA6140 型车床典型故障的分析方法以及故障的检测流程。
3. 能按照正确的检测步骤，排除 CA6140 型车床的典型电气故障。

任务引入

机床在使用过程中不可避免地会发生各种电气故障，一旦发生故障，应采用正确的方法，查明故障原因并排除故障，以保证设备的正常使用。本任务就来学习 CA6140 型车床常见电气故障的检修方法，熟悉机床电气设备检修的一般要求和方法。

相关知识

一、电气设备维修要求和方法

1. 电气设备维修要求

电气设备发生故障后，维修人员应能及时、熟练、准确、迅速、安全地查出故障，并加以排除，尽早恢复设备的正常运行。对电气设备维修的一般要求是：

（1）采取的维修步骤和方法必须正确、切实可行。

（2）不得损坏完好的元器件。

（3）不得随意更换元器件及连接导线的型号规格。

（4）不得擅自改动线路。

（5）损坏的电气装置应尽量修复使用，但不得降低其固有的性能。

（6）电气设备的各种保护性能必须满足使用要求。

（7）电气绝缘合格，通电试车能满足电路的各种功能，控制环节的动作程序符合要求。

（8）修理后的电气装置必须满足其质量标准要求。电气装置的检修质量标准是：

1）外观整洁，无破损和碳化现象。

2）所有的触点均应完整、光洁，接触良好。

3）压力弹簧和反作用力弹簧应具有足够的弹力。

4）操纵、复位机构都必须灵活可靠。

5）各种衔铁运动灵活，无卡阻现象。

6）灭弧罩完整、清洁，安装牢固。

7）整定数值大小应符合电路使用要求。

8）指示装置能正常发出信号。

2．电气设备的日常维护

电气设备的维修包括日常维护保养和故障检修两方面。加强对电气设备的日常检查、维护和保养，及时发现一些非正常现象，并给予及时的修复或更换处理，可以将很多故障消灭在萌芽状态，减低故障造成的损失，增加连续运转周期。电气设备的日常维护包括电动机和控制设备的日常维护保养。

（1）电动机的日常维护

电动机是机床设备的心脏，在日常维护检查中应保持：电动机表面清洁，通风气道畅通，运转声音正常，运行平稳，三相电流平衡，绝缘电阻大于0.5 MΩ，接地良好，温升正常，绕线转子异步电动机、直流电动机电刷下火花在允许范围之内。

（2）控制设备的日常维护保养

控制设备日常维护保养的主要内容有：操纵台上的所有操纵按钮、主令开关的手柄、信号灯及仪表护罩都应保持清洁完好；各类指示信号装置和照明装置应完好；电气柜的门、盖应关闭严密，柜内保持清洁、无积灰和异物；接触器、继电器等电器吸合良好，无噪声、卡阻或迟滞现象；试验位置开关能起限位保护作用，各电器的操作机构应灵活可靠；各线路接线端子连接牢靠，无松脱现象；各部件之间的连接导线、电缆或保护导线的软管不得被切削液、油污等腐蚀；电气柜及导线通道的散热情况应良好；接地装置可靠。

3．电气故障检修的一般方法

电气设备故障的类型大致可分两大类，一类是有明显外表特征并容易被发现的。例如电动机、电器的显著发热、冒烟甚至发出焦臭味或火花等。另一类是没有外表特征的，此类故障常发生在控制电路中，由元件调整不当，机械动作失灵，触点及压接线端子接触不良或脱落，以及小零件损坏，导线断裂等原因所引起。采用的检测判断方法、手段和步骤如下：

（1）初步检查

当发生电气故障后，切忌盲目动手检修。在检修前，应通过问、看、听、摸、闻来了解故障前后的操作情况和故障发生后出现的异常现象，寻找显而易见的故障，或根据故障现象判断出故障发生的原因及部位，进而准确地排除故障。

1）问。询问操作者故障前后电路和设备的运行状况及故障发生后的症状，如故障是经常发生还是偶尔发生；发生故障时是否听到了异常声音，是否见到弧光、火花、冒烟、异常振动等征兆，是否闻到了焦煳味；机床在什么情况下发生故障，是刚开机时，还是工作进行中，或是工作结束时；故障发生前有无切削力过大和频繁地启动、停止、制动等情况；有无经过保养检修或改动线路等。

2）看。察看有无机械性损伤；触点有无烧灼痕迹、是否熔焊在一起，连接电阻是否变化及导线是否变色；电气装置上的零件有无脱落、断线、卡死、接头松动等情况，线圈有无过热烧毁；运转和密封部位有无异常的飞溅物、脱落物、溢出物，如油、烟、火星、工作介质、金属屑块等；断路器、热继电器是否跳闸，熔断器是否熔断；电源是否缺相，三相是否严重不平衡，电压是否正常；开关、操作手柄的位置是否合适；限位开关是否被压上；操作者的操作程序是否正确等。

3）听。在线路还能运行和不扩大故障范围、不损坏设备的前提下，可通电试车，细听电动机、接触器和继电器等电器的运转声音是否正常。当运转声音异常时，这是与故障相关联的信号，也是听觉检查的关键。

4）摸。用手的触觉判别机床旋转部位及电动机有无异常振动，运动时有无冲击；在刚切断电源后，尽快触摸检查电动机、变压器、电磁线圈及熔断器等，看是否有过热现象；有的机床由于继电器、接触器的辅助触点弹簧压力低，稍有振动即能发生误动作，可用螺钉旋具的木柄轻轻叩击，看机床元器件是否跳闸来判断开关、接触器动作是否灵活，有无卡死的现象。

5）闻。辨别有无异味，在机床运动部件发生剧烈摩擦、电气绝缘烧损时，会产生油、烟气、绝缘材料的焦煳味；放电会产生臭氧味，还能听到放电的声音。

（2）缩小故障范围

检修简单的电气控制线路时，对每个元器件、每根导线逐一进行检查，一般能很快找到故障点。但对复杂的线路，若采取逐一检查的方法，不仅需耗费大量的时间，而且也容易漏查。在这种情况下，根据电路图，采用逻辑分析法，找出导致故障可能性大的因素，划出可疑范围，提高维修的针对性，就可以收到准而快的效果。

分析电路时，结合故障现象和线路工作原理，通常先从主电路入手，在电动机主电路所用元器件的文字符号、图区号及控制特点上找到相应的控制电路，再进行认真分析排查，迅速判定故障发生的可能范围。当故障的可疑范围较大时，不必按部就班地逐级进行检查，可在故障范围内的中间环节进行检查，也可先易后难、先表后里，这样来判断故障究竟是发生在哪一部分，从而缩小故障范围，少走弯路，提高检修速度。

经外观检查未发现故障点时，可根据故障现象，在不扩大故障范围、不损伤电气和机械设备的前提下，进行通电试车，进一步判明故障及故障区域。试车前可断开负载（拆除电动机主回路接线，或使电动机在空载下运行），以分清故障是在主电路上还是在控制电路上，是在电动机上还是在主电路上，是在电气部分还是在机械等其他部分。

（3）测量法确定故障点

测量法是维修电工工作中用来准确确定故障点的一种行之有效的检查方法。常用的测试工具和仪表有万用表、钳形电流表、兆欧表、测电笔、校验灯、示波器等，测试的方法有电压法、电流法、电阻法、元件替代法等。主要通过对电路进行带电或断电时的有关参数如电压、电阻、电流等的测量，来判断元器件的好坏、设备的绝缘情况以及线路的通断情况，以查找出故障。

在用测量法检查故障点时，一定要保证各种测量工具和仪表完好，使用方法正确，还要注意防止感应电、回路电及其他并联支路的影响，以免产生误判断。

（4）电压法

电压法就是机床电路在带电情况下，测量各节点之间的电压值，与机床正常工作时应具有的电压值进行比较，以此来判断故障点及故障元件的所在处。它不需拆卸元件及导线，同时机床处在实际使用条件下，提高了故障识别的准确性，是故障检测采用最多的方法。

1）测电笔检测。低压测电笔是检验导线和电气设备是否带电的一种常用检测工具，但只适用于检测对地电位高于氖管起辉电压（60～80 V）的场所，只能做定性检测，不能做定量检测。当电路接有控制和照明变压器时，用测电笔无法判断电源是否缺相；氖管的起辉发光消耗的功率极低，由绝缘电阻和分布电容引起的电流也能起辉，容易造成误判断。为避免测量中的误判断，初学者最好只将其作为验电工具。

2）校验灯检测。校验灯一般是由电工自制的一种测量电压的工具。它消耗的功率大，不会对虚假电压、静电做出错误判断，虚假电压、静电均不会使校验灯亮，它的可靠性较高。测试时可利用灯的亮度对电压值做出粗略的判断，但其测量范围受灯泡额定电压的限制，过高或过低都不能使用。

3）示波器检测。示波器也是测量电压的一种工具，尤其是用于测量峰值电压、微弱信号电压。在机床电气设备故障检查中，主要用于电子线路部分检测。

4）万用表电压测量法检测。使用万用表测量电压，测量范围很大，交直流电压均能测量，是使用最多的一种测量工具。检测前应熟悉预计有故障的线路及各点的编号，清楚线路的走向、元件位置；明确线路正常时应有的电压值；将万用表的转换开关拨至合适的电压倍率挡，将测量值与正常值比较，做出分析判断。

例如图1—5所示电路，按下启动按钮SB2时，KM1不吸合，检测1—2间无正常的110 V电源电压，但101—0间有110 V正常电源电压，应采用电压交叉测量法找出熔断器故障。电压交叉测量法查找熔断器故障的流程见表1—4。若检测1—2间有正常的110 V电源电压，表明1—2之间的电路存在故障，应采用电压分阶段测量法查找故障，电压分阶段测量流程如图1—6所示。

（5）电阻法

电阻法就是在电路切断电源后用仪表测量两点之间的电阻值，通过对电阻值的对比，进行电路故障检测的一种方法。在继电接触器控制系统中，当电路存在断路故障时，利用电阻法对线路中的断线、触点虚接触、导线虚焊等故障进行检查，可以找到故障点。

采用电阻法查找故障的优点是安全，缺点是测量电阻值不准确时易产生误判断，快速性和准确性低于电压法。因此，电阻法检测电路故障时应注意：检查故障时必须断开电源；如被测电路与其他电路并联连接时，应将该电路与其他并联电路断开，否则会产生误判断；测量高电阻值的元器件时，万用表的选择开关应旋至合适的电阻挡。

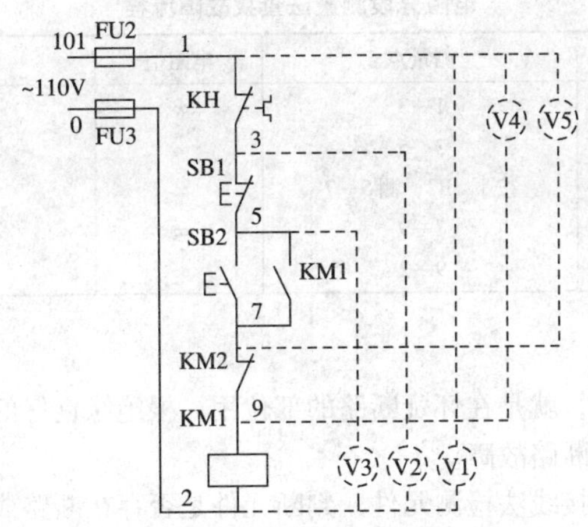

图 1—5　电压分阶测量法

表 1—4　　电压交叉测量法查找熔断器故障流程

故障现象	测量点	电压值（V）	故障点
101—0 电压正常， 1—2 间无电压	0—1	0	FU2 熔丝断
	101—2	0	FU3 熔丝断

控制回路电源正常，按下启动按钮，接触器不吸合，表明控制电路存在断路故障。电阻法测量前先断开电源，将万用表转换开关置于 R×100（或 R×1k）挡，按图 1—5 所示方法进行测量，电阻分段测量判断流程如图 1—7 所示。查找故障流程见表 1—5。

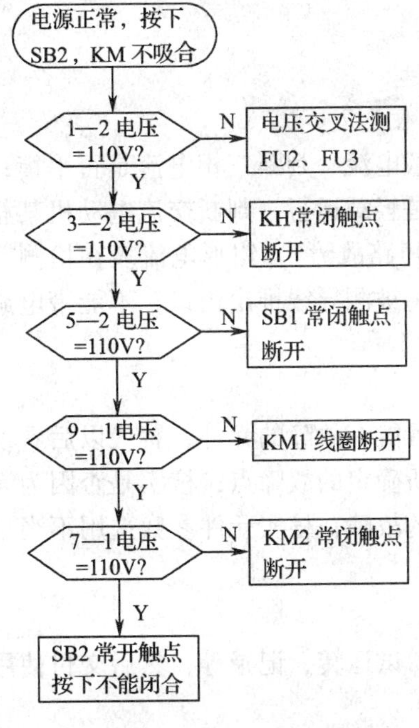

图 1—6　电压分段测量流程图

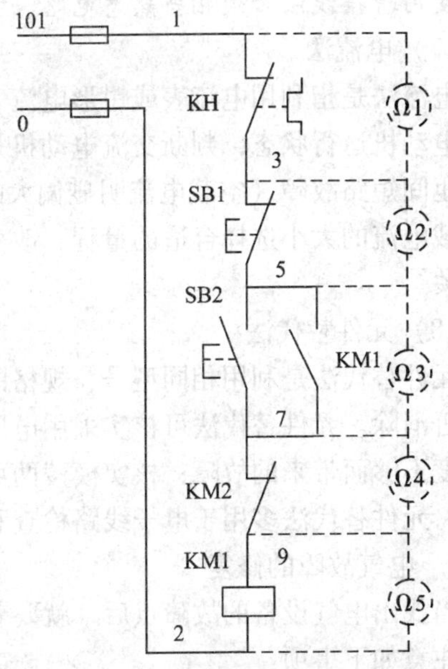

图 1—7　电阻分段测量法

表 1—5　　电阻分段测量法查找故障流程

故障现象	测量点	电阻值	故障点
按下 SB2，KM1 不吸合	1—3	∞	KH 常闭触点断开
	3—5	∞	SB1 常闭触点断开
	按下 SB2，测 5—7	∞	SB2 按下未接触
	7—9	∞	KM2 常闭触点断开
	9—2	∞	KM1 线圈开路

（6）跨接线法

跨接线法也称短接法，就是在怀疑断路的部位用一根绝缘良好的导线短接，若短接处电路接通，则表明该处存在断路故障。

在电子线路中常用跨接线法检测元件，判断元件是否存在断路或短路故障；在机床电气设备检修中跨接线法可用于断路故障的检修，如导线断路、虚连、虚焊、触点接触不良等故障。例如图 1—5 所示电路，若按下启动按钮 SB2，KM1 不吸合，在电源电压 110 V 正常的条件下可用一根绝缘良好的导线分别短接 1—3、3—5、5—7、7—9（不能短接 9—2 和 1—2，否则会造成短路故障），当短接到某两点时，接触器 KM1 吸合，即表明断路故障就在此两点之间。

跨接法使用前应用万用表测量控制电源，确保其正常。使用时应注意安全，避免发生触电事故；跨接线法只适用于压降极小的导线及触点之类的断路故障检查，绝对不能将导线跨接在负载两端；跨接线法不能在主回路中使用。

使用跨接线法必须相当熟悉电路，初学者慎用。

（7）电流法

电流法是指利用电流表或钳形电流表在线检测负载电流、判断三相电流是否平衡；检测交流电动机运行状态，判断交流电动机是处于过载还是轻载运行，判断交流电动机某相是否存在匝间短路故障（空载电流明显偏大的一相有匝间短路故障）。钳形电流表在检测前应根据负载电流的大小选择合适的量程；改变量程时，应将被测导线推出钳口，不能带电旋转量程开关。

（8）元件替代法

元件替代法是利用相同型号、规格的元件去替代可能有故障的元件，替代以后看设备故障是否消除。元件替代法可核实采用电压法、电阻法所确定的故障点；核实是否因为元件参数裕度不够而带来的故障；核实模棱两可而无法确定的故障；核实元件参数选用不当带来的故障。元件替代法多用于电子线路检查和消除故障。

4. 电气故障的修复

当找出电气设备的故障点后，就要着手进行修复、试运转、记录等，然后交付使用，但必须注意如下事项：

（1）在找出故障点和修复故障时，应注意不能把找出的故障点作为寻找故障的终点，还必须进一步分析，查明产生故障的根本原因。例如，在处理某台电动机因过载烧毁的事故时，决不能认为将烧毁的电动机重新修复或换上一台同型号的新电动机就算完事，而应进一步查明电动机过载的原因，到底是负载过重，还是电动机选择不当、功率过小所致，因为两者都将导致电动机过载。所以在处理故障时，修复故障应在找出故障原因并排除之后进行。

（2）找出故障点后，一定要针对不同故障情况和部位相应采取正确的修复方法，不要轻易采用更换元器件和补线等方法，更不允许轻易改动线路或更换规格不同的元器件，以防产生人为故障。

（3）在故障点的修理工作中，一般情况下应尽量做到复原。但是，有时为了尽快恢复工业机械的正常运行，根据实际情况也允许采取一些适当的应急措施，但绝不可敷衍行事。

（4）电气故障修复完毕，需要通电试运行时，应和操作者配合，避免出现新的故障。

（5）每次排除故障后，应及时总结经验，并做好维修记录。记录的内容包括：工业机械的型号、名称、编号、故障发生日期、故障现象、部位、损坏的电器、故障原因、修复措施及修复后的运行情况等。记录的目的：作为档案以备日后维修时参考，并通过对历次故障的分析，采取相应的有效措施，防止类似事故的再次发生或对电气设备本身的设计提出改进意见等。

二、CA6140 型车床典型故障分析

1. 按下启动按钮，主轴电动机 M1 不能启动，KM 不吸合。故障检测流程如图 1—8 所示。

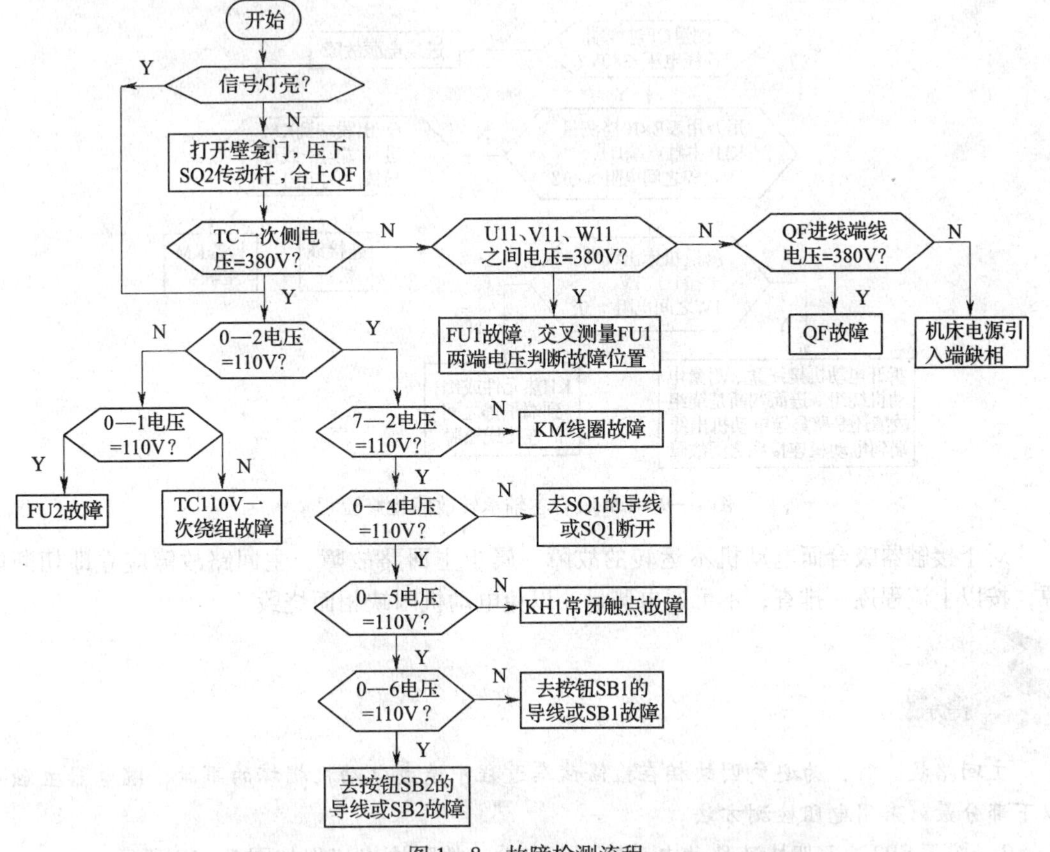

图 1—8 故障检测流程

在测量故障时，对于同一个线号至少有两个相关接线连接点的情况，应根据电路逐一测量，判断是属于连接点处故障还是同一线号两连接点之间的导线故障。

以上的检测流程是按电压法逐一展开进行的，实际检测中应根据试车情况尽量缩小故障区域。例如，对于上述故障现象，若刀架快速移动正常，故障将限于0~5号线之间的区域。在实际测量中还应注意元器件的实际安装位置，为缩短故障的检测时间，应优先测量处于同一区域元件上有可能出现故障的点。例如，KM不能吸合，当在壁龛箱内测量0—5电压正常后不能马上去拆按钮盒，检查SB1是否有故障，而应在壁龛箱内测量0至端子排上6号接线端电压是否正常，没有电压才能断定故障在到按钮SB1去的导线上或SB1本身故障，此时才能拆按钮盒检查。

控制电路的故障测量尽量采用电压法，当故障测量到后应断开电源再排除。

2. 按下启动按钮，KM吸合但主轴不转。故障检修流程如图1—9所示。

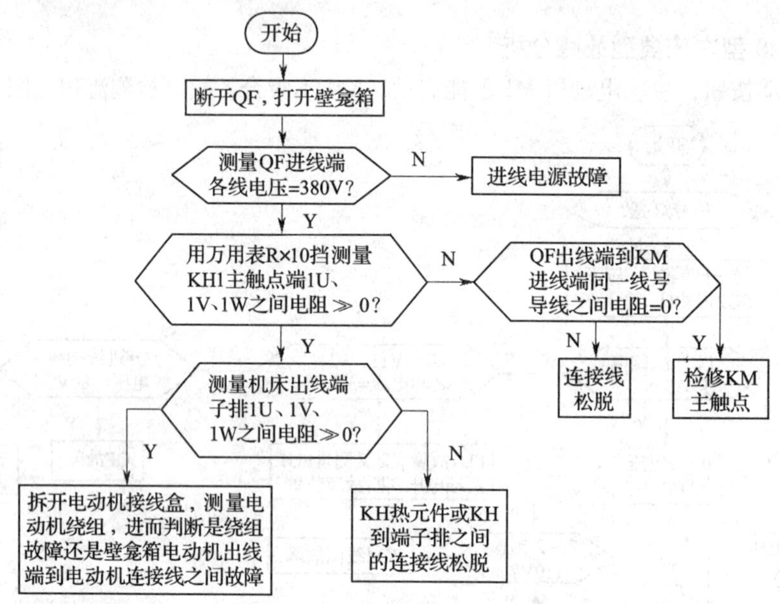

图1—9 KM吸合主轴承转故障检修流程

对于接触器吸合而电动机不运转的故障，属于主回路故障。主回路故障应立即切断电源，按以上流程逐一排查，不可通电测量，以免电动机因缺相而烧毁。

主回路故障时，为避免因缺相在检修试车过程中造成电动机损坏的事故，继电器主触点以下部分最好采用电阻检测方法。

3. 按下SB3，刀架快速移动电动机不能启动。故障检修流程如图1—10所示。

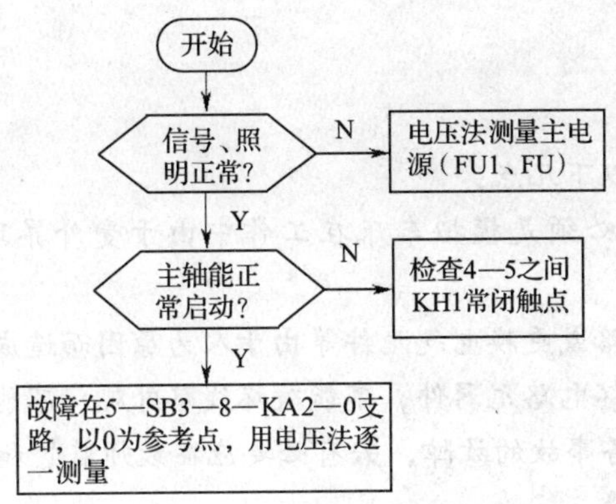

图 1—10 按下 SB3，M3 不能启动故障检修流程

故障检测时应根据电路的特点，通过相关并允许的试车，尽量缩小故障范围。

任务实施

一、任务准备

实施本任务所需要的实训设备及工具材料见表 1—6。

表 1—6 实训器材表

工具	测电笔、电工刀、尖嘴钳、斜口钳、剥线钳、螺钉旋具、活扳手等
仪表	万用表、兆欧表、钳形电流表
机床	CA6140 型车床或 CA6140 型车床模拟电气控制台

二、CA6140 型车床典型故障的排除

1．参照电气元件位置图和机床电气接线图，熟悉 CA6140 型车床各电气元件的位置、线路走向。

2．观察、体会教师示范检修的流程。

3．在车床上针对以下故障现象人为设置自然故障点。

（1）按下 SB2 主轴不能启动。

（2）主轴运行后转动 SB4 无切削液流出（切削液箱有切削液，且冷却泵运转正常还应考虑冷却泵的旋转方向）。

（3）按下 SB2 主轴点动运行。

（4）QF 合不上闸。

（5）机床照明灯不亮。

故障点的设置应注意以下几点：

（1）人为设置的故障必须是模拟车床在工作中由于受外界环境影响而造成的自然故障。

（2）不能设置更改线路或更换电气元件等由于人为原因而造成的非自然故障。

（3）设置故障不能损坏电路元器件，不能破坏线路外观；不能设置易造成人身事故的故障；尽量不设置易引起设备事故的故障，若有必要应在教师监督和现场密切注意的前提下进行，例如电动机主回路故障。

（4）故障的设置应先易后难，先设置单个故障点然后过渡到两个故障点。

（5）对可能有多个故障点的机床，分析检测出一个故障后，切断电源，排除故障；然后再试车，分析检测是否还存在故障。找到一个故障，排除一个故障。

4. 故障检测前先通过试车说出故障现象，分析故障大致范围，讲清拟采用的故障检测手段、检测流程，正确无误后方能在教师监护下进行检测训练。

5. 找出故障点以后切断电源，仔细修复，不得扩大故障或产生新的故障；修复后通电试车。

任务测评

对CA6140型车床电气控制线路检修任务实施完成情况进行检查，并将结果填入表1—7。

表1—7　评分标准

项目内容	序号	评分标准			配分	得分
故障分析	1	不能根据试车的状况说出故障现象，扣5～10分			10	
	2	不能标出最小故障范围，每个故障扣5分			10	
	3	不能标出故障线段或错标在故障回路以外，每个故障点扣5分			10	
排除故障	4	停电不验电，扣5分			5	
	5	测量仪表使用不正确，每次扣5分			5	
	6	排除故障方法、步骤不正确，扣10分			10	
	7	损坏电气元件，扣10分			10	
	8	不能排除故障，扩大故障范围或产生新的故障，每个故障扣20分			40	
安全文明生产	违反安全文明生产规程，未清理场地扣10～70分					
定额工时 30 min	不允许超时检查故障，但在修复故障时每超时1 min扣1分					
备注	除定额工时外，各项内容的最高扣分不得超过配分数				成绩	
开始时间		结束时间			实际时间	

思考与练习

1. 机床电气设备的维修应包括__________和__________两方面的工作。

2. 在一带自锁的控制电路中，当自锁触点被油污或灰尘严重覆盖会造成__________现象。

3. 三相380 V及以下的电动机，由于受潮使其绝缘电阻低于_______，则不可正常使用。

4. 利用万用表检查电气故障时，常利用万用表的______挡检查电气元件是否短路或断路。

5. 采用电阻法测量电路故障，机床设备必须处于_____状态。

6. CA6140型车床的电气保护措施有_______、________、_________。

7. 车床的切削运动包括_______、________。

8. CA6140型车床电动机没有反转控制，而主轴有反转要求，是靠_______实现的。

9. 车削加工是（　　），因而一般采用三相笼型异步电动机作为拖动电动机。

A. 恒功率负载　　　B. 恒转矩负载　　　C. 恒转速负载

10. CA6140型车床的过载保护采用（　　），短路保护采用（　　），失压保护采用（　　）。

A. 接触器自锁　　　B. 熔断器　　　C. 热继电器

11. 主电动机缺相运行，会发出嗡嗡声，输出转矩下降，可能（　　）。

A. 烧毁电动机　　　B. 烧毁控制电路　　　C. 使电动机加速运转

12. CA6140型车床的主轴电动机因过载而自动停车后，操作者立即按启动按钮，但电动机不能启动，试分析可能的原因。

课题二 C5225 型双柱立式车床电气检修

C5225 型双柱立式车床有两个立刀架，用于加工径向尺寸大而轴向尺寸相对较小且形状比较复杂的大型和重型零件，可粗车工件的外圆、内孔、端面及内外锥面等。

任务 1 认识 C5225 型双柱立式车床

学习目标

1. 了解双柱立式车床工作台、横梁、刀架的运动形式。
2. 熟悉 C5225 型双柱立式车床电气元件的位置，能进行试车操作。
3. 掌握 C5225 型双柱立式车床电路的工作原理。

任务引入

C5225 型双柱立式车床机械结构和电气控制线路都较为复杂，机电一体控制结合紧密。为能达到检修目的，必须了解双柱立式车床的工作特点、大致结构，熟知电路工作原理，清楚电气元件位置及线路特点。

相关知识

一、C5225 型双柱立式车床型号规格

C5225 型双柱立式车床型号含义如下：

C 5 2 25
C —— 车床
5 —— 立式
2 —— 双柱
25 —— 加工直径2 500 mm

二、C5225 型双柱立式车床的主要结构

C5225 型双柱立式车床的外形结构如图 2—1 所示。它主要由左、右立柱，顶梁，工作台，底座等部分组成。

三、C5225 型双柱立式车床的主要运动形式

1. 横梁沿立柱导轨上下移动，横梁升降电动机及蜗杆减速箱置于顶梁上。横梁由蝶形弹簧通过杠杆夹紧在立柱上，横梁在升降前通入压力油压缩蝶形弹簧放松横梁。

2. 变速箱紧固在工作台底座的后部，主电动机由弹性联轴器与变速箱相连接，变速箱由变速油缸推动交换齿轮实现 16 种转速变换。

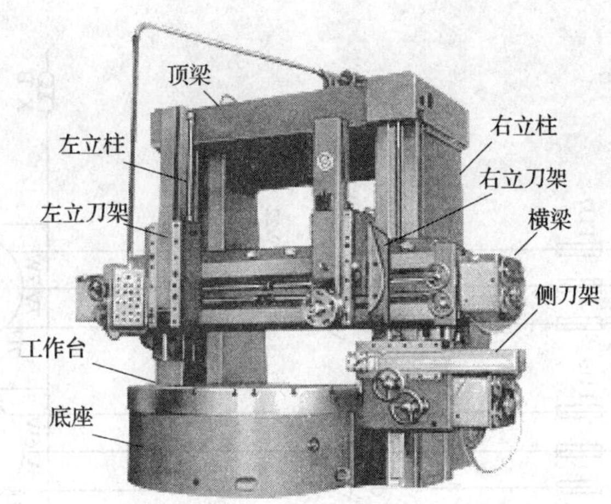

图 2—1 C5225 型双柱立式车床外形图

3. 工作台由主电动机经变速箱直接启动和制动，工作台仅有正向工作转动，但可以做正反向点动以便于工件调整。

4. 左右两个进给箱装在横梁的两端，两个进给箱的结构相同，在进给箱的后部装有刀架进给用电动机与快速移动电动机各一台。工作进给由交换齿轮实现 18 种进给量的变换。进给箱内装有电磁离合器，用来选择刀架工作进给或快速移动的方向。

5. 左右两个立刀架装在横梁上，刀架由进给箱通过光杠、丝杠得到垂直和水平的进给或快速移动。在横梁上装有供手动操作的手柄，以便于调整刀架的位置和对刀。

6. 采用液压实现工作台的变速、横梁夹紧机构的放松、立刀架滑枕的平衡。

四、C5225 型双柱立式车床电气控制的特点

1. 工作台的主拖动电动机 M1 通过变速箱能实现 16 种转速变换，为减小主拖动电动机启动对电网的冲击，采用Y－△降压启动；为使工作台停车准确、平稳，保证加工精度，停车采用能耗制动。

2. 为保证机床在润滑良好的情况下工作以及液压装置有充足的压力油，必须先启动油泵电动机 M2，油泵电动机有可靠的保护。

3. 工作台变速由电磁滑阀控制，应在工作台停车时进行变速。

4. 因机床床身较大，为便于操作，所有的操作元件都装于悬挂的按钮站上。

五、C5225 型双柱立式车床电路工作原理

C5225 型双柱立式车床电气控制原理图如图 2—2 所示。

1. 主电路

主电路共有 7 台三相交流异步电动机，机床全部设备均由 380 V 交流电源供电。

M1 为工作台主驱动电动机，它采用Y－△降压启动和能耗制动，仅有正向工作转动，但可做正、反向点动，以便调整刀具。M2 为油泵电动机，供给车床工作台润滑和液压装置的压力油；M3 为横梁升降电动机，通过机械传动使横梁沿立柱导轨上下移动；M4 为右立刀架快速移动电动机，M5 为右立刀架进给电动机；M6 为左立刀架快速移动电动机，M7 为左立刀架进给电动机。

电源总开关
主驱动电动机
油泵电动机
横梁升降电动机
右立刀架快速电动机
右立刀架进给电动机
左立刀架快速电动机
左立刀架进给电动机
控制回路短路保护
L1
L2
L3
QS
U11
V11
W11
FU1
FU2
FU3
FU4
FU5
FU6
FU7
FU8
U23
V23
W23
KM1
KM2
KM3
KM4
KM5
KM6
KM7
KM8
KM9
KM10
KMY
KMΔ
KH1
KH2
KH3
KH4
KS
PE
M1
M2
M3
M4
M5
M6
M7
X B
1
2
3
4
5
6
7
8
9
10
11
a)

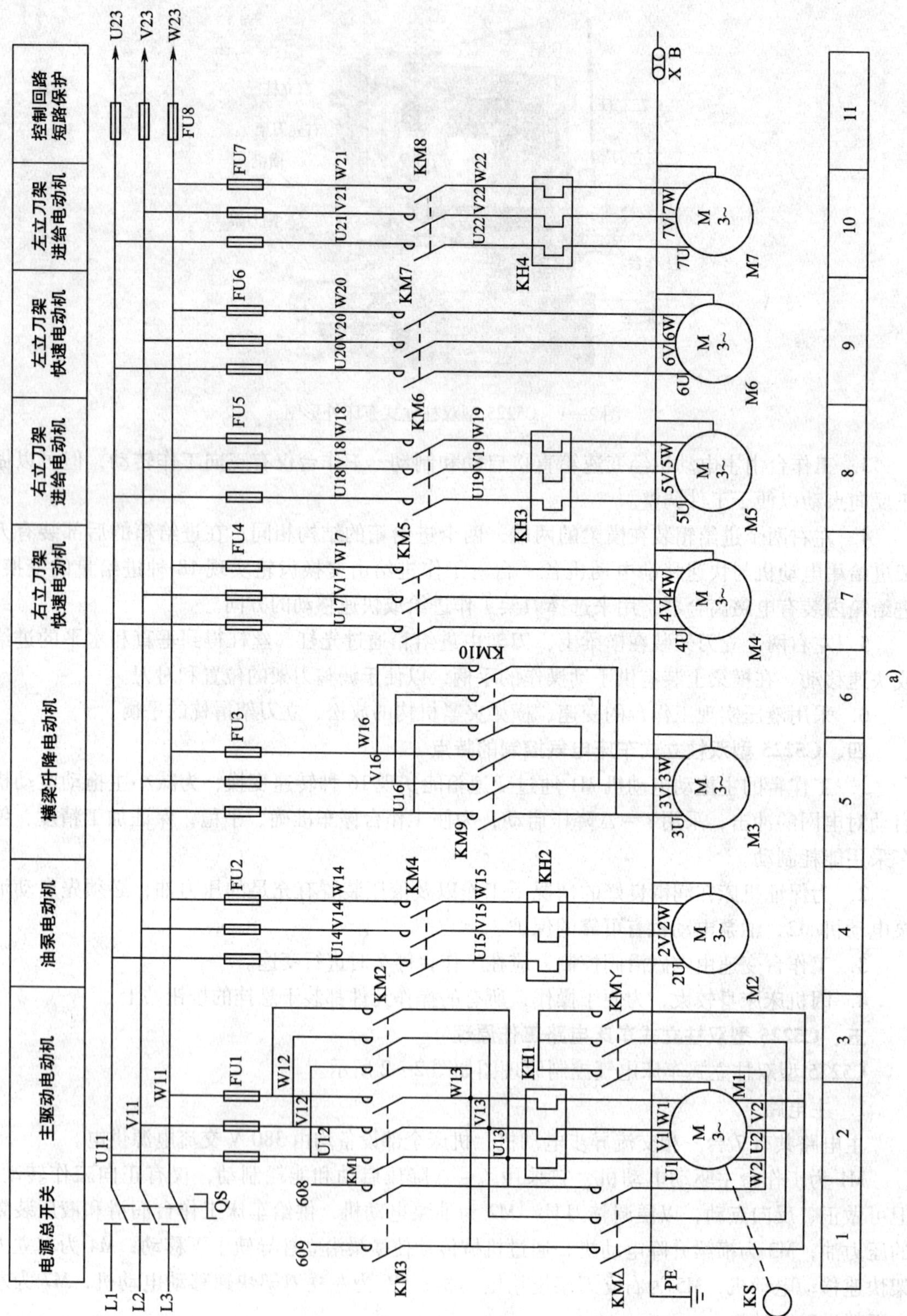

控制电源变压器
润滑变速指示
油泵启动
工作台正转
工作台正点动
工作台反点动
工作台制动
星形启动
三角形工作
自动伺服
工作台变速
横梁放松电磁铁
定位电磁铁
工作台变速电磁铁
12
13
14
15
16
17
18
19
20
21
22
23
24
25
26
27
28
29
30
31
32
33
34
35
36
37
38

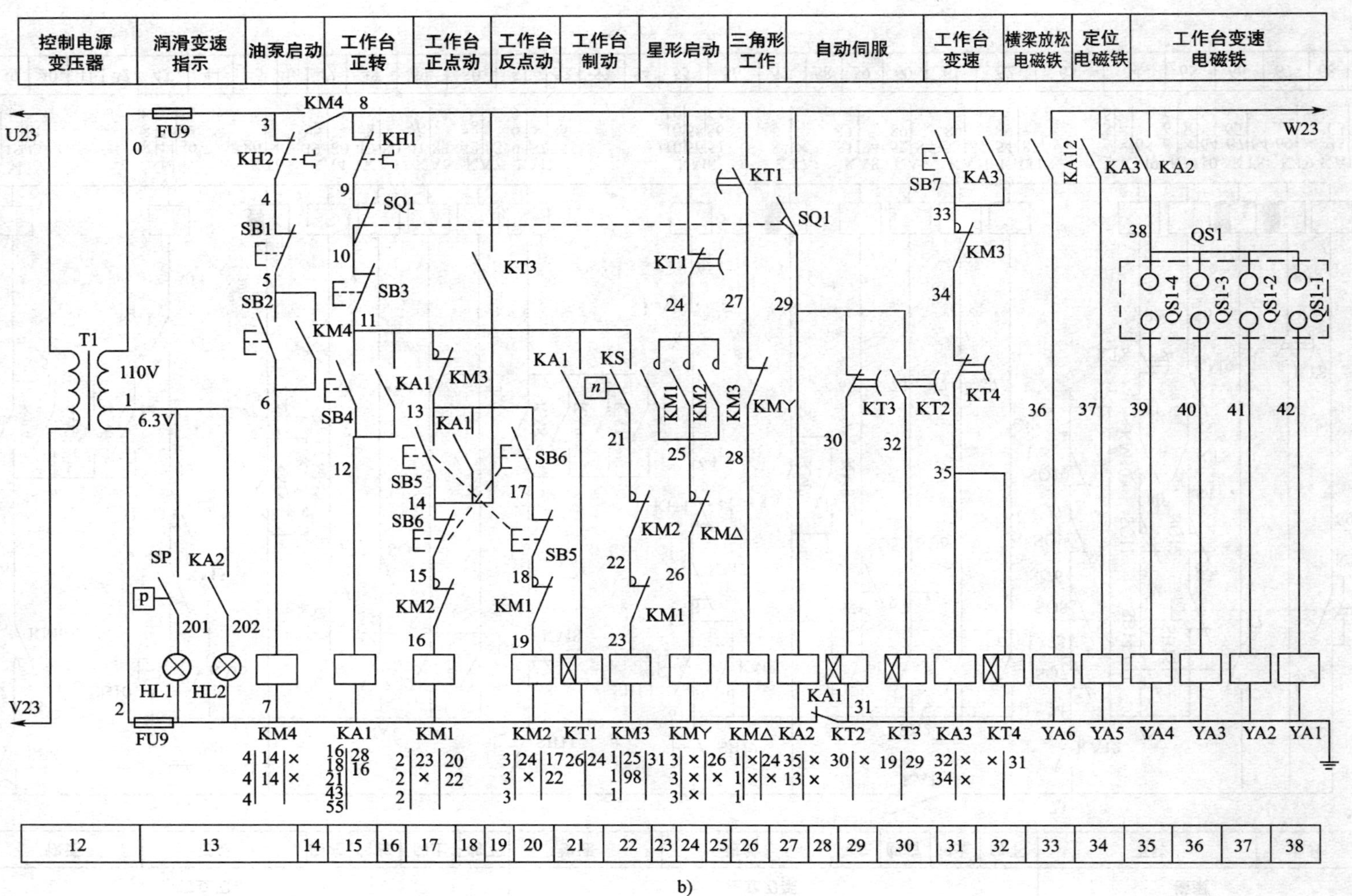

b)

右立刀架
快速
进给
向左
向右
向上
向下
左立刀架
快速
进给
向左
向右
向上
向下
横梁
下降
上升
SB8
SB9
SB10
SB11
SB12
SB13
SB14
SB15
SA1
SA2
KM5
KM6
KM7
KM8
KM9
KM10
KH3
KH4
KA1
KA4
KA5
KA6
KA7
KA8
KA9
KA10
KA11
KA12
KT6
KT7
KT8
KT9
SQ3
SQ4
SQ5
SQ6
SQ7
SQ8
SQ9
SQ10
SQ11
SQ12

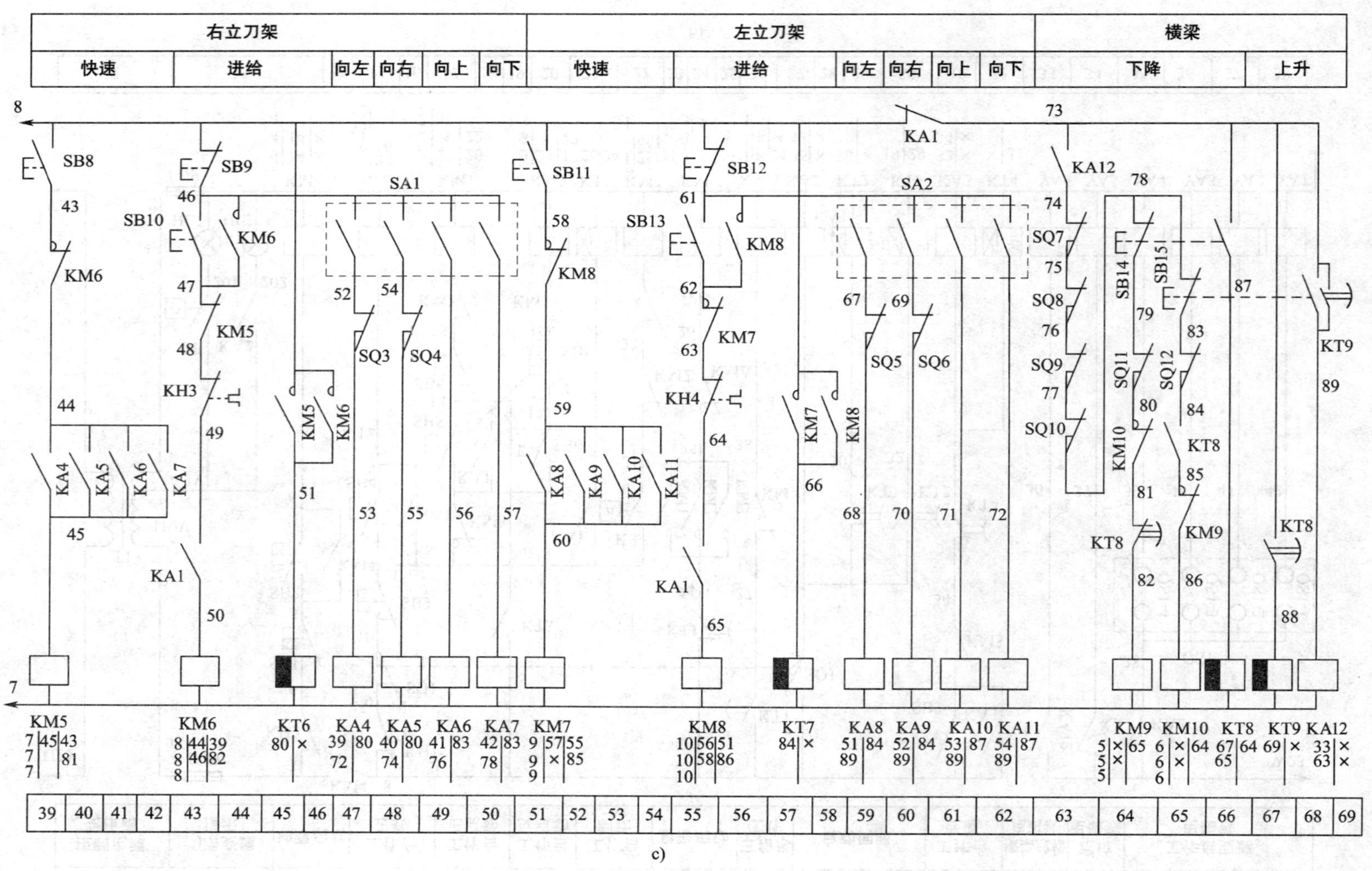

c)

直流制动电源
右立刀架向左离合器
右立刀架向右离合器
右立刀架向上离合器
右立刀架向下离合器
右立刀架水平制动离合器
右立刀架垂直制动离合器
左立刀架水平制动离合器
左立刀架垂直制动离合器
左立刀架向左离合器
左立刀架向右离合器
左立刀架向上离合器
左立刀架向下离合器
FU12
FU11
601
602
603
604
605
KA4
KA5
KA6
KA7
SB16
KT6
KA4
KA5
KA6
KA7
KM5
KM6
SB17
KT7
KA8
KA9
KA10
KA11
KM7
KM8
KA8
KA9
KA10
KA11
302
303
304
305
306
307
308
309
310
311
312
313
314
315
316
317
318
319
320
321
322
323
C1
C2
C3
C4
C5
C6
C7
C8
C9
C10
C11
C12
YC1
YC2
YC3
YC4
YC5
YC6
YC7
YC8
YC9
YC10
YC11
YC12
70
71
72
73
74
75
76
77
78
79
80
81
82
83
84
85
86
87
88
89
90
91
92
93
94
95
d)

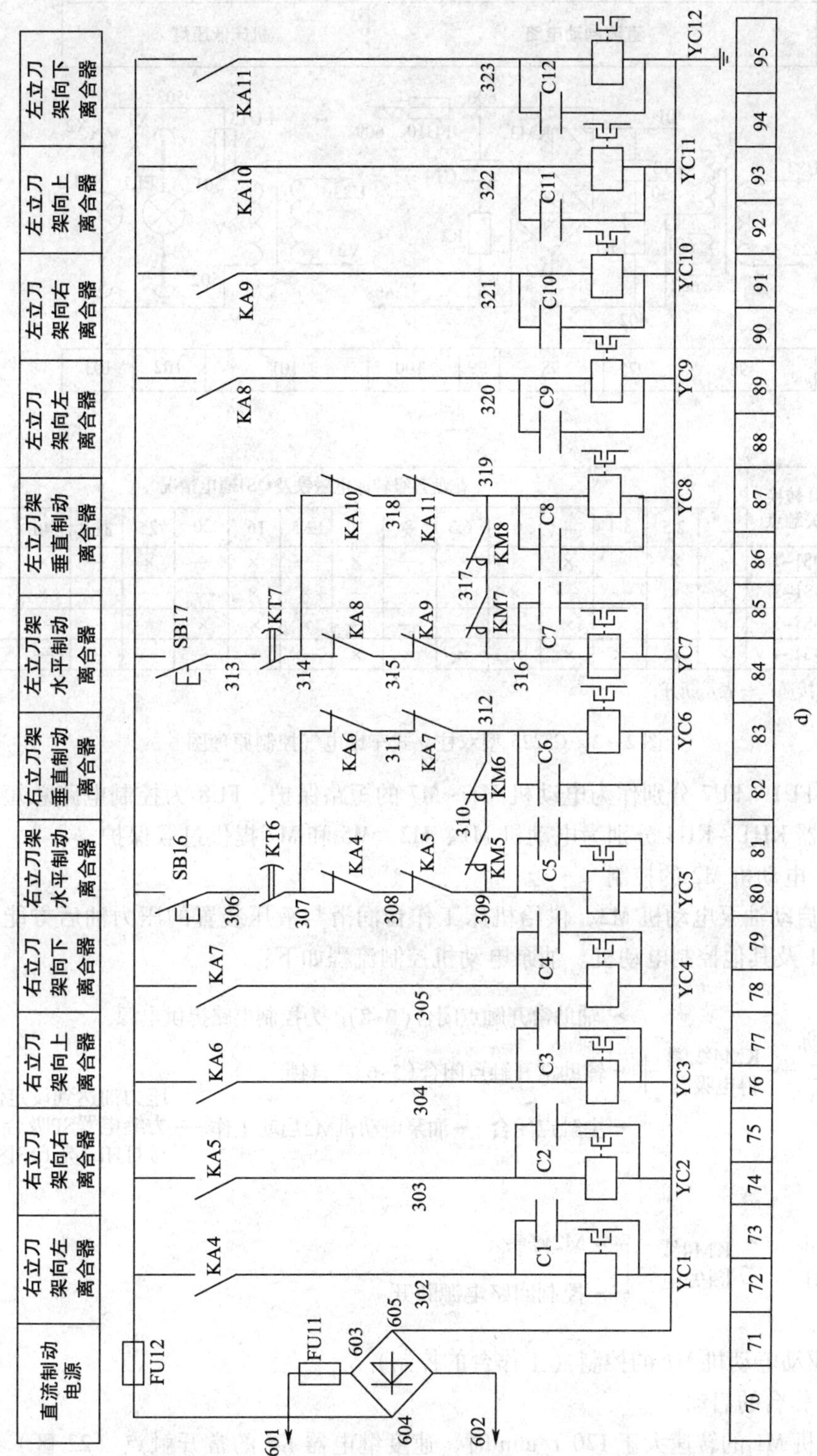

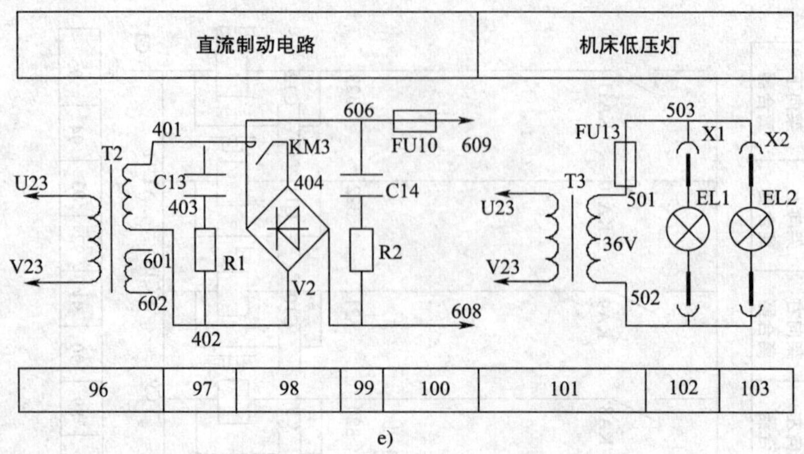

e)

电磁铁	QS1转换开关触点	花盘各级转速电磁铁及QS1通电情况															
		2	2.5	3.4	4	6	6.3	8	10	12.5	16	20	25	31.5	40	50	63
YA1	QS1–1	—	×	—	×		×	—	×	—	×	—	×	—	×	—	×
YA2	QS1–2	×	×	—	—	×	×	—	—	×	×	—	—	×	×	—	—
YA3	QS1–3	×	×	×	×	—	—	—	—	×	×	×	×	—	—	—	—
YA4	QS1–4	×	×	×	×	×	×	×	×	—	—	—	—	—	—	—	—

注：×表示接通；—表示断开。

图 2—2　C5225 型双柱立式车床电气控制原理图

熔断器 FU1 ~ FU7 分别作为电动机 M1 ~ M7 的短路保护，FU8 为控制电路总短路保护装置，热继电器 KH1 ~ KH4 分别为电动机 M1、M2、M5 和 M7 提供过载保护。

2. 油泵电动机 M2 的控制

必须先启动油泵电动机 M2，供给机床工作台润滑与液压装置的压力油后方能启动工作台电动机 M1 及其他控制电动机。油泵电动机控制流程如下：

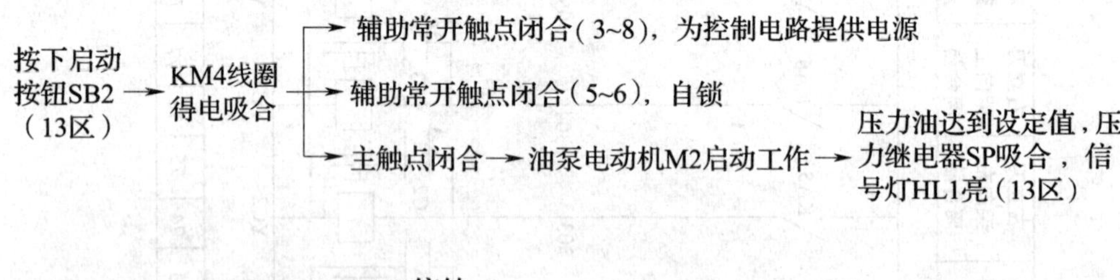

按下停止按钮SB1 → KM4线圈失电 → M2停转；→ 控制回路电源断开

3. 主驱动电动机 M1 的控制（工作台的控制）

(1) 工作台的启动

当电动机 M1 的转速大于 120 r/min 时，速度继电器 KS 的常开触点（22 区）闭合，为 M1 的制动做好准备。

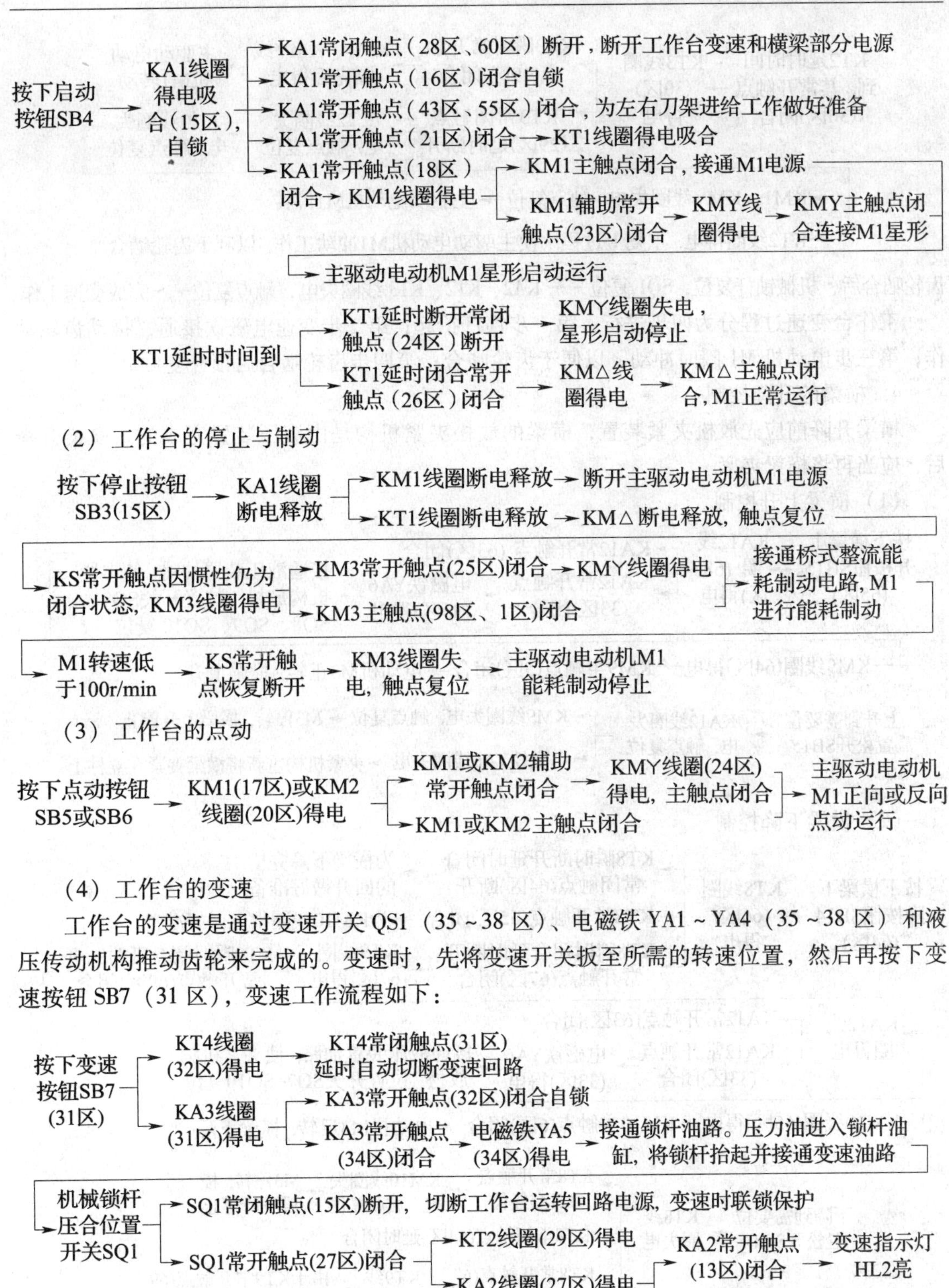

（2）工作台的停止与制动

（3）工作台的点动

（4）工作台的变速

工作台的变速是通过变速开关QS1（35～38区）、电磁铁YA1～YA4（35～38区）和液压传动机构推动齿轮来完成的。变速时，先将变速开关扳至所需的转速位置，然后再按下变速按钮SB7（31区），变速工作流程如下：

KT2延时时间到，其常开触点(30区)闭合 → KT3线圈(30区)得电 → KT3瞬时常开触点(19区)闭合 → KM1、KMY线圈先后得电 → 主驱动电动机M1转动

KT3线圈(30区)得电 → KT3常闭触点(29区)延时断开 → KT2线圈失电，触点复位 → KT3线圈失电，触点复位 → KM1、KMY线圈失电，触点复位 → 主驱动电动机M1停转

KT3线圈失电，触点复位 → KT2线圈得电，重复上过程，使主驱动电动机M1冲动工作，以利于齿轮啮合

齿轮啮合后，机械锁杆复位，SQ1 复位 → KA2、KT2、KT3 线圈失电，触点复位 → 完成变速工作

工作台变速过程分为四步进行：第一步锁杆抬起；第二步变速电磁铁接通，推动齿轮动作；第三步电动机 M1 瞬时冲动，以便于齿轮啮合；第四步齿轮啮合后锁杆复位。

4．横梁的升降控制

横梁升降前应先放松夹紧装置，横梁的放松夹紧机构是由液压装置完成的。横梁升降后，应当再将横梁夹紧。

（1）横梁上升控制

按下横梁上升按钮SB15(65区) → KA12线圈(68区)得电 → KA12常开触点(63区)闭合

KA12线圈(68区)得电 → KA12常开触点(33区)闭合 → 电磁铁YA6(33区)得电 → 接通液压装置油路，使夹紧机构放松，位置开关SQ7、SQ8、SQ9、SQ10复位 → KM9线圈(64区)得电 → KM9主触点(5区)闭合 → 电动机M3正转，横梁上升

上升到需要位置松开SB15 → KA12线圈失电，触点复位 → KM9线圈失电，触点复位 → M3停转，横梁上升停止

KA12线圈失电，触点复位 → 电磁铁YA6线圈失电 → 夹紧机构重新将横梁夹紧在立柱上

（2）横梁下降控制

按下横梁下降按钮SB14(64区) → KT8线圈(66区)得电 → KT8瞬时断开延时闭合常闭触点(64区)断开 → 为横梁下降完毕的回升做好准备

KT8线圈(66区)得电 → KT8常开触点(65区)闭合 → 为KM10线圈得电做好准备

KT8线圈(66区)得电 → KT8瞬时闭合延时断开常开触点(67区)闭合 → KT9线圈(67区)得电 → KT9瞬时闭合延时断开常开触点(69区)闭合 → KA12线圈得电 → KA12常开触点(63区)闭合

KA12线圈得电 → KA12常开触点(33区)闭合 → 电磁铁YA6(33区)得电 → 接通液压装置油路，使夹紧机构放松，位置开关SQ7~SQ10复位 → KM10线圈(65区)得电 → KM10主触点(6区)闭合 → 电动机M3反转，横梁下降

下降到需要位置松开SB14 → KT8线圈失电 → KT8常开触点(65区)复位 → KM10线圈失电，触点复位 → M3停转，横梁下降停止

KT8线圈失电 → KT8常闭触点(64区)延时闭合

KT8线圈失电 → KT8常开触点(67区)延时断开 → KT9线圈失电 → 由于KT9常开触点(69区)延时断开的作用 → KA12线圈保持吸合 → KM9线圈得电，主触点闭合 → M3正转，横梁短时回升，消除涡轮与蜗杆的啮合间隙

KT9常开触点(69区)延时断开后 → KA12线圈失电，触点复位 → KM9线圈失电，触点复位 → M3停转，横梁短暂回升停止
→ 电磁铁YA6线圈失电 → 夹紧机构重新将横梁夹紧在立柱上

位置开关 SQ11、SQ12 为横梁上升、下降限位保护开关。

5．刀架的控制

C5225 型双柱立式车床左右立刀架的运动形式，有快速移动控制和工作进给控制，其控制方法基本相同，现以左立刀架为例来分析刀架的控制。

（1）左立刀架的快速移动控制

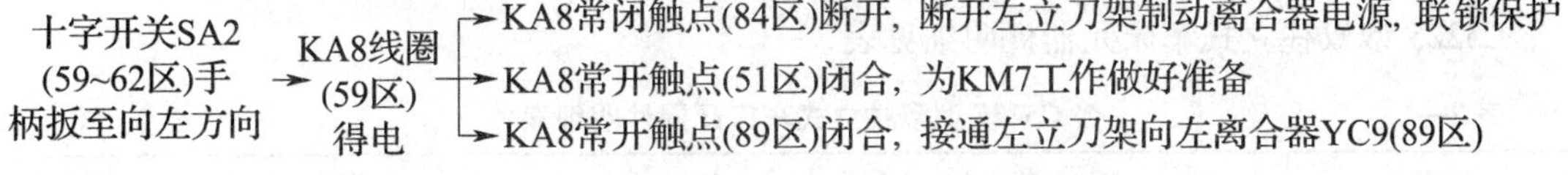

按下左立刀架快速移动按钮SB11(51区) → KM7线圈(51区)得电 → KM7常闭触点(55、85区)断开，连锁保护
→ KM7常开触点(57区)闭合 → KT7线圈(57区)得电 → KT7瞬时闭合延时断开常开触点(84区)闭合，为制动离合器动作做好准备
→ KM7主触点(9区)闭合 → 电动机M6启动，左立刀架快速左移

松开 SB11 → KM7 线圈失电，触点复位 → 左立刀架停止移动

左移完毕，根据加工工艺要求若需准确定位，可在 KT7 常开触点（84 区）延时断开的时间内，按下左立刀架制动按钮 SB17（84 区），接通左立刀架制动离合器进行制动。同理，根据 SA2 的方向不同，可以实现左立刀架向右、向上、向下快速移动。位置开关 SQ5、SQ6 为左立刀架左右移动的限位保护开关；位置开关 SQ3、SQ4 为右立刀架左右移动的限位保护开关。

（2）左立刀架进给控制

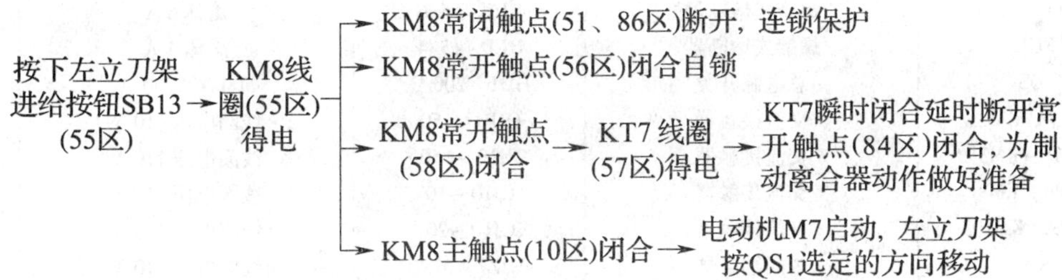

按下左立刀架进给停止按钮 SB12（55 区）→ KM8 线圈失电，触点复位，左立刀架进给停止

工作台与变速机构及横梁的升降，通过中间继电器 KA1 和位置开关 SQ1 进行联锁。当工作台运转时，KA1 的常闭触点（28 区）断开，工作台变速机构断电。KA1 的另一对常闭触点（60 区）断开，切断横梁升降电路。工作台在变速时由锁杆压动位置开关 SQ1（15 区）断开，保证工作台不能启动。

工作台停车时，左、右刀架进给就失去了意义。这时中间继电器 KA1 的常开触点（43 区和 55 区）断开，切断了左、右刀架进给通路，仅可进行快速移动。

6. 照明电路

控制变压器 T3（101 区）的二次侧输出 36 V 的安全电压，作为机床照明灯的电源，FU13 作为照明短路保护，照明灯 EL1、EL2 分别通过接插器 X1、X2 控制。

7. 润滑变速指示电路

润滑变速指示电路通过控制变压器 T1（12 区）的二次侧获得 6.3 V 电压，由 FU9 提供指示短路保护。

C5225 型双柱立式车床元器件明细见表 2—1。

表 2—1　C5225 型双柱立式车床元器件明细表

代号	元件名称	型号	规格	数量
M1	主驱动电动机	JQO_2-91-6	55 kW，970 r/min	1
M2	油泵电动机	$JO_2-31-4T_2$	2.2 kW，1 430 r/min	1
M3	横梁升降电动机	JO_2-61-8	7.5 kW，720 r/min	1
M4、M6	右、左立刀架快速移动电动机	$JO_2-32-6T_2$	2.2 kW，940 r/min	2
M5、M7	右、左立刀架进给电动机	$JO_2-12-4T_2$	0.8 kW，1 380 r/min	2
T1	控制电源变压器	BK－300	300 V·A，380/110/6.3 V	1
T2	制动电源变压器	BK－1500	1 500 V·A，380/36/36 V	1
T3	照明电源变压器	BK－100	100 V·A，380/36 V	1
FU1	主驱动电动机熔断器	RT0－400Q/300	熔体 300 A	3
FU2、FU4、FU6	螺旋式熔断器	RL1－15/15	熔体 15 A	9
FU3	螺旋式熔断器	RL1－60/50	熔体 50 A	3
FU5、FU7、FU9	螺旋式熔断器	RL1－15/6	熔体 6 A	8
FU8	螺旋式熔断器	RL1－15/10	熔体 10 A	3
FU10	制动电源熔断器	RT0－400Q/150	熔体 150 A	1
FU11、FU12	螺旋式熔断器	RL1－15/6	熔体 6 A	2
FU13	螺旋式熔断器	RL1－15/4	熔体 4 A	1
QS	总电源开关	HD1－200/3	500 V，200 A	1
KM丫、KM△	交流接触器	CJ10－150	线圈电压 110 V	2
KM1～KM3	交流接触器	CJ10－150	线圈电压 110 V	3
KM4～KM8	交流接触器	CJ10－10	线圈电压 110 V	5
KM9、KM10	交流接触器	CJ10－20	线圈电压 110 V	2
KA1	中间继电器	JZ7－62	线圈电压 110 V	1
KA2～KA12	中间继电器	JZ7－44	线圈电压 110 V	11
KT1～KT4	时间继电器	JS7－2A	线圈电压 110 V	4
KT6～KT9	时间继电器	JS7－4A	线圈电压 110 V	4
KH1	主电动机热继电器	JR16－150	整定电流 104 A	1
KH2	油泵电动机热继电器	JR16－20	整定电流 4.89 A	1
KH3、KH4	左、右刀架进给电动机热继电器	JR16－20	整定电流 2.06 A	2
VD1	二极管	2CZ－5	200 V	4
VD2	二极管	2CZ－20	350 V	4
C1～C12	电容器	CZJD－2	400 V，4 μF	12
C13	电容器	CZJJ	160 V，20 μF	1
C14	电容器	CZJD－2	160 V，30 μF	1
R1	电阻器	RXYC－T	50 W，200 Ω	1

续表

代号	元件名称	型号	规格	数量
R2	电阻器	RXXC - T	50 W，20 Ω	1
SB1、SB3、SB9、SB12	控制按钮	LA2	红色	4
SB2、SB4、SB10、SB13	控制按钮	LA2	绿色	4
SB5、SB6、SB7、SB8	控制按钮	LA2	黑色	4
SB11、SB14、SB15	控制按钮	LA2	黑色	3
SB16、SB17	主令开关	LS2 - 3		2
SA1、SA2	十字开关	LS1 - 1		2
HL1	信号灯	ZSD - 0	绿色	1
HL2	信号灯		6.3 V，2 W	1
SQ1	微动开关	LX5 - 11H		1
SQ3 ~ SQ6	位置开关	LX2 - 121		4
SQ11、SQ12	位置开关	LX2 - 121		2
SQ7 ~ SQ10	微动开关	LX5 - 11Q/1		4
SP	压力继电器	YJ - 1		1
X1、X2	接插器	C1 - 6/4		2
KS	速度继电器	JY1		1
YA1 ~ YA6	电磁铁			6
YC1 ~ YC12	电磁离合器			12

六、C5225 型双柱立式车床元件位置图

C5225 型双柱立式车床电气元件位置如图 2—3 所示。

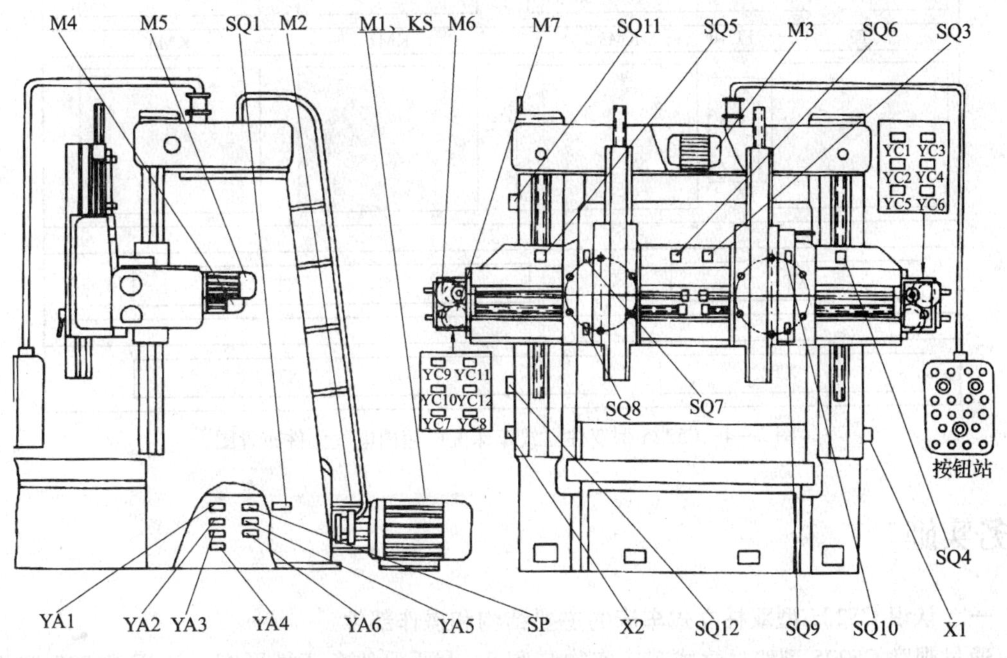

图 2—3 C5225 型双柱立式车床电气元件位置图

七、C5225 型双柱立式车床的元器件布置图

C5225 型双柱立式车床配电箱内电气元件布置如图 2—4 所示。

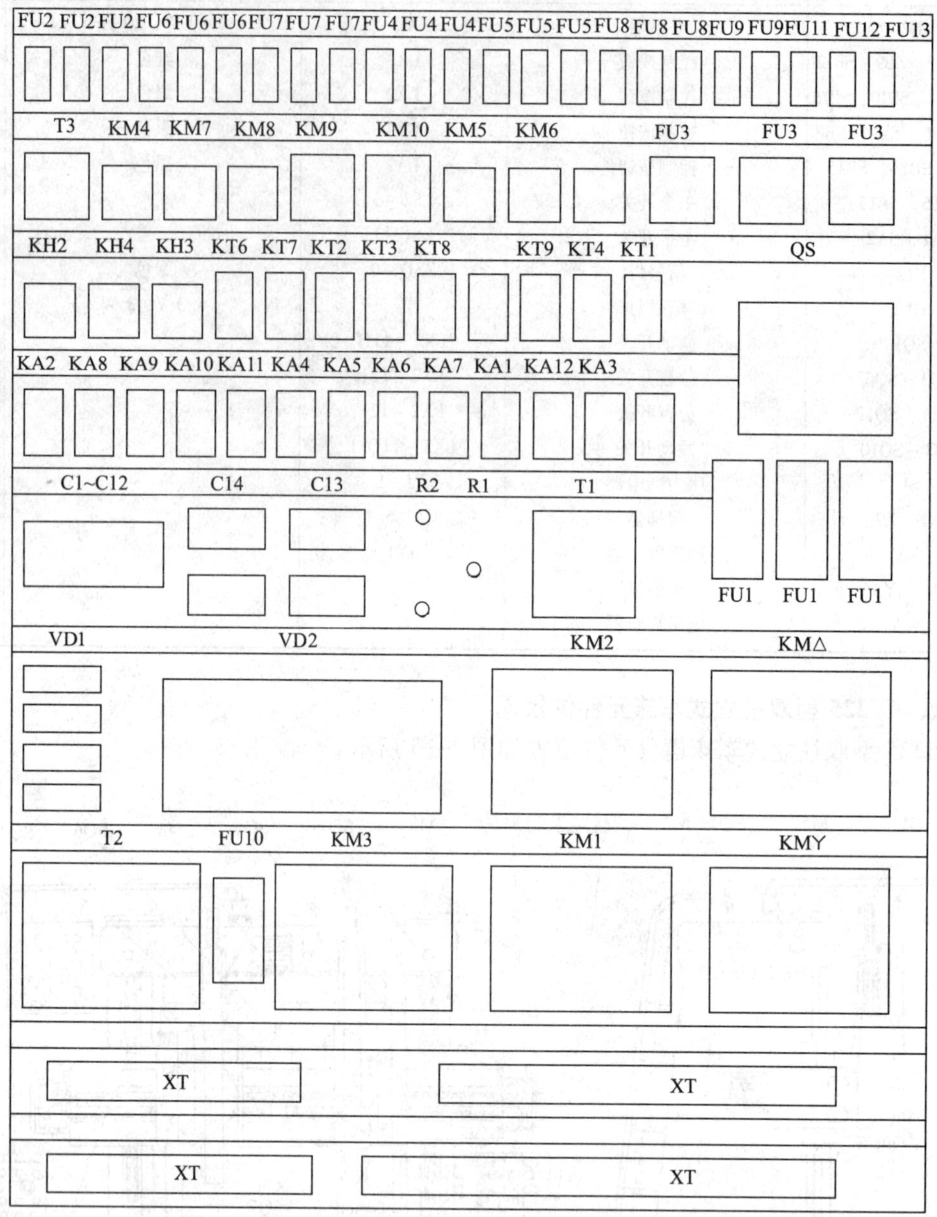

图 2—4　C5225 型双柱立式车床配电箱内电气元件布置图

任务实施

一、认识 C5225 型双柱立式车床的主要结构和操作部件

通过观摩 C5225 型双柱立式车床实物与图 2—1 所示的车床外形图，认识 C5225 型双柱立式车床的主要结构和操作部件。

二、熟悉 C5225 型双柱立式车床的电气设备名称、型号规格、代号及位置

首先切断设备总电源，然后在教师指导下，根据元器件明细表 2—1 和图 2—3、图 2—4，熟悉 C5225 型双柱立式车床的电气设备名称、型号规格、器件代号及器件在机床中的位置，熟悉线路走向。

三、观摩操作

观察教师对 C5225 型双柱立式车床试车的基本操作方法和步骤，并在教师指导下对 C5225 型双柱立式车床进行操作。

1. 开机前的准备工作

打开电气控制柜门，检查各电气元件安装是否牢固，各电气开关是否合上，接线端子上的电线是否有松动的现象，把各电气开关合上，各接线端子与连接导线紧固后，关好电气控制柜门。

2. 试车操作步骤

(1) 开机操作

移出工作台上的工件，合上电气柜总电源开关 QS，此时机床电气部分已通电。

(2) 油泵启动操作

在按钮站上按下启动按钮 SB2，交流接触器 KM4 得电吸合并自锁，油泵电动机 M2 工作。

体会若不先启动油泵电动机，按下其他按钮机床是否能工作。

(3) 工作台运行操作

按下 SB4，主轴电动机 M1 采用Y—△降压启动，工作台正向旋转；按下 SB3，工作台采用能耗制动的方式平稳停车；按下 SB5（或 SB6）工作台正向（或反向）点动运行；扳动变速开关 QS1 至新的速度挡，按下 SB7，变速机构自动变速。

注意观察工作台停车制动的过程及工作台变速时主轴电动机的冲动。

(4) 横梁升降操作

按下按钮 SB15，夹紧机构放松，电动机 M3 正转，带动横梁上升；松开 SB15，上升停止，夹紧机构将横梁夹紧在立柱上；按下按钮 SB14，夹紧机构放松，电动机 M3 反转，带动横梁下降；松开 SB14，横梁下降停止，横梁略做回升，夹紧机构将横梁夹紧在立柱上。

注意观察横梁与立柱的放松和夹紧过程，以及下降过程结束横梁的短时回升过程。

(5) 刀架操作

扳动十字开关手柄 SA1，选择右立刀架向左、向右、向上、向下运动方向；扳动十字开关手柄 SA2，选择左立刀架向左、向右、向上、向下运动方向；按下右立刀架快速移动按钮 SB8，右立刀架按选定方向由电动机 M4 带动快速点动移动；按下右立刀架进给按钮 SB10，右立刀架按选定方向由电动机 M5 带动进给加工；右立刀架进给运动时，按下右立刀架停止按钮 SB9，刀架进给运动停止；按下左立刀架快速移动按钮 SB11，左立刀架按选定方向由电动机 M6 带动快速点动移动；按下左立刀架进给按钮 SB13，左立刀架按选定方向由电动机 M7 带动进给加工；左立刀架进给运动时，按下左立刀架停止按钮 SB12，刀架进给运动停止；右移、左移完毕需准确停车时，按下右移制动按钮 SB16 或左移制动按钮 SB17，通过制动离合器制动实现准确停车。刀架进给加工运动需在工作台启动之后才可进行，工作台没有启动时，刀架只有快速调整运动模式。

注意观察刀架的移动方向；需准确停车时，体会制动离合器的制动过程。

（6）关机操作

如果机床停止使用，按下油泵电动机停止按钮 SB1（总停按钮），为了确保人身和设备安全，应关断电源开关 QS。

四、识读 C5225 型双柱立式车床电路图

识读相关电路图，在教师的指导下，结合对机床的实际操作，进一步理解机床各部分的功能及工作原理。

任务测评

对任务实施完成情况进行检查，并将结果填入表 2—2。

表 2—2　　评分标准

项目内容	序号	评分标准			配分	得分
机床认识	1	不能对照机床实物或挂图说出机床主要部件名称，每处扣 2 分			6	
	2	不能指出机床主要电气元件位置，每处扣 2 分			6	
	3	未先启动油泵扣 2 分；工作台、横梁升降、刀架试车有误，每处扣 4 分；不能正确分合机床总电源、机床照明，每处扣 2 分			18	
识读机床电路图	4	机床主电路各电动机的工作特点表述不清，每处扣 2 分			10	
	5	保护电路、信号与照明电路、电源电压等级表述不清，每处扣 5 分			10	
	6	工作台、横梁升降、刀架移动、刀架进给、油泵与指示电路，每部分 10 分。识读方法、步骤不清楚，每处扣 2 分，识读错误每处扣 5 分			50	
备注	本项目可采用自查和互查方式进行			成绩		
开始时间		结束时间		实际时间		

任务 2　检修 C5225 型双柱立式车床

学习目标

1. 掌握机床电气设备的维修要求、检修方法和维修步骤。
2. 掌握 C5225 型双柱立式车床典型故障的分析方法以及故障的检测流程。
3. 能按照正确的检测步骤，排除 C5225 型双柱立式车床的典型电气故障。

任务引入

C5225 型双柱立式车床在使用过程中，由于电气设备老化或操作不当等原因，不可避免地会出现电气故障，例如，工作台停车时无制动、工作台不能反向运动、横梁升降时不能放松、横梁能上升但不能下降等，影响设备的正常工作。作为机床维修人员，应能迅速、准确地分析并检修、排除 C5225 型双柱立式车床常见电气故障，保障设备正常运行。

相关知识

C5225 型双柱立式车床典型故障分析

1. 油泵电动机启动运转后，按下工作台启动按钮 SB4，主驱动电动机 M1 不能启动

在启动油泵后，根据继电器的吸合动作状况采用电压法测量，故障检修流程如图 2—5 所示。

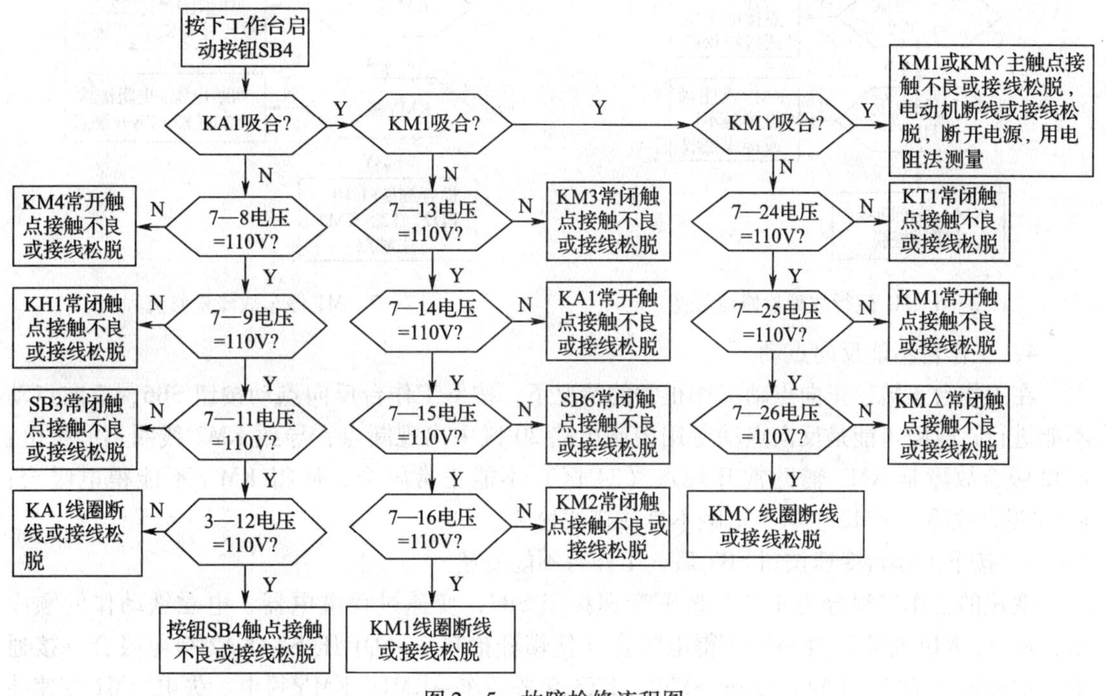

图 2—5 故障检修流程图

检修时若不方便观察继电器吸合状态，可从继电器吸合声音、电动机运转声音来判断故障大致范围，然后通过检验测量缩小故障区域。

2. 按下工作台启动按钮 SB4 后，主驱动电动机 M1 工作一下又自动停车

主驱动电动机采用的是Y－△降压启动，根据故障现象，故障应出现在星形启动后不能换接到三角形运行电路中，故障多在 26 区电路中。故障检修流程如图 2—6 所示。

3. 工作台停车时无制动

工作台的主驱动电动机 M1 停车采用能耗制动，按速度原则进行控制。出现不能制动的

故障时，应检查速度继电器 KS 工作是否正常，其常开触点（22 区）是否接触良好；接触器 KM3、KM丫是否吸合；整流电源是否正常。

由于是制动部分的故障，可根据接触器 KM3、KM丫动作状况进行故障区域判断；交流控制部分的故障，切断电源后可采用电阻法测量；直流制动部分的故障，可采用电压、电阻法检测。检测判断流程如图 2—7 所示。

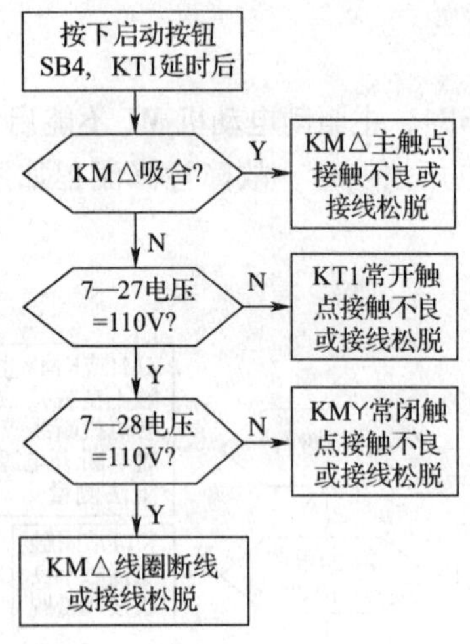

图 2—6　M1 运行故障检修流程图

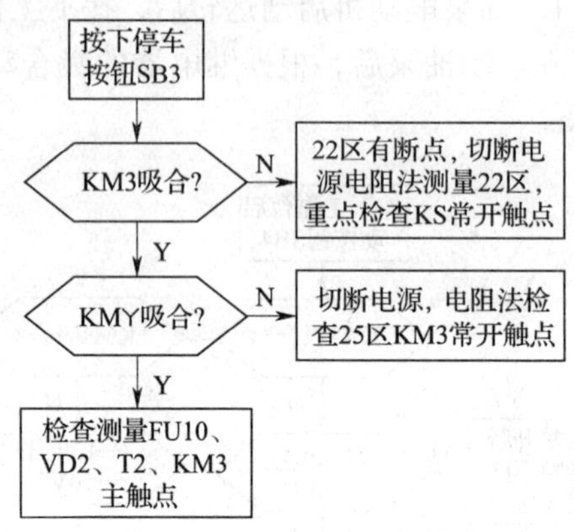

图 2—7　M1 停车故障检修流程图

4．工作台不能反向点动

在工作台正转、正向点动工作正常的情况下，按下工作台反向点动按钮 SB6，反向点动不能进行，故障可能是反向点动专用控制电路 20 区中出现断点，导致 KM2 线圈不能得电；KM2 吸合故障是 KM2 辅助常开触点（24 区）不能正常闭合，使得 KM丫不能得电吸合；KM丫吸合故障是 KM2 主触点接触不良或接线松脱。

5．按下工作台变速按钮 SB7 后，工作台不能变速

变速的工作过程分为 4 步，按下变速按钮 SB7，变速过程继电器、电磁铁动作的顺序是：KA3、KT4 得电吸合→YA5 得电吸合（使锁杆抬起）→SQ1 压下→KA2 得电吸合→接通变速电磁铁（YA1 ~ YA4）变速→KT2、KT3 交替动作→KM1、KM丫得电、失电→M1 变速冲动→锁杆复位→SQ1 复位→变速过程完成。根据变速动作顺序原理，结合继电器、电磁铁动作状况缩小故障范围，查找相应支路。

重点检测步骤为：先观察电磁铁 YA5 是否吸合，如不吸合，再观察中间继电器 KA3 是否动作。如 KA3 不吸合，故障为 31 区出现断点或 28 区 KA1 常闭触点接触不良；如 KA3 吸合，YA5 不动作，则应检查 KA3 的常开触点（34 区）；若 YA5 吸合但锁杆不抬起，则故障通常出现在液压装置或机械部分。

6．按下变速按钮 SB7 后，变速能进行，但主驱动电动机 M1 反复启、停，做瞬时冲动。在齿轮已啮合情况下，变速不终止。

工作台变速瞬时冲动是由中间继电器 KA2、时间继电器 KT2 及 KT3、控制接触器 KM1 及 KM丫使主驱动电动机 M1 反复启动、停止来实现的。当变速完成，齿轮啮合好时，机械锁杆应复位，使位置开关 SQ1 复位，SQ1 的常开触点（27 区）断开，切断 KA2、KT2、KT3 线

圈电源通路，终止变速的瞬时冲动。因此，出现这种故障通常是锁杆不能复位所致，应检查与锁杆动作关联的液压和机械部分。

7．横梁升降时不能放松

横梁的夹紧、放松是由横梁放松电磁铁 YA6 控制液压装置油路实现的。YA6 得电，横梁放松；YA6 断电，横梁夹紧。

横梁升降时不能放松，故障原因一般是电磁铁 YA6 没吸合。应依次检查按钮 SB15 的常开触点（68 区）、中间继电器 KA12 的常开触点（33 区）的接触是否良好；中间继电器 KA12 或电磁铁 YA6 的线圈是否断线，线头是否松脱。如果 YA6 能吸合，则故障发生在液压装置和机械部分。

8．横梁能上升但不能下降

横梁能上升表明横梁放松部分、横梁放松与下降公共通道 63 区电路均正常，只需检测下降部分电路，故障检测流程如图 2—8 所示。

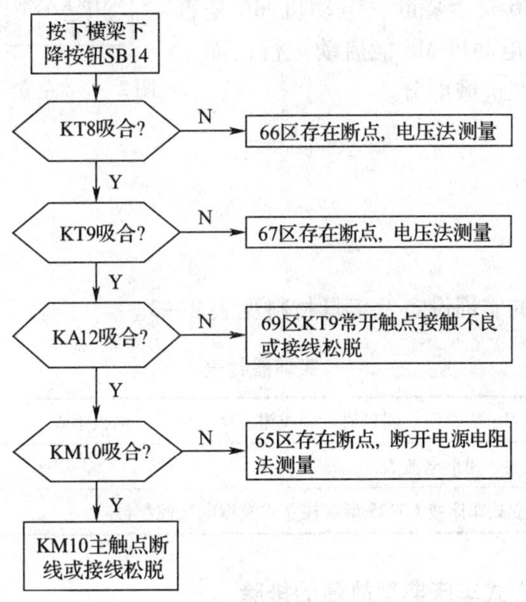

图 2—8　横梁只升不降故障检测流程

横梁上升和下降为点动控制，对于 64 区、65 区电路，不便使用电压法测量。切断电源采用电阻测量法时，因该两条支路呈并联关系，为使检测准确，应人为断开一接线点，再行测量。

9．按下横梁下降按钮 SB14 横梁能够下降，下降到指定位置后无回升动作

横梁下降完毕的短时回升动作，可以消除蜗轮与蜗杆的啮合间隙。不能回升应检查横梁能否上升，若也不能上升，故障多为 64 区 KM9 线圈支路存在断点；若上升正常则应重点检查时间继电器 KT9 是否能延时、延迟时间是否太短，如系调整不当，应适当整定动作时间。

时间继电器的延时值不能随意变动。

10. 左立刀架不能快速移动

首先应判断是某一个方向不能快移还是4个方向都不能快移。若仅是某个方向不能快移，则故障出在该方向快移的专用电路上。若向左不能快移，故障检测流程如图2—9所示。

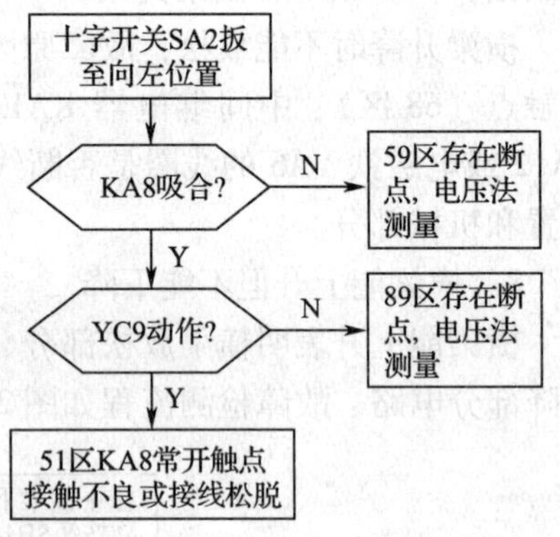

图2—9　左立刀架快速移动故障检测流程

若4个方向都不能快移，则故障发生在公共电路中。应检查按钮SB11、接触器KM8的常闭触点是否接触良好；接触器KM7线圈是否断线、KM7的主触点是否烧坏、熔断器FU6是否烧断，电动机M6是否完好等。若按下SB11，电动机M6能启动运行，而左立刀架不动，则故障出在机械部分。

任务实施

一、任务准备

实施本任务所需要的实训设备及工具材料见表2—3。

表2—3　　实训器材表

工具	测电笔、电工刀、尖嘴钳、斜口钳、剥线钳、螺钉旋具、活扳手等
仪表	万用表、兆欧表、钳形电流表
机床	C5225型双柱立式车床或C5225型双柱立式模拟电气控制台

二、C5225型双柱立式车床典型故障的排除

1. 参照图2—3所示电气元件位置图和图2—4所示元器件布置图，熟悉C5225型双柱立式车床各电气元件的位置、线路走向。

2. 观察、体会教师示范检修的流程。

3. 对典型故障分析中涉及的故障现象设置已知故障点，试车、检测并排除。

4. 针对以下故障现象在C5225型双柱立式车床上设置故障点。

（1）合上电源开关，按下油泵电动机启动按钮SB2，油泵电动机不能启动。

（2）工作台正向启动正常，但不能正向点动运行。

（3）横梁不能上升也不能下降。

（4）横梁能够下降运行，但不能上升运行。

（5）左立刀架4个方向均没有进给运动。

（6）按下工作台变速按钮SB7，发现锁杆能抬起，但仍不能变速。

（7）右立刀架不能向右快速移动。

（8）右立刀架没有制动功能。

故障点的设置应注意以下几点：

（1）不能设置电源短路故障，不要设置短接元器件触点的故障。

（2）不能设置让限位保护以及其他保护失灵的故障。

（3）C5225 型双柱立式车床采用的是机械、电气、液压一体化控制，在故障检测之前必须熟知电路工作原理、清楚控制环节之间的逻辑关系、清楚元器件位置及线路大致走向、熟悉双柱立式车床的运动形式，并在教师指导下进行设故与排故。对拟设置的故障点，应先能分析出故障现象，不能盲目设置。

5. 故障检测前先通过试车说出故障现象，分析故障大致范围，讲清拟采用的故障检测手段、检测流程，正确无误后方能在监护下进行检测训练。

6. 找出故障点以后切断电源，仔细修复，不得扩大故障或产生新的故障，修复后通电试车。

任务测评

对 C5225 型双柱立式车床电气控制线路检修任务实施完成情况进行检查，并将结果填入表 2—4。

表 2—4 评分标准

<table>
<tr><th>项目内容</th><th>序号</th><th colspan="3">评分标准</th><th>配分</th><th>得分</th></tr>
<tr><td rowspan="3">故障分析</td><td>1</td><td colspan="3">不能根据试车的状况说出故障现象，扣 5 ~ 10 分</td><td>10</td><td></td></tr>
<tr><td>2</td><td colspan="3">不能标出最小故障范围，每个故障扣 5 分</td><td>10</td><td></td></tr>
<tr><td>3</td><td colspan="3">标不出故障线段或错标在故障回路以外，每个故障点扣 5 分</td><td>10</td><td></td></tr>
<tr><td rowspan="5">排除故障</td><td>4</td><td colspan="3">停电不验电，扣 5 分</td><td>5</td><td></td></tr>
<tr><td>5</td><td colspan="3">测量仪表使用不正确，每次扣 5 分</td><td>5</td><td></td></tr>
<tr><td>6</td><td colspan="3">排除故障方法、步骤不正确，扣 10 分</td><td>10</td><td></td></tr>
<tr><td>7</td><td colspan="3">损坏电气元件，扣 10 分</td><td>10</td><td></td></tr>
<tr><td>8</td><td colspan="3">不能排除故障，扩大故障范围或产生新的故障，每个故障扣 20 分</td><td>40</td><td></td></tr>
<tr><td>安全文明生产</td><td colspan="5">违反安全文明生产规程，未清理场地扣 10 ~ 70 分</td><td></td></tr>
<tr><td>定额工时
30 min</td><td colspan="5">不允许超时检查故障，但在修复故障时每超时 1 min 扣 1 分</td><td></td></tr>
<tr><td>备注</td><td colspan="3">除定额工时外，各项内容的最高扣分不得超过配分数</td><td>成绩</td><td colspan="2"></td></tr>
<tr><td>开始时间</td><td></td><td>结束时间</td><td></td><td>实际时间</td><td colspan="2"></td></tr>
</table>

思考与练习

1. 主驱动电动机在启动时接成________形，由接触器________和________控制；正常运行时接成________形，由接触器________和________控制；停车时采用________制动，由接触器________和________控制。

2. C5225 型双柱立式车床必须先启动________电动机，方能启动其他工作电动机。

3. 工作台通过变速箱可实现________速度变换，变速过程分________步进行。

4. 工作台变速瞬时冲动是由中间继电器________、时间继电器________和________控制接触器 KM1 和 KMY，使主驱动电动机 M1 反复启动、停止来实现的。

5. 横梁升降前应先将________放松。横梁放松电磁铁________得电，接通液压装置油路，横梁放松后方能升降，升降完毕还应将横梁夹紧。

6. 刀架的进给和快速移动控制应先确定进给方向，右立刀架由________确定进给方向，左立刀架由________确定进给方向。

7. 工作台设置正反转点动控制的目的是（　　）。

A. 加工工艺的需求　　B. 便于调整刀具　　C. 主驱动电动机变速后使齿轮易于啮合

8. 工作台变速时接通锁杆油路的电磁铁是（　　）。

A. YC4　　B. YC5　　C. YC6

9. 电磁铁（　　）得电将横梁放松，电磁铁（　　）失电将横梁夹紧。

A. YC4　　B. YC5　　C. YC6

10. C5225 型双柱立式车床的工作台电动机采用什么方法制动？分析其制动过程。

11. 分析 C5225 型双柱立式车床工作台变速的控制过程。

12. 分析 C5225 型双柱立式车床右立刀架快速移动的控制过程。

13. 横梁下降完毕的回升作用是什么？分析其工作过程。

14. 工作台正反向点动工作正常，但不能正常启动运转，试分析故障原因。

15. 按下横梁升、降按钮，横梁不能升降，试分析故障原因。

16. 右立刀架 4 个方向均不能进给，试分析故障原因。

课题三　CK6136 型数控车床电气检修

CK6136 型数控车床能够车削外圆、内圆、端面、螺纹、螺杆、椭圆、抛物线以及车削定形表面等，适用于多品种、中小批量产品的加工，对复杂、高精度零件更显其优越性，是一种应用极为广泛的金属切削通用数控车床。

任务 1　认识 CK6136 型数控车床

学习目标

1. 了解 CK6136 型数控车床的结构特点及工作特点，熟悉 CK6136 型数控车床的基本操作方法。
2. 能看懂 CK6136 型数控车床电路图。
3. 掌握 CK6136 型数控车床电路的工作原理。

任务引入

数控车床又称为 CNC 车床，即计算机数字控制车床。CK6136 型数控车床配备通用数控系统，功能强，自动化程度和加工精度比较高，可同时控制两个坐标轴，即 X 轴和 Z 轴，是目前应用较广泛的经济型数控车床。要能快速、准确地排除 CK6136 型数控车床的电气故障，首先就要认识 CK6136 型数控车床的主要结构、运动形式，掌握试车操作方法以及 CK6136 型数控车床的电气控制电路原理。

相关知识

一、CK6136 型数控车床的型号规格

CK6136 型数控车床型号规格及含义如下：

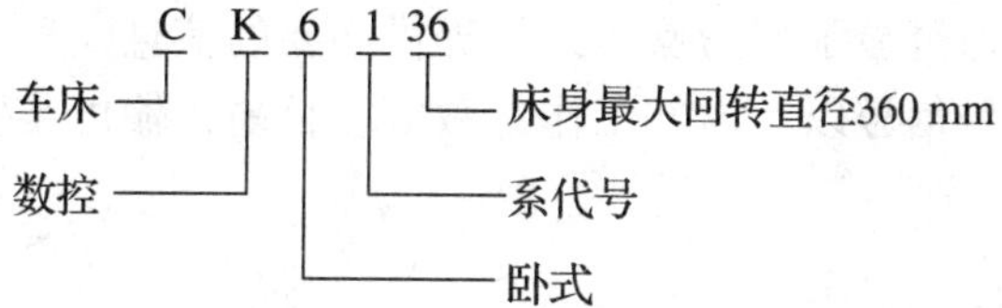

二、CK6136 型数控车床主要结构

CK6136 型数控车床的外形如图 3—1 所示，数控车床的组成如图 3—2 所示，一般由输

入/输出装置、数控装置（或称 CNC 单元）、可编程逻辑控制器（PLC）、主轴驱动系统、进给伺服驱动系统、位置检测装置、电气回路、辅助装置和机床本体等组成。但现代数控机床的数控系统都采用模块化结构，伺服系统中的伺服单元和驱动装置为数控系统中的一个子系统，输入输出装置也为数控系统中的一个功能模块，所以也可认为数控机床主要由计算机数控系统和机床本体组成。

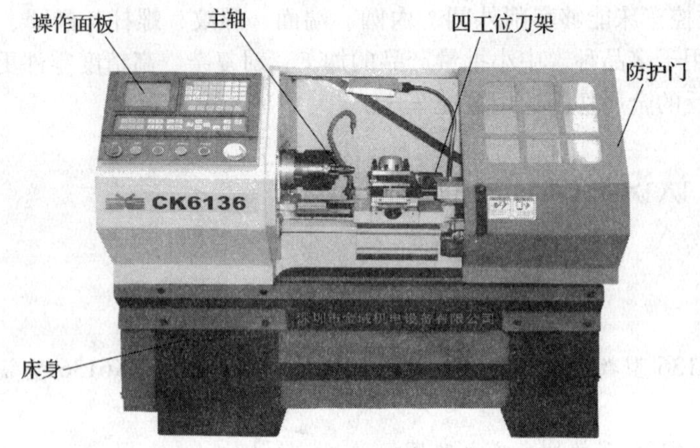

图 3—1　CK6136 型数控车床外形图

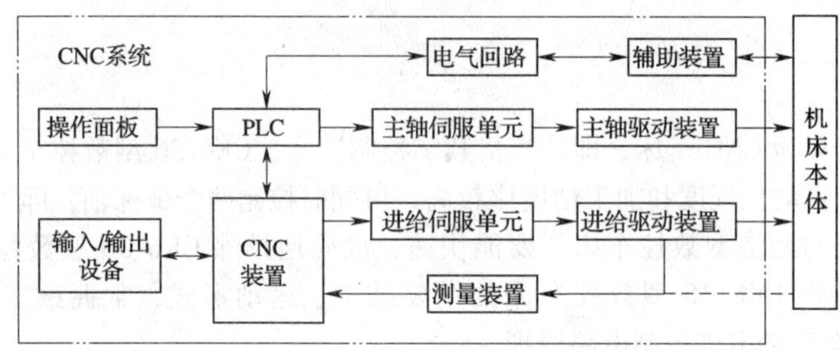

图 3—2　数控车床组成

1. 输入/输出装置

输入/输出装置是数控装置与外围设备进行数据或信息交换的装置。输入装置的作用是将程序载体上的数控代码变成相应的电脉冲信号，传送并存入数控装置内。目前，数控机床的输入装置有键盘、磁盘驱动器以及 DNC 网络串行通信的方式，极大地方便了信息输入工作。输出装置的作用是通过显示器为操作人员提供必要的信息，显示的信息可以是正在编辑的程序、坐标值、报警信号以及内部工作参数等。目前，输出装置主要是彩色液晶显示器。

2. 数控装置（CNC）

数控装置是数控机床电气控制系统的核心，由硬件和软件两部分组成。它能够自动地对输入的加工程序进行解码、运算和逻辑处理，并将数控加工程序信息按两类控制量分别输出：一类是连续控制量，送往伺服系统；另一类是离散的开关控制量，送往机床强电控制电路，从而协调控制机床各部分的运动，完成数控机床所有运动的控制，实现数控机床的加工过程。

3. 可编程逻辑控制器（PLC）

可编程逻辑控制器是机床各项功能的逻辑控制中心，一般数控装置都内置PLC。它将来自CNC装置的各种运动及功能指令进行逻辑排序，使它们能够准确地、协调有序地安全运行；同时将来自机床的各种信息及工作状态传送给CNC装置，使CNC装置能及时准确地发出进一步的控制指令，实现对整个机床的控制。

4. 主轴驱动系统

主轴驱动系统由主轴电动机（包括速度检测元件）和主轴伺服驱动装置组成，主轴驱动系统接收来自数控装置的驱动指令，经过速度与转矩（功率）调节输出驱动信号驱动主电动机转动，同时接收速度反馈信号实施速度闭环控制，实现对主轴转速的调节控制。

5. 进给伺服驱动系统

进给伺服驱动系统由进给伺服电动机（一般内装速度和位置检测元件）和进给伺服驱动装置组成。进给伺服驱动系统接收来自数控装置的速度指令，经过速度与电流（转矩）调节输出驱动信号驱动伺服电动机转动，同时接收速度反馈信号实施速度闭环控制，实现机床沿坐标轴运动。

6. 位置检测装置

位置检测装置将数控机床各坐标轴的实际位移量、速度等参数检测出来，转变成电信号反馈给CNC装置，通过将反馈回来的实际位移量值与设定值进行比较，并由CNC装置发出相比较的差值去控制驱动装置，使各坐标轴按照指令值移动，从而实现对位置的精确控制。常用的位置检测元件有光栅、光电编码器、感应同步器、旋转变压器、磁栅尺等。

7. 电气回路

随着PLC功能的不断强大，机床中传统的继电器逻辑电路已经很少存在。现在机床电气回路的主要任务是对电源的控制以及与PLC联合控制，把PLC输出的辅助控制指令转换成强电信号，以实现对润滑、冷却、气动、液压、排屑和主轴换刀等辅助装置的逻辑控制。

8. 机床本体

数控机床的机床本体与传统机床相似，由机床床身、主轴传动装置、进给机构、冷却与润滑装置、交换工作台及排屑装置等组成。

三、CK6136型数控车床的运动形式

数控车床主要完成切削任务，由变频器控制的主轴旋转消耗机床大部分动力；进给运动分为横向进给和纵向进给，分别由两台小功率伺服电动机驱动，用于保证切削层不断地投入切削，形成各种形状的加工表面；辅助运动指冷却泵、润滑泵的工作，换刀运动等。

四、CK6136型数控车床电气控制的特点

1. 主驱动电动机为三相异步电动机，采用变频调速的方式，调速平滑，调速范围宽。

2. 为保证主轴转一圈，刀架移动一个导程，在主轴箱的左侧安装有一个光电编码器，主轴至光电编码器的带轮传动比为1∶1。光电编码器配合纵向进给交流伺服电动机，保证主轴转一圈，刀架移动一个导程，刀架移动和主轴转动有固定的比例关系，以满足螺纹加工的

需要。

3. 进给运动通过高精度永磁式交流伺服电动机驱动滚珠丝杠运动来实现，从而保证零件切削的精度要求。

4. 车削加工时，由于刀具及工件温度过高，配有冷却泵电动机，可由程序控制启停。

5. 采用四工位（矩形）刀架，可通过系统控制自动换刀或手动换刀。

6. 润滑泵电动机负责机床导轨的润滑。

7. 电路具有过载、短路、欠压、失压保护功能，具有安全的局部照明装置。

五、基本指令

数控车床常用的功能指令有 G 功能（准备功能）、M 功能（辅助功能）、F 功能（进给功能）、S 功能（主轴转速功能）、T 功能（刀具功能）。为使编制的数控加工程序具有通用性，ISO 组织和我国对某些指令做了统一规定。

1. G 功能

G 功能也称准备功能，是用来建立机床或数控系统工作方式的一种命令，使数控机床做好某种操作准备，用地址码 G 和两位或三位数字表示。数控车床常用 G 功能指令见表 3—1。

表 3—1　　G 功能指令

代码	组号	功能
G00 G01 G02 G03	0 1	快速定位 直线插补 圆弧插补（顺时针） 圆弧插补（逆时针）
G04	0 0	暂停延时
G20 G21	0 6	英制输入 公制输入
G27 G28 G29	0 0	参考点返回检查 返回到参考点 由参考点返回
G32	0 1	螺纹切削
G40 G41 G42	07	刀具半径补偿取消 刀具半径左补偿 刀具半径右补偿
G52	0 0	局部坐标系设定
G54 ~ G59	1 4	选择工件坐标系 1 ~6
G65	0 0	宏指令简单调用
G66 G67	1 2	宏指令模态调用 宏指令模态调用取消
G71 G72 G73 G76	0 0	内、外径车削复合固定循环 端面车削复合固定循环 封闭轮廓车削复合固定循环 螺纹车削复合固定循环
G80 G81 G82	10	固定循环取消 端面车削单一固定循环 螺纹车削单一固定循环
G90 G92 G94	01	外径/内径自动循环 螺纹自动车削循环 端面自动车削循环
G96 G97	02	恒线速度速度控制 取消恒线速度控制
G98 G99	05	每分钟进给（mm/min） 每转进给（mm/r）

注：指令分成若干组别，其中 00 组为非模态指令，指某个指令只在出现这个指令的程序段内有效；其他组别为模态指令，这些 G 代码不只在当前的程序段中起作用，而且在以后的程序段中一直起作用，直到有其他指令取代它为止。

2．M 功能

M 功能也称辅助功能，用来控制机床辅助动作或系统的开关功能，由地址码 M 和后面的两位数字组成。常用 M 功能指令见表 3—2。

表 3—2 M 功能指令

指令	功能	说明
M00	程序暂停	执行 M00 后，整个程序停止运行，机床所有动作均被切断，重新按程序启动按键后，再继续执行后面的程序段
M01	条件程序停止	执行过程和 M00 相同，只是在机床控制面板上的“任选停止（OPT STOP）”开关置于接通位置时，该指令才有效
M02	程序结束	用于一个程序的最后一个程序段
M03	主轴正转	
M04	主轴反转	
M05	主轴停	
M08	冷却泵开	
M09	冷却泵关	
M30	主程序结束	切断机床所有动作，程序指针自动回到程序开头
M98	调用子程序	其后，P 地址指定子程序号，L 地址指定调运次数。
M99	子程序结束	子程序结束，并返回到主程序中 M98 所在程序行的下一行

3．F 功能

F 功能也称进给功能，一般 F 后面的数据直接指定进给速度。进给速度可以是单位时间内刀具移动的距离（mm/min），或工件每旋转一圈刀具移动距离（mm/r），由 G98 和 G99 决定。

4．S 功能

S 功能也称主轴转速功能，它主要用于主轴转速。格式：S ___。S 后面的数字即为主轴转速。

5．T 功能

T 功能也称刀具功能。数控车床往往在一次装夹下需要完成粗车、精车、车螺纹、车槽等多道工序。这时需要对加工中的每一把刀分配一个刀具号（由刀具在刀座上的位置决定），通过程序来指定所需要的刀具。格式：T××××，前两位表示刀具号，后两位为补偿号。前两位若为 00，表示不换刀；后两位若为 00，表示取消刀具补偿。

6．语句号 N

语句号 N 也称为程序段号，程序是一句一句编写的，一句程序称为程序段。程序段号用以识别每一程序段，由地址码 N 和若干位数字组成。

7．程序实例

```
%0012              //建立新程序名
N01 T0101          //此时换刀，设立坐标系，刀具不移动
```

```
N02 G00 X45 Z0      //当有移动性指令时，加入刀偏
N03 G01 X10 F100    //刀架以 100 mm/min 的速度移动至 X10 mm 位置
N04 G00 X80 Z30     //刀架以 G00 速度快速定位至 X80 mm、Z30 mm 位置
N05 T0202           //此时换刀，设立坐标系，刀具不移动
N06 G00 X40 Z5      //当有移动性指令时，执行刀偏
N07 G01 Z20 F100    //刀架以 100 mm/min 的速度移动至 Z20 mm 位置
N08 G00 X80 Z30     //刀架以 G00 速度快速定位至 X80 mm、Z30 mm 位置
N09 M30             //程序结束并返回程序开始位置
```

六、CK6136 型数控车床电路工作原理

CK6136 型数控车床电气控制原理图如图 3—3 ~ 图 3—7 所示。

1. 机床急停回路

机床急停回路的正确性是整个电气和机械能正常工作的前提。

松开SB1（3–5/D3）→ KA2线圈得电 → KA2的常开触点（3–5/2）闭合 → KA1线圈得电 → KA1的常开触点闭合（3–4/A4）→ 机床强电回路打开，为其他辅助功能工作作准备

KA2线圈得电 → KA2的常开触点（3–6/6）闭合 → X20输入信号 → 系统PLC装置接收X20信号 → 系统界面显示由“急停”变成工作状态 → 机床工作准备就绪

2. 进给单元控制电路

CK6136 进给单元包含 X 轴和 Z 轴的进给运动，分别由永磁式交流伺服电动机 MX 和 MZ 来驱动，通过滚珠丝杠分别传动。进给运动分为手动进给和自动进给。电路如图 3—7 所示，其工作原理如下：

CNC发送位移和速度指令 → 伺服驱动器接收指令 → 伺服电动机转动（编码器反馈 → CNC发送位移和速度指令）

（1）手动进给

数控机床手动进给为点动控制，按下相应的运动方向按键，机床移动。合上电源开关 QF2，经过三相伺服变压器 TC1，X 轴和 Z 轴驱动器输入三相 220 V 电压。

按下X正向运动按键 → X轴驱动电动机MX顺时针旋转 → 压下X轴正限位SQX–1机床停止运动，并显示“X正超程”

按下X负向运动按键 → X轴驱动电动机MX逆时针旋转 → 压下X轴负限位SQX–3机床停止运动，并显示“X负超程”

按下Z正向运动按键 → Z轴驱动电动机MZ顺时针旋转 → 压下Z轴正限位SQZ–1机床停止运动，并显示“Z正超程”

按下Z负向运动按键 → Z轴驱动电动机MZ逆时针旋转 → 压下Z轴负限位SQZ–3机床停止运动，并显示“Z负超程”

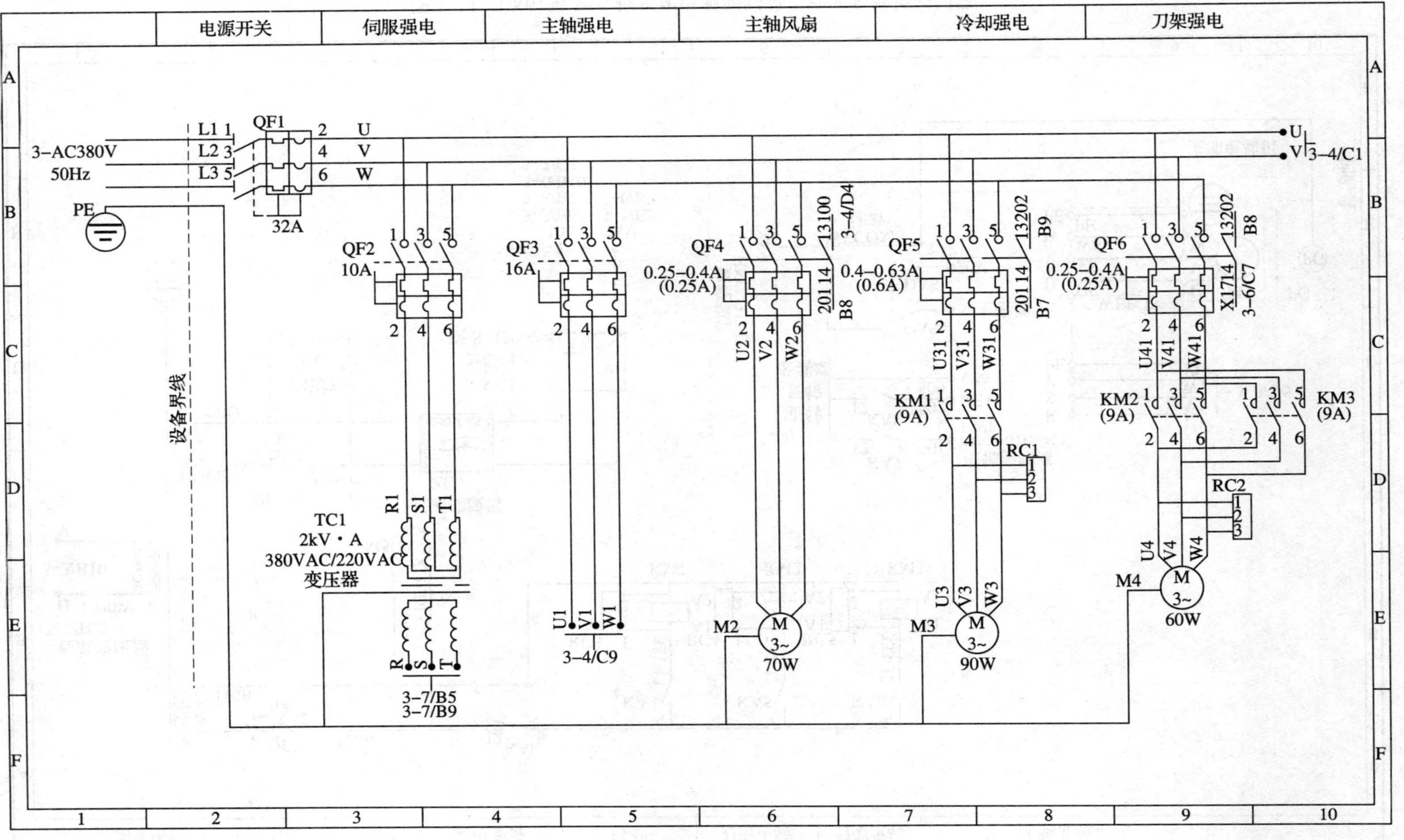

图 3—3 CK6136 型数控车床强电回路

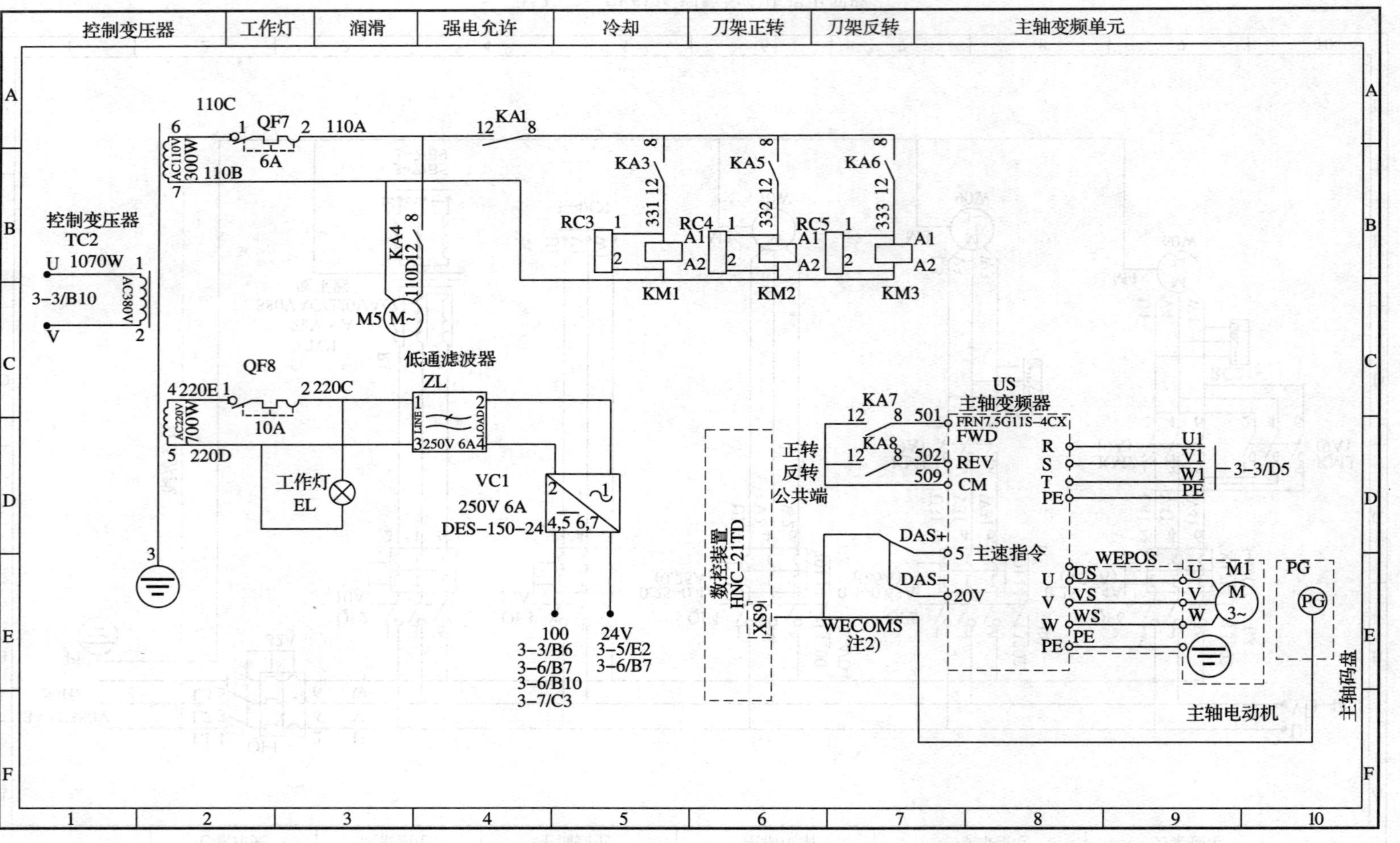

图3—4　CK6136型数控车床电源回路及主轴变频器控制回路

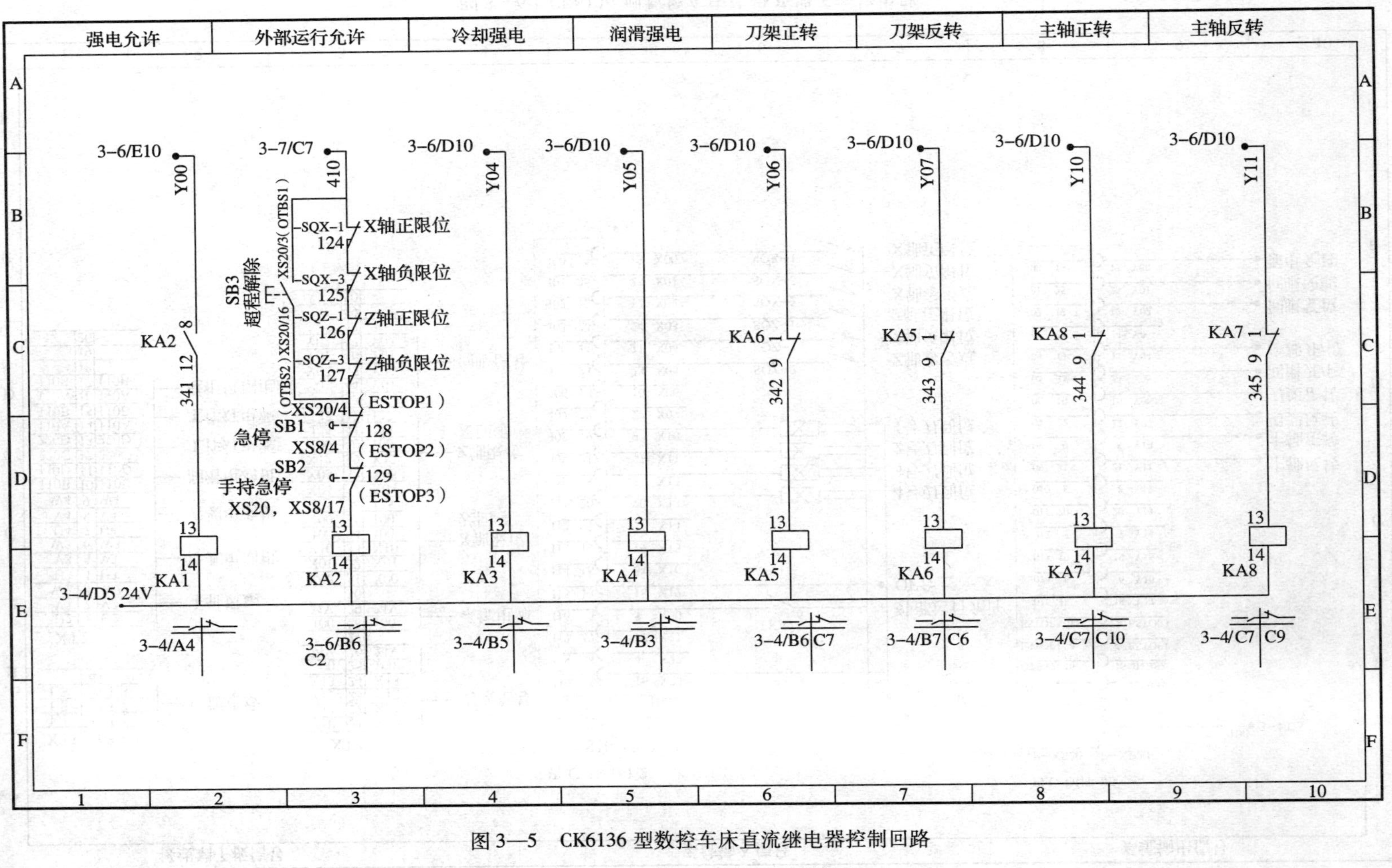

图 3—5 CK6136 型数控车床直流继电器控制回路

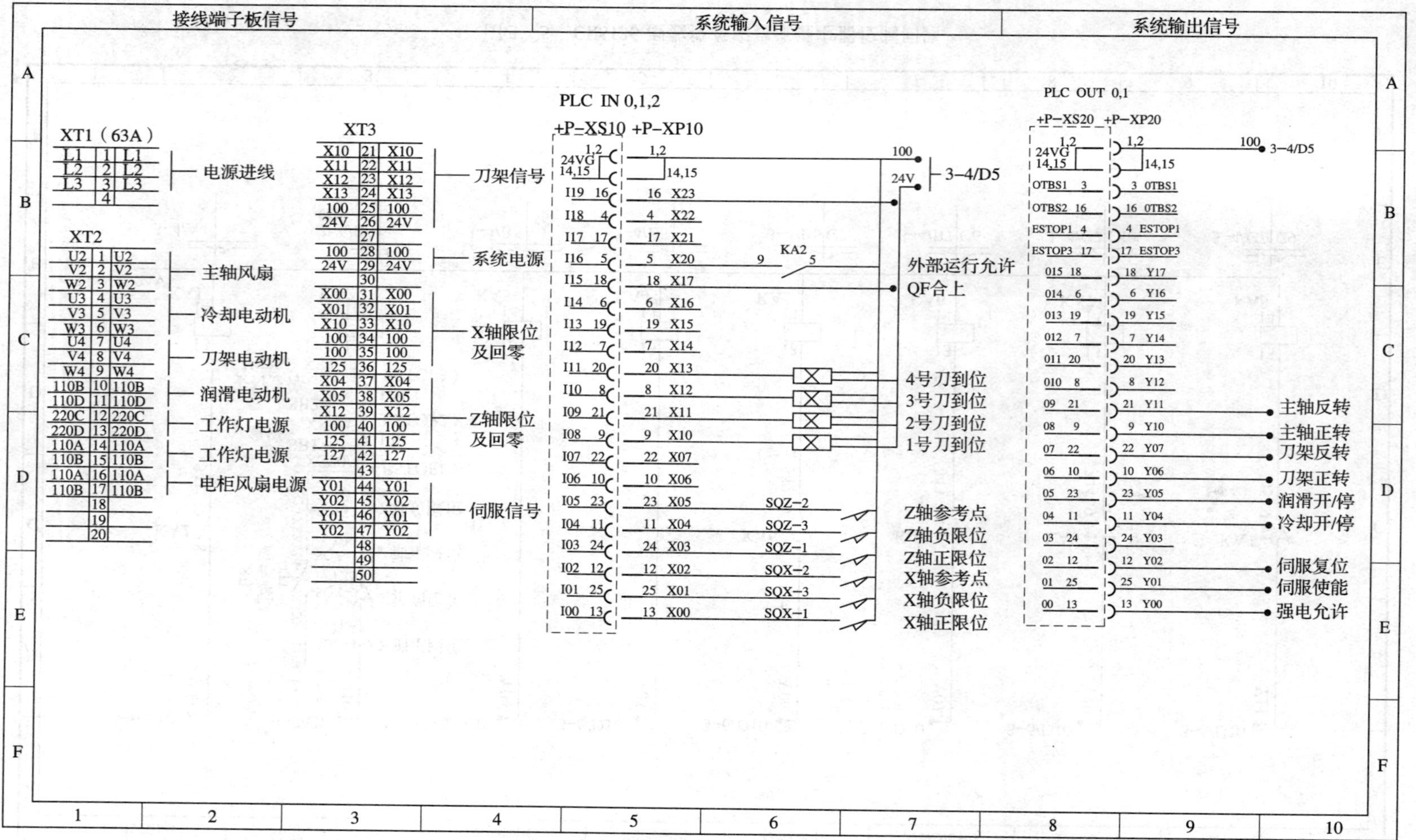

图 3—6　CK6136 型数控车床信号及端子连接电路

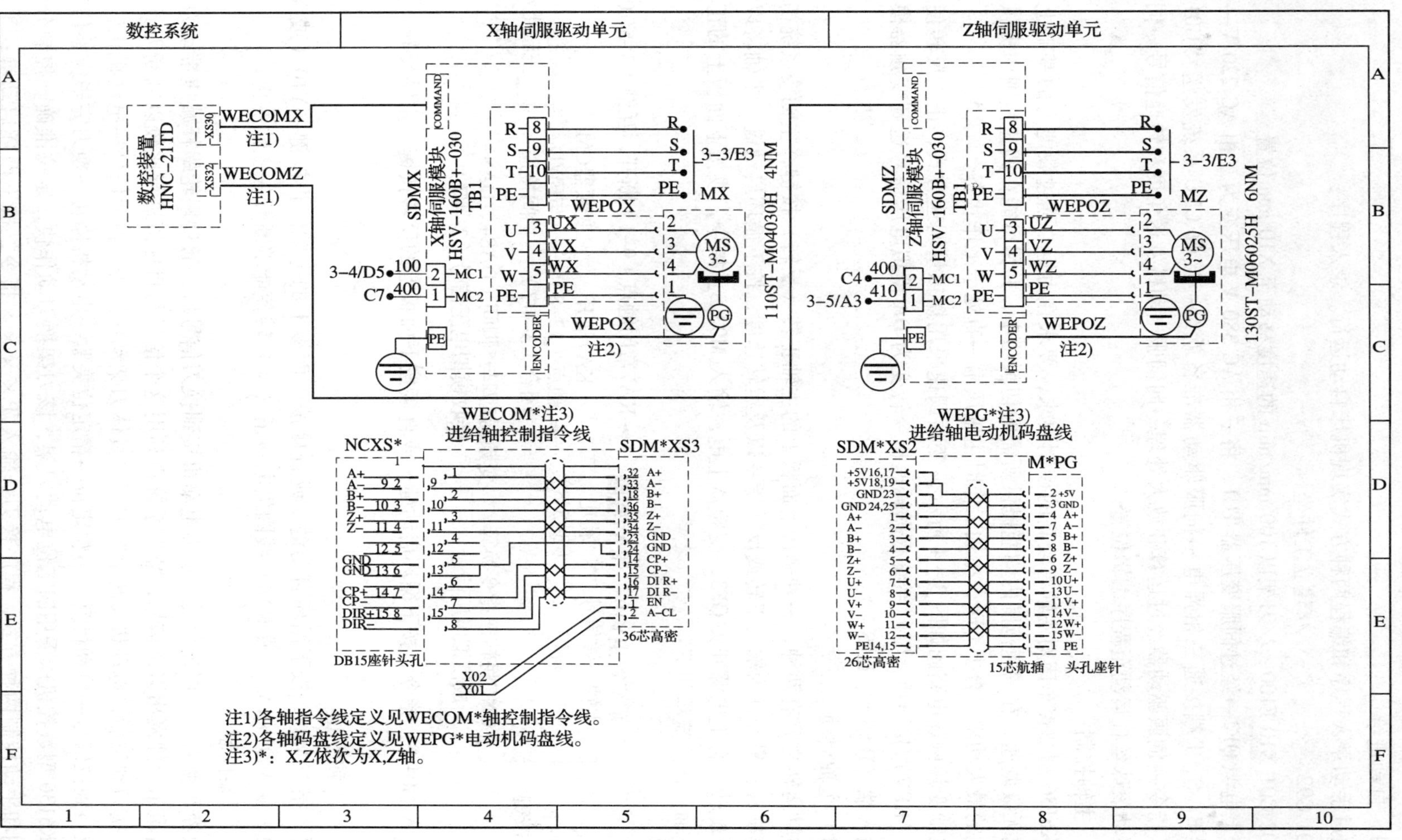

图3—7 CK6136 型数控车床进给伺服控制电路

（2）自动进给

通过手动录入程序和编程两种方式实现机床自动运行。录入程序：

N01 G92　　　　　　　//建立工件坐标

N02 G01 X10 F100　//刀架以 100 mm/min 的速度移动至 X10 mm 位置

合上电源 QF2→经过伺服变压器 TC1，将三相 AC 380 V 电压变为三相 AC 220 V→伺服驱动器 R、S、T 端接通三相强电→伺服驱动器准备就绪→接收 CNC 系统发送“G01 X10 F100”指令→伺服驱动器经过运算和放大处理→向伺服电动机发送角度和转速信号→伺服电动机驱动滚珠丝杠运动至程序编辑位置。

3. 主轴控制

CK6136 型数控车床对主轴有较高的控制要求，要求在力矩、强过载能力的基础上实现宽范围无级调速，在调速范围内均能提供所需的切削功率，并尽可能在调速范围内提供主轴电动机的最大功率。合上 QF4，主轴工作时主轴风扇一直处于工作状态。

主轴变频调速电路图如图 3—4 所示，变频调速采用模拟量调速方式，正、反转使能端（FWD、REV）接通后，CNC 系统根据转速指令转变为 DA 模拟电压信号送到变频器模拟量信号输入端（DAS＋、DAS－）。

（1）主轴启动

主轴运转方式有两种，一种是按下面板上的主轴正转（反转）按键，主轴按系统初始设置转速旋转；另一种为输入正转或反转指令以及运转速度，按下循环启动键，主轴将以设置的转速旋转。合上电源开关 QF3，变频器上电，输入 M03 S_ 指令，或按下面板上的正转按键，主轴正转。流程如下：

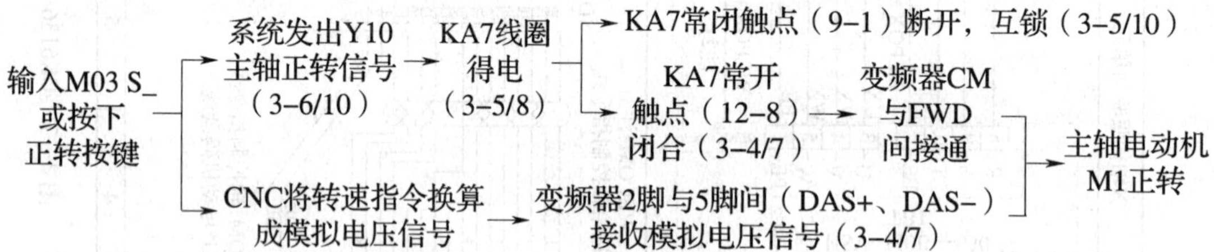

输入 M04 S_ 指令，按下循环启动键；或直接按下面板上的反转按键，主轴反转，过程类似。

（2）主轴停止

输入指令 M05，按下循环启动键，或直接按下面板上的主轴停止按键→Y10（或 Y11）信号由 1 变为 0→KA7（或 KA8）线圈失电→正（反）转使能端断开→主轴停止。

4. 刀架控制

数控车换刀的一般过程是：换刀电动机接到换刀信号后，通过蜗轮蜗杆减速带动刀架旋转，由霍尔元件发出刀位信号，数控系统再利用这个信号与目标值进行比较以判断刀具是否到位，换刀到位后，电动机反转缩紧刀架。具体刀架动作流程：换刀信号→电动机正转→刀体转位→到位信号→电动机反转→粗定位→精定位夹紧→电动机停转→换刀完毕应答信号。

CK6136 型数控机床采用四工位电动刀架，该刀架换刀动作快，定位准确。控制分为程序控制和手动控制两种方式，程序换刀：输入 T×××× 指令，按下循环启动键；手动换刀：在操作面板上选择刀位按键，按下手动换刀按键。

合上刀架电源开关 QF6，以 1 号刀位为例，刀架控制工作流程如下：

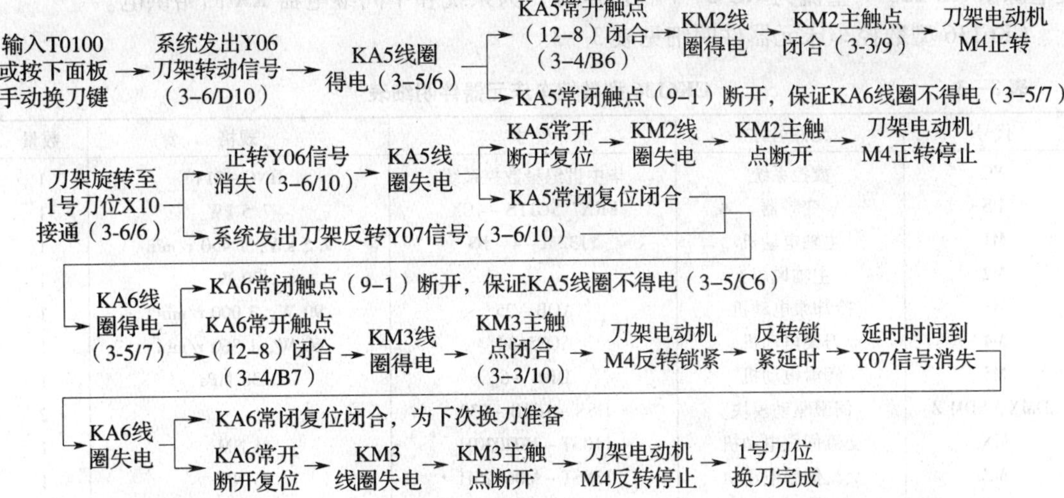

5. 冷却泵控制

冷却泵控制分为程序控制和手动控制两种方式，程序控制：输入 M08 指令，按下循环启动键；手动控制：按下操作面板上的手动冷却按键。程序停止：输入 M09 指令，按下循环启动键。冷却泵启动工作流程如下：

输入M08或按下手动冷却键 → 系统发出Y04冷却信号（3-6/D10） → KA3线圈得电（3-5/4） → KA3常开触点闭合（3-4/5） → KM1线圈得电（3-4/5） → KM1主触点闭合（3-3/7） → 冷却泵电动机M3工作

6. 润滑泵控制

CK6136 型数控车床润滑装置设置有高低油位控制，自动感应油位高低，并有油位高低报警功能。机床润滑控制回路工作原理如下：

按下手动润滑按键 → 系统发出Y05润滑信号(3-6/D10) → KA4线圈得电（3-5/5） → KA4常开触点闭合(3-4/3) → 润滑电动机M5正转工作

7. 超程解除控制

CK6136 型数控车床在 X 轴和 Z 轴都设置有正负机械硬限位，有效保护机床机械部分在有效行程内安全工作。数控车床运动至机床硬限位时，需要借助超程解除操作，使机床离开限位开关，工作流程如下：

急停按钮SB1（3-5/3）松开 → 按下超程解除按钮SB3（3-5/3） → KA2线圈得电 →
- KA2的常开触点闭合 → KA1线圈得电（3-5/2）
- KA2的常开触点闭合（3-6/6） → X20输入信号

→ 系统界面显示由“急停”变成工作状态 → 机床工作准备就绪

KA1的常开触点（3-4/4）闭合 →
- 机床强电回路打开，为其他辅助功能工作作准备
- 系统输出Y01、Y02信号（3-6/10），伺服驱动器发出复位和就绪信号

8. 机床开关电源、照明回路

照明和开关电源电路由控制变压器 TC2（AC 380 V/AC 110 V/AC 220 V）提供电源，开关电源由 AC 220 V 整流为 DC 24 V 稳压电源，为系统和中间继电器 KA 回路供电。

CK6136 型数控车床元器件明细见表 3—3。

表 3—3　　**CK6136 型数控车床元器件明细表**

代号	元件名称	型号	规格	数量
NC	数控系统	华中世纪星数控系统	HNC－21T	1
US	变频器	FRN7.5G11S－4CX	7.5 kW	1
M1	主轴电动机	Y132M－4－B3	7.5 kW，1 450 r/min	1
M2	主轴风扇		70 W	1
M3	冷却泵电动机	AOB－25	90 W，3 000 r/min	1
M4	刀架电动机	AOS5634	60 W，1 360 r/min	1
M5	润滑电动机	DBH－6	0.38 MPa	1
SDMX，SDM Z	伺服驱动模块	HSV－160B－030		2
MX	交流伺服电动机	110ST－M04030H	4 NM	1
MZ	交流伺服电动机	130ST－M06025H	6 NM	1
TC1	伺服变压器	3P，AC 380 V/AC 220 V	2 kV·A	1
TC2	控制变压器	AC 380 V/220 V/110 V/24 V	1 070 W	1
VC1	手持操作盒	HWL－1003（车）		1
QF1	开关电源	DES－150－24	AC 220 V/DC 24 V，150 W	1
QF2	断路器	JCM1－63L/3300	32 A（带把手）	1
QF3	断路器	DZ47－63D	3 P/10 A	1
QF4，QF6	断路器	DZ47－63D	3 P/16 A	1
QF5	断路器	DZ108－20/211	0.25～0.4 A	2
QF7	断路器	DZ108－20/211	0.4～0.63 A	1
QF8	断路器	DZ47－63D	1 P/6 A	1
RC3－5	断路器	DZ47－63D	1 P/10 A	1
RC1－2	单相灭弧器	JD6310200TK－2P		3
KM1－3	三相灭弧器	JD63561503K－3P		2
ZL	交流接触器	CJX1－9/22	110 V，9 A	3
KA1－8	低通滤波器	DL	6 A/250 V	1
FS	中间继电器	MY2NJ	DC 24 V（带座）	8
SQX，SQZ	电柜轴流风扇	DP200A2123XBT．GN	AC 220 V＋两个罩	2
SB1	位置开关	JW2－11Z/3		4
SB	急停按钮	ZB2－BE102C		1
SM	按钮	TDLA－16		5
PG	手摇脉冲发生器	TYPE.DS－001－100		1
EL	主轴编码器	DLB－1024BM－G05L		1
APHX	工作灯		60 W	1
APHY	输入端子板	HI03101		1
	输出端子板	HI03201		1

七、CK6136 型数控车床器件位置图

CK6136 型数控车床器件位置分布如图 3—8 所示，电气控制柜器件布置如图 3—9 所示，操作面板外形如图 3—10 所示。数控系统操作面板输入/输出端子地址分配见表 3—4。

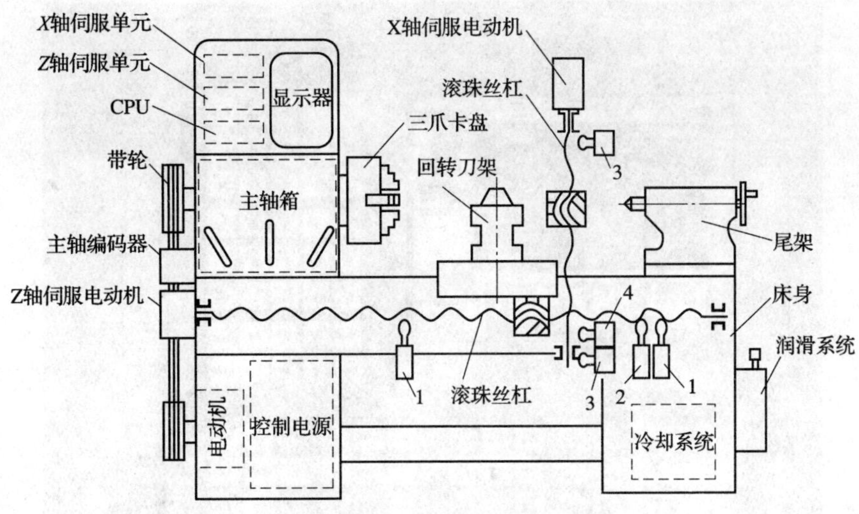

图 3—8　CK6136 型数控车床器件位置图

1—Z 轴正负硬限位开关　2—Z 轴回零开关　3—X 轴正负硬限位开关　4—X 轴回零开关

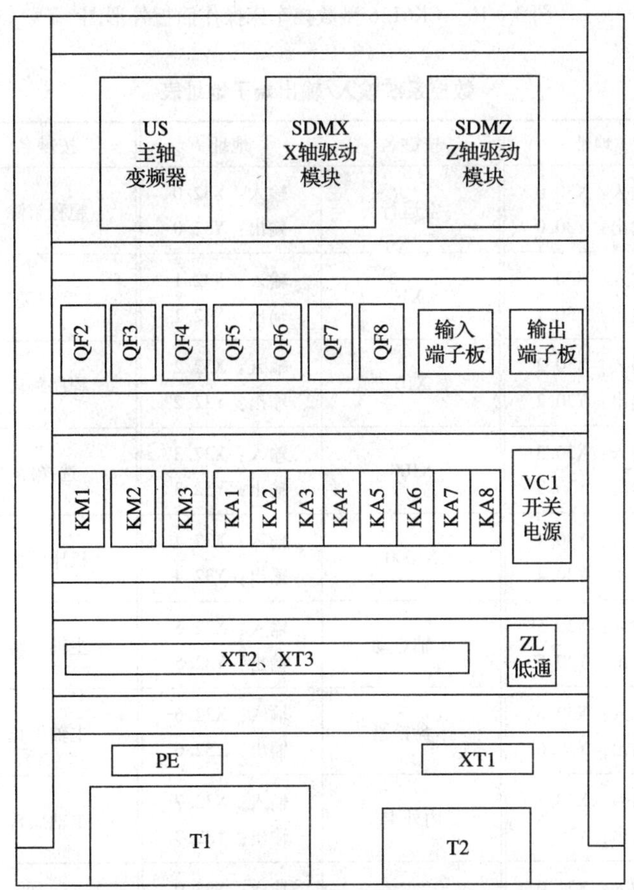

图 3—9　CK6136 型数控车床电气控制柜器件布置图

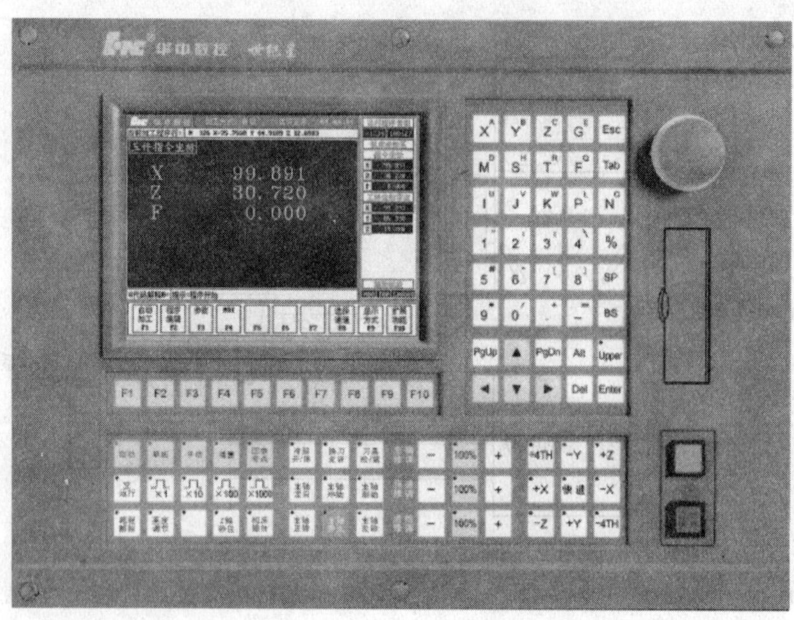

图 3—10　CK6136 型数控车床操作面板外形图

表 3—4　　　　　　数控系统输入/输出端子地址表

按键名	地址	按键名	地址	按键名	地址
自动	输入：X30. 0 输出：Y30. 0	空运行	输入：X32. 0 输出：Y32. 0	超程解除	输入：X34. 0 输出：Y34. 0
单段	输入：X30. 1 输出：Y30. 1	X1	输入：X32. 1 输出：Y32. 1	空白键	输入：X34. 1 输出：Y34. 1
手动	输入：X30. 2 输出：Y30. 2	X10	输入：X32. 2 输出：Y32. 2	程序跳段	输入：X34. 2 输出：Y34. 2
手轮	输入：X30. 3 输出：Y30. 3	X100	输入：X32. 3 输出：Y32. 3	选择停	输入：X34. 3 输出：Y34. 3
回零	输入：X30. 4 输出：Y30. 4	X1000	输入：X32. 4 输出：Y32. 4	机床锁住	输入：X34. 5 输出：Y34. 5
冷却开/停	输入：X30. 5 输出：Y30. 5	主轴点动	输入：X32. 5 输出：Y32. 5	主轴正转	输入：X34. 5 输出：Y34. 5
刀位选择	输入：X30. 6 输出：Y30. 6	卡盘松紧	输入：X32. 6 输出：Y32. 6	主轴停止	输入：X34. 6 输出：Y34. 6
刀位转换	输入：X30. 7 输出：Y30. 7	内外卡	输入：X32. 7 输出：Y32. 7	主轴反转	输入：X34. 7 输出：Y34. 7
主轴修调 -	输入：X31. 0 输出：Y31. 0	快速修调 -	输入：X33. 0 输出：Y33. 0	进给修调 -	输入：X35. 0 输出：Y35. 0

续表

按键名	地址	按键名	地址	按键名	地址
主轴100%	输入：X31.1 输出：Y31.1	快速修调100%	输入：X33.1 输出：Y33.1	进给修调100%	输入：X35.1 输出：Y35.1
主轴修调+	输入：X31.2 输出：Y31.2	快速修调+	输入：X33.2 输出：Y33.2	进给修+	输入：X35.2 输出：Y35.2
+4TH	输入：X31.3 输出：Y31.3	+X	输入：X33.3 输出：Y33.3	-Z	输入：X35.3 输出：Y35.3
-Y	输入：X31.4 输出：Y31.4	快进	输入：X33.4 输出：Y33.4	+Y	输入：X35.4 输出：Y35.4
+Z	输入：X31.5 输出：Y31.5	-X	输入：X33.5 输出：Y33.5	-4TH	输入：X35.5 输出：Y35.5
循环启动	输入：X31.6 输出：Y31.6			进给保持	输入：X35.6 输出：Y35.6

任务实施

一、认识CK6136型数控车床的主要结构和操作部件

通过观摩CK6136型数控车床实物与图3—1所示的数控车床外形图，认识CK6136型数控车床的主要结构和操作部件。

二、熟悉CK6136型数控车床的电气设备名称、型号规格、代号及位置

首先切断设备总电源，然后在教师指导下，根据表3—3所列元器件明细表，图3—8所示器件位置图、图3—9所示控制柜器件布置图、图3—10所示操作面板外形图，熟悉CK6136型数控车床的电气器件及器件在机床中的位置，识别各驱动电动机、限位开关、操作面板按键，熟悉各端子接线。

三、观摩操作

观察教师对CK6136型数控车床试车的基本操作方法和步骤，并在教师指导下对CK6136型数控车床进行操作。

1. 开机前的准备工作

（1）开机前，压下机床急停按钮SB1。

（2）打开机床控制柜门，检查各电气元件安装是否牢固，接线端子上的电线是否有松动的现象，将所有断路器合上，关上电气控制柜门。

（3）检查机床润滑装置润滑油的液位，判断润滑油是否充足，否则要加满润滑油以保证机床良好地润滑。

2. 试车操作步骤

（1）机床开机启动

合上电源总开关 QF1，系统上电启动，经过自检进入操作界面，系统显示“急停”，松开急停按钮 SB1，界面显示由“急停”变为“手动”。

（2）机床回零操作

在操作面板上将机床操作方式由“手动”切换为“回零”工作方式，按下“X+”按键，机床向 X 正方向回零，X 回零指示灯点亮，X 轴回零完成；再按下“Z+”键，机床向 Z 正方向回零，Z 回零指示灯点亮，Z 轴回零完成。

（3）机床手动控制方式

1）X 轴和 Z 轴移动。在操作面板上将操作方式由“回零”切换为“手动”工作方式，按下“X-”按钮，机床向 X 负方向移动，松开“X-”按钮，机床停止；按下“X+”按钮，机床向 X 正方向移动，松开“X+”按钮，机床停止；按下“Z-”按钮，机床向 Z 负方向移动，松开“Z-”按钮，机床停止；按下“Z+”按钮，机床向 Z 正方向移动，松开“Z+”按钮，机床停止。

可以转动操作面板的进给倍率开关，对手动移动速度进行修调。

2）换刀操作。机床处于“手动”工作方式，按下“刀位选择”按键，选择不同的刀位，按下“换刀”按键→电动机正转→刀体转位→发到位信号正转停→电动机反转→定位夹紧→电动机反转停→发换刀完毕应答信号→换刀完成。

3）主轴操作。机床处于“手动”工作方式，按下“主轴正转”按键，主轴电动机 M1 顺时针旋转，观察系统界面显示的主轴反馈转速，按下“主轴停止”按键，主轴电动机 M1 停止工作；按下“主轴反转”按键，主轴电动机 M1 逆时针旋转，观察系统界面显示的主轴反馈转速。

4）冷却操作。机床处于“手动”工作方式，按下“冷却”按键，听到 KM1 吸合声音，冷却电动机工作，排出切削液。

（4）机床手轮操作

机床手轮工作方式是为了方便零件加工、试切前的对刀工作。

将机床操作方式切换为“手轮”工作方式，操作手持单元选择不同的轴和不同的首轮倍率，顺时针摇动手摇脉冲发生器，机床向正方向移动；逆时针摇动手摇脉冲发生器，机床向负方向移动。

（5）机床 MDI 工作方式的操作

机床的 MDI 工作方式是手动录入简单程序，方便调试检修时使用。

将机床操作方式切换为“MDI”工作方式，录入“M03 S500”，按下机床“循环启动”按键，主轴正转；录入“M05”，按下机床“循环启动”按键，主轴停止；录入“M04 S500”，按下机床“循环启动”按键，主轴反转；录入“M05”，按下机床“循环启动”按键，主轴停止。

车床刀架有 4 个刀位，录入“T0100”，按下机床“循环启动”按键，刀架自动转换至 1 号刀位；录入“T0200”，按下机床“循环启动”按键，刀架自动转换至 2 号刀位；其他两个刀位操作类似。

（6）机床自动运行操作

将机床操作方式切换为“编辑”工作方式，输入零件加工程序，零件在“编辑”状态下可以自动保存。将机床操作方式切换为“自动”工作方式，按下“循环启动”按键后，机床按程序要求的运动轨迹加工零件；在自动加工过程中可以按下“进给保持”按键，机床进给暂停，再次按下“循环启动”按键，机床恢复自动运行。

（7）超程解除操作

在手动、手轮和自动方式下，机床的运动若碰撞到机床硬限位开关，数控机床停止运动并显示对应的超程报警信息。

若机床发生“X＋超程”，超程解除过程如下：按下“超程解除”按键，机床由“急停”变为“手动”方式，按下“X－”按键，机床向 X 轴负向移动，离开 X 轴的正限位开关，松开“超程解除”按键，超程解除操作完成。

四、识读 CK6136 型数控车床电路图

识读机床电路图，在教师的指导下，结合对机床的实际操作，进一步理解机床各部分的功能及工作原理。

任务测评

对任务实施完成情况进行检查，并将结果填入表 3—5。

表 3—5　　评分标准

项目内容	序号	评分标准			配分	得分
机床认识	1	不能对照机床实物或挂图说出机床主要部件名称，每处扣 2 分			6	
	2	不能指出机床主要电气元件位置、不能识别元器件，每处扣 2 分			4	
	3	机床启动、回零操作、X/Z 轴手动移动操作、换刀手动操作、主轴手动操作、超程解除操作有误，每处扣 2 分；MDI 方式操作、自动运行操作有误，每处扣 4 分			20	
识读机床电路图	4	机床主电路各电动机的工作特点表述不清，每处扣 2 分			10	
	5	保护电路、信号与照明电路、电源电压等级表述不清，每处扣 5 分			10	
	6	电源回路、主轴变频电路、进给伺服回路、继电器控制回路、信号及端子回路，每部分 10 分。识读方法、步骤不清楚，每处扣 2 分，识读错误每处扣 5 分			50	
备注	本项目可采用自查和互查方式进行			成绩		
开始时间		结束时间		实际时间		

任务 2　检修 CK6136 型数控车床

学习目标

1. 掌握 CK6136 型数控车床典型故障的分析方法以及故障的检测流程。
2. 能按照正确的检测步骤，排除 CK6136 型数控车床的典型电气故障。

任务引入

数控机床的故障分析与其他机床的故障分析有相似之处，也有其自身的特点，维修数控机床时一般要结合控制程序指令执行。本任务就来学习 CK6136 型数控车床常见电气故障的分析方法、检修方法。

相关知识

CK6136 型数控车床典型故障分析

1．松开急停按钮，CNC 系统界面显示“急停”信息不改变

CNC 系统界面能显示“急停”信息，表明机床电源已接通，松开急停按钮 SB1 和 SB2，正常情况下机床应转入工作状态，显示“急停”信息消失，现在不消失，故障多在 KA2 线圈回路、PLC 的 X20 输入回路。故障检修流程如图 3—11 所示。

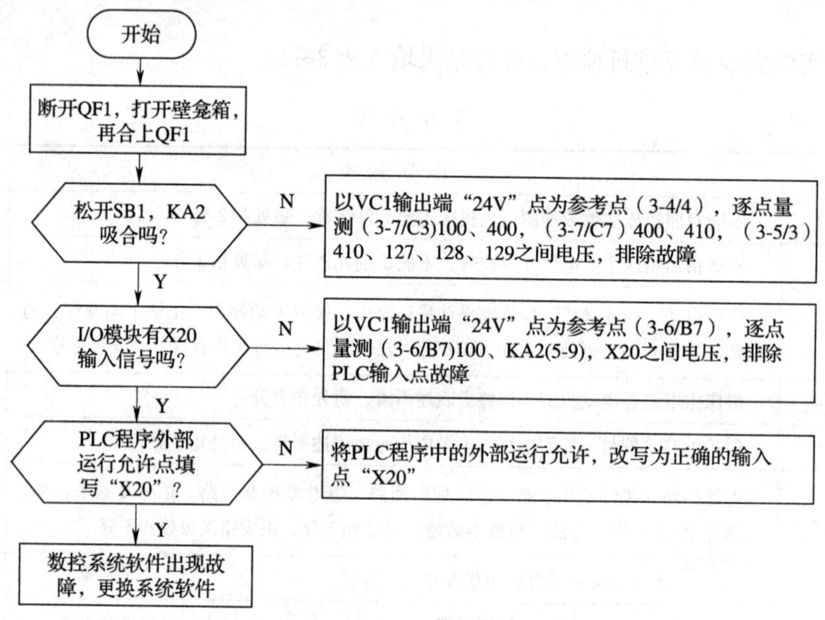

图 3—11　进入工作状态故障检修流程

2．松开系统急停按钮，移动机床时出现定位误差过大的报警

故障检修流程如图 3—12 所示。

3．输入主轴正转指令，主轴不转

故障检修流程如图 3—13 所示。

4．伺服驱动器出现过电流报警

对于伺服系统来说，短时间电动机过电流是允许的，但是如果是长时间过电流，就会使驱动器件发热，导致伺服驱动器损坏。产生的原因可能有：

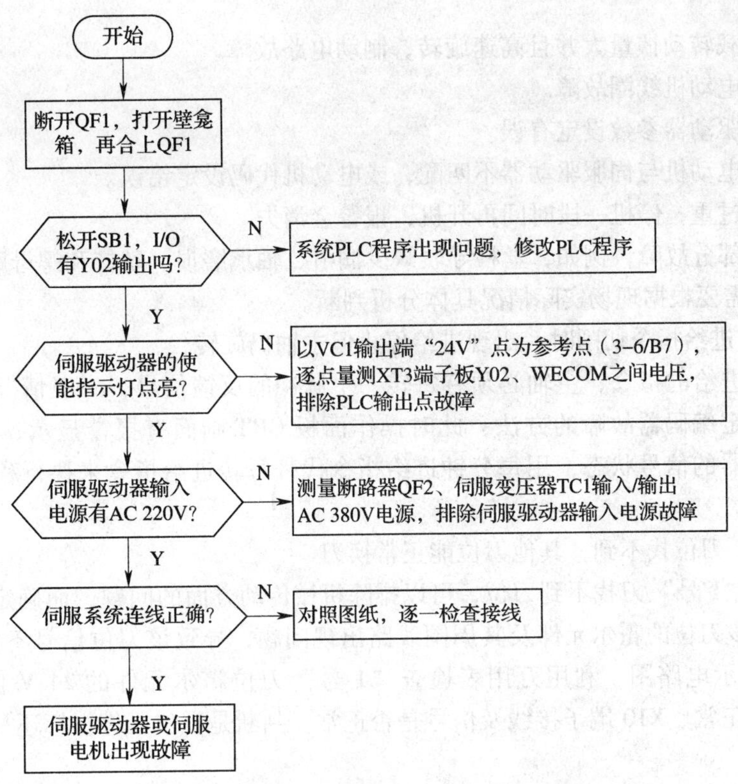

图 3—12　定位误差过大故障检修流程

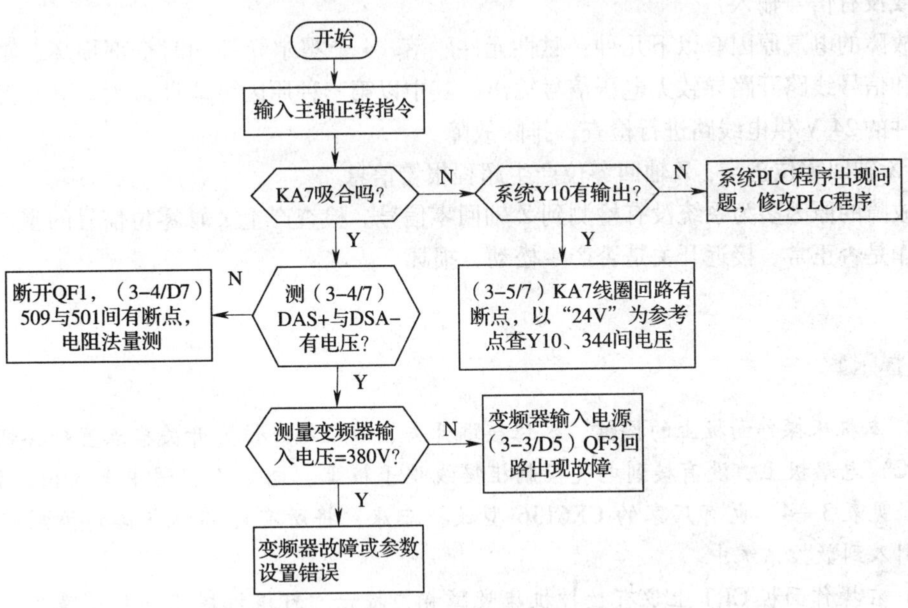

图 3—13　主轴不转故障检修流程

（1）伺服驱动器 U、V、W 与地线连接错误，或它们之间存在短路。

（2）伺服驱动器内部故障，例如，主回路的 IGBT 或 IPM 模块烧坏、电流反馈电路或电路板故障。

（3）因负载转动惯量大并且高速旋转，制动电路故障。

（4）伺服电动机线圈故障。

（5）伺服驱动器参数设定有误。

（6）伺服电动机与伺服驱动器不匹配，或电动机代码设定错误。

（7）负载过重，停机一段时间再开机，报警会消失。

（8）机械部分故障，例如，丝杠导轨缺少润滑、轴承磨损、丝杠和螺母磨损等。

检修时，需要根据现场实际情况具体分析判断。

5．用每转进给指令切削时，出现进给停止但主轴仍旋转

执行每转进给的指令，主轴必须有每转一个脉冲的反馈信号，一般情况下为主轴编码器有故障。确定编码器故障的方法：此时操作面板 CRT 画面有报警显示，通过 PLC 状态显示观察编码器的信号状态，用每分钟进给指令代替每转进给指令来执行程序，故障应该消失。

6．“1 号”刀位找不到，其他刀位能正常换刀

由于只有“1 号”刀找不到刀位，可以排除机械传动方面的问题，而确定是电气方面的故障。可能是该刀位的霍尔元件及其周围线路出现问题，导致该刀位信号不能输送给 PLC。对照图 3—6 所示电路图，利用万用表检查“1 号”刀位霍尔元件的 24 V 供电是否正常、GND 线路是否正常、X10 端子接线及信号是否正常。判断是霍尔元件损坏还是电源或者连线松脱故障。

7．换刀时所有刀位都找不到，刀架旋转数周后停止，并且数控系统显示换刀报警（换刀超时或没有信号输入）

该故障的电气原因有以下几种：磁性元件脱落、4 个霍尔元件同时全部损坏、霍尔元件的供电和信号线路开路导致无电压信号输出，其中以第三种原因可能性最大。利用万用表对霍尔元件的 24 V 供电线路进行检查，排除故障。

8．X 轴回零位正常，Z 轴回零位产生超程报警信息

该故障的原因多为系统没有检测到 Z 轴回零信号。检查产生 Z 轴零位信号的霍尔式接近开关工作是否正常、接近开关是否产生松动、损坏。

（1）本机床操作面板上的按键、零位接近开关、刀架换刀位置开关接点直接接到数控系统（CNC）电路板上，没有接到电气控制柜接线端子板上，电路原理图中未画出，其输入/输出地址见表 3—4。也有厂家的 CK6136 型数控车床，将所有外部端点接到控制柜接线端上，再引入到数控系统中。

（2）在操作面板 CRT 上多有数控机床故障相应提示，可根据提示判断故障类型；直流继电器吸合与否可以看继电器上的 LED 指示；PLC 输入/输出信息可以看面板信息提示或对应点的 LED 指示；变频器、伺服驱动器运行与否也可看相关的 LED 指示灯。

（3）用万用表测量电压时应注意交直流电压挡位、电阻挡位的选择，以及量程的合理

选取。

(4) 同其他机床故障检测时不同，按下启动按钮，机床不运转，不能首先预想是驱动电动机损坏故障，因为数控机床内有 PLC、伺服驱动器、CNC 控制板，一般不能首先预估是系统程序出错或 PLC、驱动器、CNC 控制板损坏，故障通常多产生在这些器件的外围接口电路中。

任务实施

一、任务准备

实施本任务所需要的实训设备及工具材料见表 3—6。

表 3—6　实训器材表

工具	测电笔、电工刀、尖嘴钳、斜口钳、剥线钳、螺钉旋具、活扳手等
仪表	万用表、兆欧表、钳形电流表
机床	CK6136 型数控车床或 CK6136 型数控车床模拟电气控制台

二、CK6136 型数控车床典型故障的排除

1. 熟悉 CK6136 型数控车床各电气元件的位置、接线端子编排及线路走向。

2. 观察、体会教师示范检修的流程。

3. 对典型故障分析 1、2、3 中涉及的故障现象设置已知故障点，试车、检测并排除。

4. 针对以下故障现象在 CK6136 型数控车床上设置故障点。

(1) 合上电源总开关 QF1，开机后系统无显示。

(2) 输入“T0200”指令，刀架不动作。

(3) 换刀时，“3 号”刀位找不到，其他刀位换刀正常。

(4) 在手动方式下按下“X +”键，机床 X 轴不运动并显示“X 轴定位误差过大”报警信息。

(5) 输入控制程序指令后，主轴正反转均不能运行。

(6) 机床开机启动后，在回零工作方式下，按下“X +”按键后，机床没有回零动作，并出现“X 轴定位误差过大”。

5. 故障检测前先通过试车说出故障现象，分析故障大致范围，讲清拟采用的故障检测手段、检测流程，正确无误后方能在监护下进行检测训练。

6. 找出故障点以后切断电源，仔细修复，不得扩大故障或产生新的故障，修复后通电试车。

任务测评

对 CK6136 型数控车床电气控制线路检修任务实施完成情况进行检查，并将结果填入表 3—7 所示评分表内。

表 3—7　　评 分 标 准

<table>
<tr><th>项目内容</th><th>序号</th><th colspan="3">评 分 标 准</th><th>配分</th><th>得分</th></tr>
<tr><td rowspan="3">故障分析</td><td>1</td><td colspan="3">不能根据试车的状况说出故障现象，扣 5 ~ 10 分</td><td>10</td><td></td></tr>
<tr><td>2</td><td colspan="3">不能标出最小故障范围，每个故障扣 5 分</td><td>10</td><td></td></tr>
<tr><td>3</td><td colspan="3">不能标出故障线段或错标在故障回路以外，每个故障点扣 5 分</td><td>10</td><td></td></tr>
<tr><td rowspan="5">排除故障</td><td>4</td><td colspan="3">停电不验电，扣 5 分</td><td>5</td><td></td></tr>
<tr><td>5</td><td colspan="3">测量仪表使用不正确，每次扣 5 分</td><td>5</td><td></td></tr>
<tr><td>6</td><td colspan="3">排除故障方法、步骤不正确，扣 10 分</td><td>10</td><td></td></tr>
<tr><td>7</td><td colspan="3">损坏电气元件，扣 10 分</td><td>10</td><td></td></tr>
<tr><td>8</td><td colspan="3">不能排除故障，扩大故障范围或产生新的故障，每个故障扣 20 分</td><td>40</td><td></td></tr>
<tr><td>安全文明生产</td><td colspan="5">违反安全文明生产规程，未清理场地扣 10 ~ 70 分</td><td></td></tr>
<tr><td>定额工时 30 min</td><td colspan="5">不允许超时检查故障，但在修复故障时每超时 1 min 扣 1 分</td><td></td></tr>
<tr><td>备注</td><td colspan="3">除定额工时外，各项内容的最高扣分不得超过配分数</td><td>成绩</td><td colspan="2"></td></tr>
<tr><td>开始时间</td><td></td><td>结束时间</td><td></td><td>实际时间</td><td colspan="2"></td></tr>
</table>

思考与练习

1. CK6136 型数控车床的工作方式有________、________、__________、__________、__________、__________。

2. 数控车床的主轴启动包括__________和________两种方式。

3. CK6136 型数控车床电路图中，冷却和刀架没有连接热继电器进行过载保护，它是靠__________实现的。

4. 在“机床锁定”方式下进行自动运行，(　　) 功能被锁定。

A. 进给　　B. 刀架转位　　C. 主轴

5. 在车削螺纹过程中，F 所指的进给速度的单位为 (　　)。

A. mm/min　　B. mm/r　　C. r/min

6. 刀架电动机实现正转的作用是 (　　)。

A. 松开　　B. 锁紧　　C. 定位

7. 数控车床在进行回零操作时需要注意什么？

8. X、Z 伺服模块输出电源相序接错，系统会产生什么故障？

9. 数控车床在加工螺纹时出现螺距不稳现象，试采用故障流程图分析法分析可能的原因。

10. 数控车床 Z 轴回零时找不到零点位置，并在正向移动过程中出现“Z 轴正超程”报警信息，试采用故障流程图分析法分析可能的原因。

11. 数控车床执行“4 号”换刀指令时，刀架一直正转不停，并出现“换刀超时报警”，试分析故障原因。

课题四　Z35 型摇臂钻床电气检修

Z35 型摇臂钻床是机加工车间常见的机床，主要用于对大型零件进行钻孔、扩孔、锪孔、铰孔、镗孔和攻螺纹等，特别适用于单件或批量生产带有多孔大型零件的孔加工。

任务 1　认识 Z35 型摇臂钻床

学习目标

1. 了解 Z35 型摇臂钻床的结构及工作特点，掌握 Z35 型摇臂钻床的基本操作方法。
2. 能看懂 Z35 型摇臂钻床电路图。
3. 掌握 Z35 型摇臂钻床电路的工作原理。

任务引入

为适应加工不同形体工件的需要，摇臂需上升、下降；为保证加工精度，钻孔时主轴箱需与立柱、摇臂夹紧，这些是 Z35 型摇臂钻床不同于车床的基本特点。要快速、准确地排除 Z35 型摇臂钻床的电气故障，首先就要了解 Z35 型摇臂钻床的主要结构、运动形式，掌握试车操作方法，学会识读 Z35 型摇臂钻床的电气控制电路图。

相关知识

一、Z35 型摇臂钻床的型号规格

Z35 型摇臂钻床型号规格及含义如下：

```
        Z  3  5
钻床 ──┘  │  └── 最大钻孔直径50 mm
摇臂 ─────┘
```

二、Z35 型摇臂钻床主要结构

Z35 型摇臂钻床的外形如图 4—1 所示，主要由底座、内立柱、外立柱、摇臂、主轴箱、工作台等部分组成。内立柱固定在底座上，在它外面套着空心的外立柱，外立柱可绕着不动的内立柱回转 360°。摇臂一端的套筒部分与外立柱滑动配合，借助于丝杠，摇臂可沿着外立柱上下移动，但两者不能作相对转动，因此，摇臂与外立柱一起相对内立柱做回转运动。

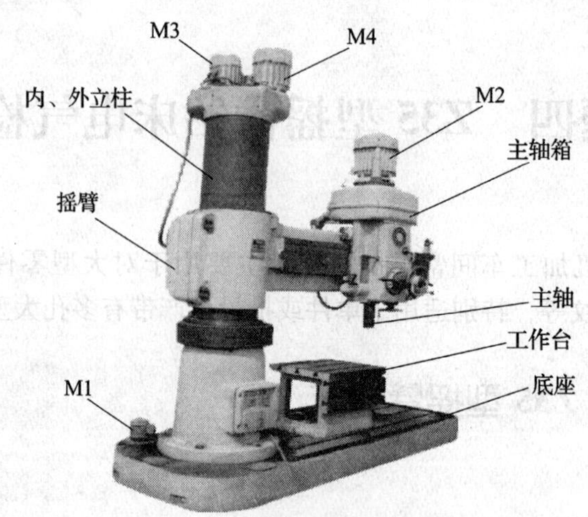

图 4—1 Z35 型摇臂钻床外形图

机床由 4 台电动机驱动。M1 为冷却泵电动机，安装在立柱后面的底座上；M2 为主轴电动机，安装在主轴箱顶部；M3 为摇臂的升降电动机，安装在立柱顶部；M4 为立柱的夹紧放松电动机，安装在立柱顶部。

主轴箱是一个复合的部件，它包括主轴及主轴旋转和进给运动（轴向前进移动）的全部传动变速和操作机构。主轴箱安装于摇臂的水平导轨上，可通过手轮操作使它沿着摇臂上的水平导轨做径向移动。当需要钻削加工时，利用夹紧机构将主轴箱紧固在摇臂导轨上，摇臂紧固在外立柱上，外立柱紧固在内立柱上，使加工时主轴不会移动、刀具不会振动，保证加工精度。

根据工件高度的不同，摇臂借助于丝杠可带动主轴箱沿外立柱升降。在升降之前，摇臂自动松开；当达到升降所需位置后，摇臂又自动夹紧在立柱上。摇臂连同外立柱绕内立柱的回转运动依靠人力推动进行，但回转前必须先将外立柱松开。主轴箱沿摇臂上导轨的水平移动也是手动的，移动前也必须先将主轴箱松开。

三、Z35 型摇臂钻床的运动形式

摇臂钻床的主运动是主轴带动钻头的旋转运动；进给运动是钻头的上下运动；辅助运动是指主轴箱沿摇臂水平移动、摇臂沿外立柱上下移动以及摇臂连同外立柱一起相对于内立柱的回转运动。

四、Z35 型摇臂钻床电气控制的特点

1. 主轴电动机 M2 的启、停和摇臂升降电动机 M3 的正、反转由一只机械定位的十字开关 SA 操作。主轴箱对摇臂的夹紧和放松由手柄机械操作，与电气无关；内外立柱的夹紧与放松则是一套“电气—液压—机械装置”；摇臂对外立柱的夹紧与放松则是在摇臂做升降操作时自动完成的，其机构是一套“电气—机械装置”。

2. 摇臂的升降设有限位保护。

3. 在内立柱上装有整台机床的电源引入盘，因摇臂要绕内立柱转动，故电源通过汇流环 YG 引入。

4. 钻削加工时，需要对刀具及工件进行冷却。由冷却泵电动机 M1 输送切削液。

五、电路工作原理

Z35 型摇臂钻床电路图如图 4—2 所示。

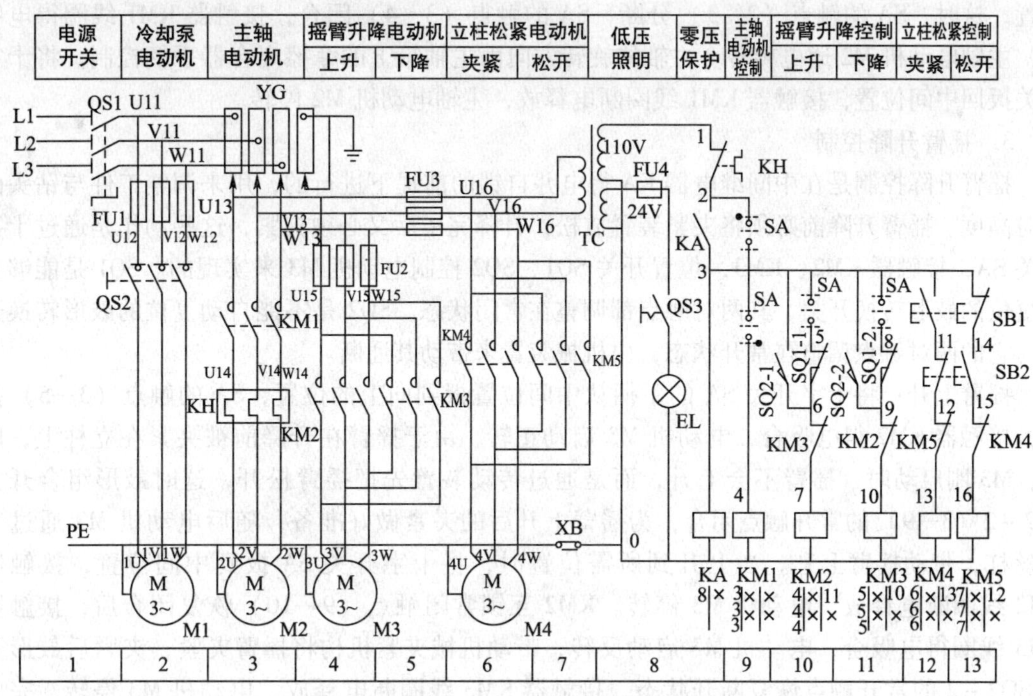

图 4—2 Z35 型摇臂钻床电气原理图

1. 主电路

Z35 型摇臂钻床共有 4 台三相交流异步电动机，其中主轴电动机 M2 由接触器 KM1 控制，热继电器 KH 做过载保护，主轴的正、反向控制是由双向片式摩擦离合器来实现的。摇臂升降电动机 M3 由接触器 KM2、KM3 控制，FU2 做短路保护。立柱松紧电动机 M4 由接触器 KM4 和 KM5 控制，FU3 做短路保护。冷却泵电动机 M1 是由组合开关 QS2 控制的，FU1 做短路保护。摇臂上的电气设备电源，由转换开关 QS1 及汇流环 YG 引入。

2. 主轴电动机控制

主轴电动机 M2 的旋转是通过接触器 KM1 和十字开关 SA 控制的。十字开关由十字手柄和 4 个微动开关组成。十字开关有 5 个不同位置，即左、右、上、下和中间位置，手柄处在各个工作位置时的工作情况见表 4—1。

表 4—1　　十字开关操作说明

手柄位置	接通微动开关的触点	工作情况
中	均不接通	控制电路断电
左	SA（2—3）	KA 线圈得电并自锁
右	SA（3—4）	KM1 线圈得电，主轴旋转
上	SA（3—5）	KM2 线圈得电，摇臂上升
下	SA（3—8）	KM3 吸合，摇臂下降

先将电源总开关 QS1 合上，并将十字开关 SA 扳向左方，SA 的触点（2—3）闭合，中间继电器 KA 获电吸合并自锁，为其他控制电路接通做好准备。再将十字开关 SA 扳向右边位置，这时，SA 的触点（2—3）分断，SA 的触点（3—4）闭合，接触器 KM1 线圈得电吸合，主轴电动机 M2 通电旋转。主轴的旋转方向由主轴箱上的摩擦离合器手柄控制。将十字开关扳回中间位置，接触器 KM1 线圈断电释放，主轴电动机 M2 停转。

3．摇臂升降控制

摇臂升降控制是在中间继电器 KA 得电并自锁的前提下进行的，用来调整工件与钻头的相对高度。摇臂升降前必须将夹紧装置放松，升降完毕后又必须夹紧，这些动作是通过十字开关 SA，接触器 KM2、KM3，位置开关 SQ1、SQ2 控制电动机 M3 来实现的。SQ1 是能够自动复位的鼓形转换开关，其两对触点都调整在常闭状态。SQ2 是不能自动复位的鼓形转换开关，它的两对触点调整在常开状态，由机械装置来带动其通断。

摇臂上升：将十字开关 SA 的手柄从中间位置扳到向上的位置，SA 的触点（3—5）接通，接触器 KM2 得电吸合，电动机 M3 启动正转。由于摇臂在升降前被夹紧在立柱上，所以，M3 刚启动时，摇臂不会上升，而是通过传动装置先把摇臂松开，这时鼓形组合开关 SQ2 - 2（3—9）的常开触点闭合，为摇臂上升后的夹紧做好准备，随后电动机 M3 通过升降丝杠，带动摇臂上升。当上升到所需位置时，将十字开关 SA 扳到中间位置，接触器 KM2 线圈断电释放，电动机 M3 停转。KM2 互锁常闭触点（9—10）恢复闭合后，接触器 KM3 线圈得电吸合，电动机 M3 启动反转，带动机械夹紧机构将摇臂夹紧，夹紧后鼓形开关 SQ2 - 2 的常开触点恢复断开状态，接触器 KM3 线圈断电释放，电动机 M3 停转，完成摇臂上升过程。

摇臂下降：可将十字开关 SA 扳到向下位置，动作流程与摇臂上升相似。

为使摇臂上升或下降不致超出允许的极限位置，在摇臂上升和下降的控制电路中分别串入位置开关 SQ1 - 1 和 SQ1 - 2 做限位保护。

通过以上分析可知摇臂的升降是由机械、电气联合控制实现的，其工作流程为：

扳动十字开关 SA 向上（向下）⟶摇臂松开⟶摇臂上升（下降）

扳动十字开关 SA 回中间位置⟶摇臂夹紧⟶自动停止

4．立柱夹紧与松开的控制

立柱的夹紧与放松是通过接触器 KM4 和 KM5 控制电动机 M4 的正、反转来实现的。

钻床正常工作时，外立柱是夹紧在内立柱上的，当需要摇臂和外立柱绕内立柱转动时，应先按下按钮 SB1，使接触器 KM4 线圈得电吸合，电动机 M4 正转，通过齿式离合器驱动齿轮式油泵，送出高压油，经油路系统和传动机构将内外立柱松开。松开 SB1，电动机 M4 停转。这时，摇臂可在人力推动下转动，当转到所需位置时，再按下按钮 SB2，接触器 KM5 线圈得电，电动机 M4 反转，在液压推动下立柱被夹紧。SB2 松开后，电动机 M4 停转，整个“松开—移动—夹紧”过程结束。

由于主轴箱在摇臂上的夹紧与放松和立柱的夹紧与放松是用同一台电动机和液压机构配合进行的，因此，在对立柱夹紧与放松的同时，也对主轴箱在摇臂上进行了夹紧与放松。

5．冷却泵电动机控制

冷却泵电动机 M1 由转换开关 QS2 直接控制。

6. 中间继电器 KA 的作用

中间继电器 KA 起零压保护作用。机床工作时，首先将十字开关 SA 扳向左边，SA 的触点（2—3）闭合，KA 线圈得电并自锁，为其他控制电路接通做好准备。若线路断电，KA 线圈断电，其常开触点（2—3）断开，使整个控制电路断电。当电压恢复时，KA 不能自行通电，必须将十字开关手柄扳至左边位置，KA 才能再次通电吸合，从而避免了机床断电后电压恢复时的自行启动。

7. 照明电路

照明电路的电源由变压器 TC 将 380 V 的交流电压降为 24 V 安全电压来提供。照明灯 EL 由开关 QS3 控制，由熔断器 FU4 提供短路保护。

Z35 型摇臂钻床元器件明细见表 4—2。

表 4—2 **Z35 型摇臂钻床元器件明细表**

代号	元件名称	型号	规格	数量
M1	冷却泵电动机	JCB－22－2	0.125 kW、2 790 r/min	1
M2	主轴电动机	Y132M－4	5.5 kW、1 440 r/min	1
M3	摇臂升降电动机	Y100L2－4	1.5 kW、1 440 r/min	1
M4	立柱夹紧松开电动机	Y802－4	0.75 kW、1 390 r/min	1
KM1	交流接触器	CJ20－20	20 A、线圈电压 110 V	1
KM2～KM5	交流接触器	CJ20－10	10 A、线圈电压 110 V	4
FU1、FU4	熔断器	RL1－15/2	15 A、熔体 2 A	4
FU2	熔断器	RL1－60/25	60 A、熔体 25 A	3
FU3	熔断器	RL1－15/10	15 A、熔体 10 A	3
QS1	电源总开关	HZ2－25/3	25 A	1
QS2	冷却泵开关	HZ2－10/3	10 A	1
SA	十字开关	定制		1
KA	中间继电器	JZ7－44	线圈电压 110 V	1
KH	热继电器	JR16－20/3D	整定电流 11.1 A	1
SQ1	摇臂升降限位开关	HZ4－22		1
SQ2	组合开关	CX5－110/1		1
SB1、SB2	按钮	LA2	5 A	2
TC	控制变压器	BK－150	150 VA、380 V/110 V、24 V	1
EL	照明灯	KZ 型带开关灯架	24 V、40 W	1
YG	汇流环			

任务实施

一、认识 Z35 型摇臂钻床的主要结构和操作部件

通过观摩 Z35 型摇臂钻床实物与图 4—1 所示的钻床外形图，认识 Z35 型摇臂钻床的主要结构和操作部件。

二、熟悉 Z35 型摇臂钻床的电气设备名称、型号规格、代号及位置

首先切断设备总电源，然后在教师指导下，根据元器件明细表4—2，熟悉 Z35 型摇臂钻床的电气器件及器件在机床中的位置，识别摇臂、主轴箱、立柱、摇臂升降限位开关、鼓形开关、汇流环，熟悉线路走向。

三、观摩操作

观察教师对 Z35 型摇臂钻床试车的基本操作方法和步骤，并在教师指导下对 Z35 型摇臂钻床进行操作。

1．开机前的准备工作

打开电气控制柜门，检查各电气元件是否安装牢固，接线端子上的电线是否松动，限位开关 SQ1、鼓形开关 SQ2 接点是否正常，确认一切完好后关上电气控制柜门。工作台上不放工件，取下钻头。

2．试车操作步骤

（1）启动主轴

合上 QS1，将十字手柄开关 SA 由中间位置扳向左，钻床处于预工作状态；再将 SA 扳向右，主轴电动机 M2 工作，带动主轴旋转。手柄扳到中间位置，主轴电动机停止。

（2）摇臂升降操作

将十字手柄开关 SA 扳向上，升降电动机 M3 正转，通过传动装置将摇臂与立柱放松，摇臂上升；手柄扳向中间，M3 断电，上升停止；随后 M3 自动反转，通过传动装置将摇臂与立柱重新夹紧，M3 断电。

将十字手柄开关 SA 扳向下，摇臂下降，动作过程类似。

注意观察摇臂升降的过程并仔细听动作声音，根据现象说出动作步骤。

（3）立柱松开夹紧操作

按下 SB1，立柱松紧电动机 M4 正转，通过机械和液压装置，将内外立柱松开、将主轴箱和摇臂松开；松开 SB1，立柱松紧电动机 M4 停转。按下 SB2，立柱松紧电动机 M4 反转，通过机械和液压装置，将内外立柱夹紧、将主轴箱和摇臂夹紧；松开 SB2，立柱松紧电动机 M4 停转。

（4）冷却泵操作

直接扳动转换开关 QS2 控制冷却泵启停。

四、识读 Z35 型摇臂钻床电路图

识读相关电路图，在教师的指导下，结合对机床的实际操作，进一步理解机床各部分的功能及工作原理。

任务测评

对任务实施完成情况进行检查，并将结果填入表4—3。

表4—3 **评分标准**

项目内容	序号	评分标准	配分	得分
机床认识	1	不能对照机床实物或挂图说出机床主要部件名称，每处扣2分	6	
	2	不能指出机床主要电气元件位置、不能识别元器件，每处扣2分	6	
	3	主轴启动有误，扣4分；升降试车有误，每处扣2分；立柱松紧试车有误，每处扣2分；不能正确分合机床总电源、冷却泵、机床照明，每处扣2分	18	
识读机床电路图	4	机床主电路各电动机的工作特点表述不清，每处扣3分	15	
	5	保护电路、信号与照明电路、电源电压等级表述不清，每处扣5分	10	
	6	主轴、摇臂升降、立柱松紧电路，每部分15分。识读方法、步骤不清楚，每处扣2分，识读错误每处扣5分	45	
备注	本项目可采用自查和互查方式进行		成绩	
开始时间		结束时间	实际时间	

任务2　检修Z35型摇臂钻床

学习目标

1. 掌握Z35型摇臂钻床典型故障的分析方法以及故障的检测流程。
2. 能按照正确的检测步骤，排除Z35型摇臂钻床的典型电气故障。

任务引入

Z35型摇臂钻床是实际生产中应用较多的一种钻床，具有集中控制和操作方便的优点。在使用过程中，同样会由于电气设备老化或操作不当等原因而引起电气故障，如摇臂只能上升不能下降、摇臂升降后不能充分夹紧、立柱只能放松不能夹紧等，影响设备的正常工作。作为机床维修人员，应能快速、准确地分析Z35型摇臂钻床常见电气故障的原因，并排除故障。

相关知识

Z35型摇臂钻床典型故障分析

1. 摇臂只能上升，不能下降（或只能下降，不能上升）

摇臂升降运动有一个方向能进行，说明电动机 M3 及其供电线路是好的，故障出在控制电动机正、反转的接触器 KM2 或 KM3 及有关电路中。故障检修流程如图 4—3 所示。

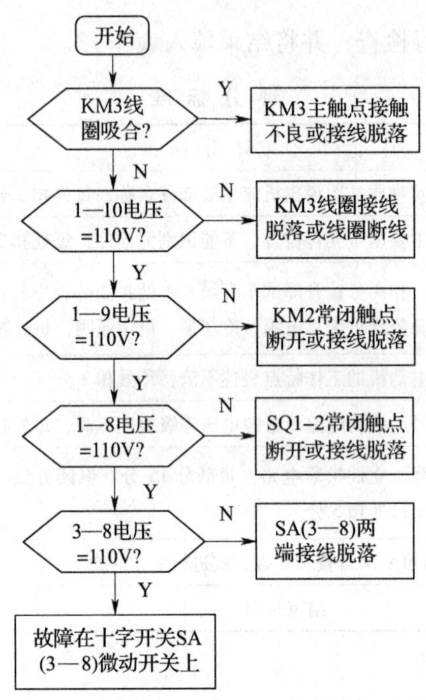

图 4—3　摇臂只升不降故障检修流程

2．摇臂上升（下降）夹紧后，电动机 M3 仍正、反转重复不停

该故障的原因是鼓形组合开关 SQ2 的两副常开触点调节得太近，使它们不能及时分断引起的。鼓形组合开关的结构如图 4—4 所示。

图 4—4 中 3 和 4 是两块随转鼓 5 一起转动的动触点，两副常开静触点 1、2 分别对应 SQ2－1 和 SQ2－2。当摇臂不做升降时，要求两副常开静触点 1、2 正好处于两块动触点 3 和 4 之间，使 SQ2－1 和 SQ2－2 都处于断开状态。如转轴受外力作用，使转鼓顺时针方向转过一个角度，则下面一对常开静触点 SQ2－2 接通；若转鼓逆时针旋转一个角度，则上面一对常开静触点 SQ2－1 接通。由于动触点 3 和 4 的位置决定了转鼓旋转至两副常开静触点接通的角度，所以，鼓形组合开关 SQ2 是摇臂升降与松紧的关键。如果动触点 3 和 4 调整得太近，当摇臂上升到预定位置，将十字开关手柄扳回中间位置时，接触器 KM2 断电释放。由于 SQ2－2 在摇臂松开时已接通，故接触器 KM3 得电，电动机 M3 反转，通过夹紧机构使摇臂夹紧；同时，摇臂夹紧机构带动转轴 6 逆时针旋转一个角度，SQ2－2 动触点 4 处于分断状态，KM3 断电，电动机 M3 断电。由于惯性，电动机及机械部分仍继续转过一段距离。此时，因动触点 3 和 4 调整得很近，使鼓形组合开关转过中间切断位置，动触点 3 又将 SQ2－1 接通，接

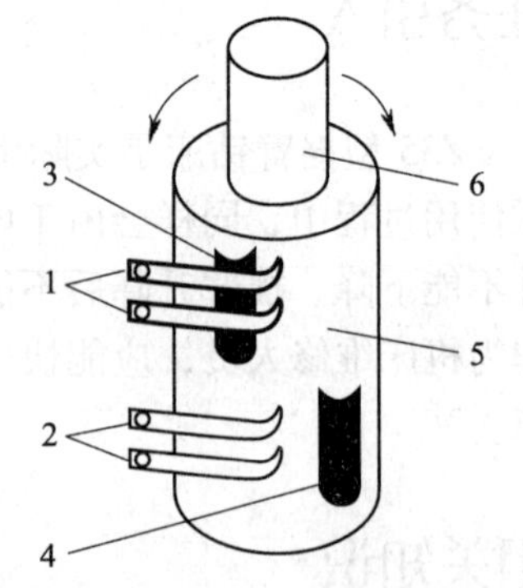

图 4—4　鼓形组合开关
1、2—常开静触点　3、4—动触点
5—转鼓　6—转轴

触器KM2再次得电动作，电动机M3又正转起来；如此不断循环，造成电动机M3正、反转摆动运转，使摇臂夹紧和放松动作重复不停。

3．摇臂升降后不能充分夹紧

故障应在鼓形组合开关SQ2上，引起此故障的原因有三个：

（1）鼓形开关动触点的夹紧螺栓松动，造成动触点3或4的位置偏移。正常情况下，当摇臂放松，SQ2－2接通，上升到位将十字开关手柄扳到中间位置时，接触器KM3得电动作，摇臂自动夹紧。如果动触点4位置偏移，使SQ2－2未按要求闭合，则KM3不能得电，电动机M3也就不能反转进行夹紧，使摇臂仍处于放松状态。

（2）鼓形组合开关的动、静触点弯扭、磨损、接触不良或两副常开静触点过早分断也可能导致摇臂不能充分夹紧。

（3）在检修安装时，没有注意鼓形开关的两副常开触点的原始位置与夹紧装置的协调配合，起不到夹紧作用。例如，安装与鼓形组合开关相连的齿轮时，如果与前面扇形齿条的啮合偏移，就会使得摇臂夹紧机构在没有到达夹紧位置（或超过夹紧位置）时便停止运动。

4．立柱只能放松不能夹紧（或只能夹紧不能放松）

立柱的放松、夹紧是通过电动机M4正、反转，驱动齿轮式油泵，送出高压油，经一定的油路系统和传动机构来实现的。立柱只能放松，不能夹紧，电气、液压、机械几方面的故障都可能发生。故障检修流程如图4—5所示。

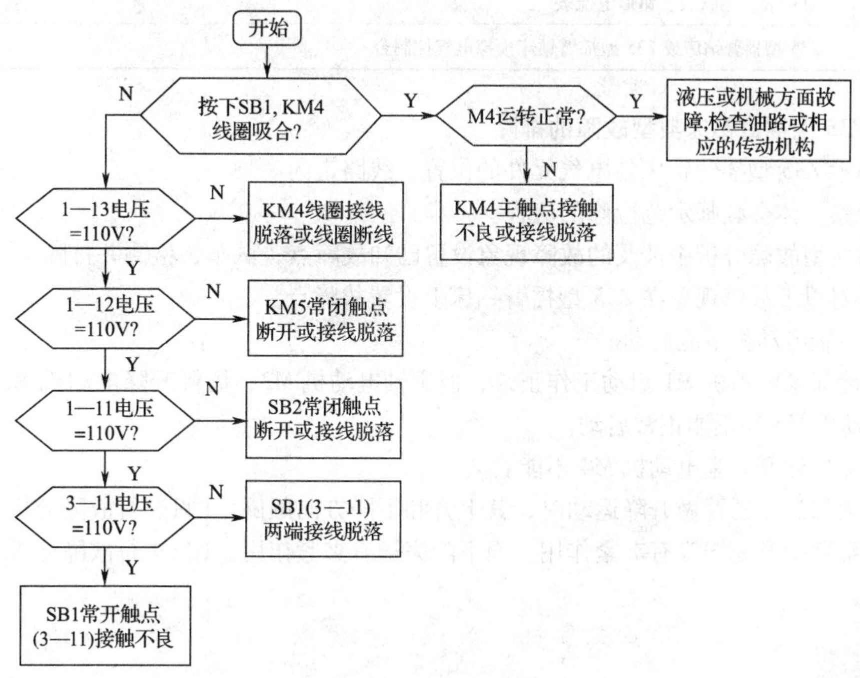

图4—5 立柱只放松不夹紧故障检修流程

立柱只能夹紧不能放松故障与此故障类似。

（1）电动机不能正常启动，并伴有“嗡嗡”声。此类故障属于主回路缺相故障，故障原因可能有主电源缺相、继电器主触点接触不良、热元件某相烧断、主回路电源断线、电动机某相绕组开路等原因，在未查出故障确切位置时不能再通电试车检验，以防故障进一步扩大。

（2）检修中不能更改电源相序，否则会发生摇臂上升、下降方向颠倒，位置开关不起作用，立柱松开夹紧操作变反等故障，甚至产生机械故障。大修后试车时，若发现上升、下降方向相反应立即切断电源，查明原因。

任务实施

一、任务准备

实施本任务所需要的实训设备及工具材料见表4—4。

表4—4　实训器材表

工具	测电笔、电工刀、尖嘴钳、斜口钳、剥线钳、螺钉旋具、活扳手等
仪表	万用表、兆欧表、钳形电流表
机床	Z35型摇臂钻床或Z35型摇臂钻床模拟电气控制台

二、Z35型摇臂钻床典型故障的排除

1. 熟悉Z35型摇臂钻床各电气元件的位置、线路走向。

2. 观察、体会教师示范检修的流程。

3. 对典型故障分析中涉及的故障现象设置已知故障点，试车、检测并排除。

4. 针对以下故障现象在Z35型摇臂钻床上设置故障点。

（1）主轴电动机不能启动。

（2）冷却泵电动机M1启动工作正常，但主轴电动机M2、摇臂升降电动机M3、立柱松开夹紧电动机M4均不能正常启动。

（3）立柱松开夹紧电动机M4不能启动。

（4）大修后，摇臂做升降运动时，其上升和下降方向颠倒。（只进行故障分析）

（5）摇臂上升完毕没有夹紧作用，而下降完毕有夹紧作用。（只进行故障分析）

（1）摇臂升降试车时要注意极限位置，避免机械事故发生。

（2）在观察钻床动作现象的同时，注意锻炼通过动作的声音判断故障的能力。

5. 故障检测前先通过试车说出故障现象，分析故障大致范围，讲清拟采用的故障检测

手段、检测流程，正确无误后方能在教师监护下进行检测训练。

6. 找出故障点以后切断电源，仔细修复，不得扩大故障或产生新的故障；修复后通电试车。

任务测评

对 Z35 型摇臂钻床电气控制线路检修任务实施完成情况进行检查，并将结果填入表 4—5。

表 4—5　评 分 标 准

项目内容	序号	评 分 标 准	配分	得分
故障分析	1	不能根据试车的状况说出故障现象，扣 5 ~ 10 分	10	
	2	不能标出最小故障范围，每个故障扣 5 分	10	
	3	不能标出故障线段或错标在故障回路以外，每个故障点扣 5 分	10	
排除故障	4	停电不验电，扣 5 分	5	
	5	测量仪表使用不正确，每次扣 5 分	5	
	6	排除故障方法、步骤不正确，扣 10 分	10	
	7	损坏电气元件，扣 10 分	10	
	8	不能排除故障，扩大故障范围或产生新的故障，每个故障扣 20 分	40	
安全文明生产	违反安全文明生产规程，未清理场地扣 10 ~ 70 分			
定额工时 30 min	不允许超时检查故障，但在修复故障时每超时 1 min 扣 1 分			
备注	除定额工时外，各项内容的最高扣分不得超过配分数		成绩	
开始时间		结束时间	实际时间	

思考与练习

1. Z35 型摇臂钻床的保护措施有________、________、________、________。

2. Z35 型摇臂钻床用十字手柄操作的优点是____________________。

3. 结合图 4—2 可知，位置开关 SQ1 - 1 的作用是________，SQ1 - 2 的作用是________，SQ2 - 1 的作用是________，SQ2 - 2 的作用是________。

4. 当钻床在进行钻孔加工时，突然停一下电，然后又恢复供电，由于十字开关不能自动复位，可能会造成设备事故。为了避免这种事故的出现，设置了________。

5. 十字开关 SA 的 5 个位置功用为：向左________，向右________，向上________，向下________，中间________。

6. Z35 型摇臂钻床的摇臂夹在（　　）上。

A. 内立柱　　B. 外立柱　　C. 升降丝杠

7. 主轴箱在摇臂上的移动靠（　　）。

A. 人工　　B. 电动机驱动　　C. 机械驱动

8. 若 SQ1 -1 和 SQ1 -2 安装位置对换，则上升和下降将（　　），造成重大事故。

A. 不能停止　　B. 无反应　　C. 能停止

9. 在机床大修后，若将摇臂升降电动机的三相电源相序接反了，则（　　），采取（　　）办法可以解决。

A. 电动机转不动　　B. 使上升和下降方向颠倒　　C. 换三相中任意两相相序

10. 中间继电器 KA 的功能是什么?

11. 在 Z35 型摇臂钻床大修后，发现摇臂升降失灵，其原因是什么?

12. 立柱只能夹紧不能放松，试分析故障原因，并写出检修流程。

课题五　Z3040 型摇臂钻床电气检修

Z3040 型摇臂钻床主要用于对大型零件进行钻孔、扩孔、锪孔、铰孔、镗孔和攻螺纹等，特别适用于单件或批量生产带有多孔大型零件的孔加工。

任务 1　认识 Z3040 型摇臂钻床

学习目标

1. 了解 Z3040 型摇臂钻床的基本结构，熟悉液压与电气紧密结合的工作特点，熟悉 Z3040 型摇臂钻床的基本操作方法。

2. 能看懂 Z3040 型摇臂钻床电路图。

3. 掌握 Z3040 型摇臂钻床电路的工作原理。

任务引入

Z3040 型摇臂钻床与 Z35 型摇臂钻床相比，在结构、运动形式、电力驱动特点及控制要求上基本类似，但 Z3040 型摇臂钻床的夹紧与放松是由电动机配合液压装置自动进行的。本任务主要学习 Z3040 型摇臂钻床的主要结构、运动形式，试车操作方法，并识读 Z3040 型摇臂钻床电气控制电路图。

相关知识

一、Z3040 型摇臂钻床的型号规格

Z3040 型摇臂钻床型号的含义如下：

```
           Z  3  0  40
钻床 ──────┘  │  │  └── 最大钻孔直径40 mm
摇臂 ─────────┘  └───── 摇臂钻床型
```

二、Z3040 型摇臂钻床主要结构

Z3040 型摇臂钻床的外形如图 5—1 所示，主要由底座、内立柱、外立柱、摇臂、主轴箱、工作台等部分组成。

三、Z3040 型摇臂钻床的运动形式

摇臂钻床加工时，外立柱紧固在内立柱上，摇臂紧固在外立柱上，主轴箱紧固在摇臂导轨上。钻削加工时，钻头一边进行旋转切削一边进行纵向进给，其运动形式为：主运动为主

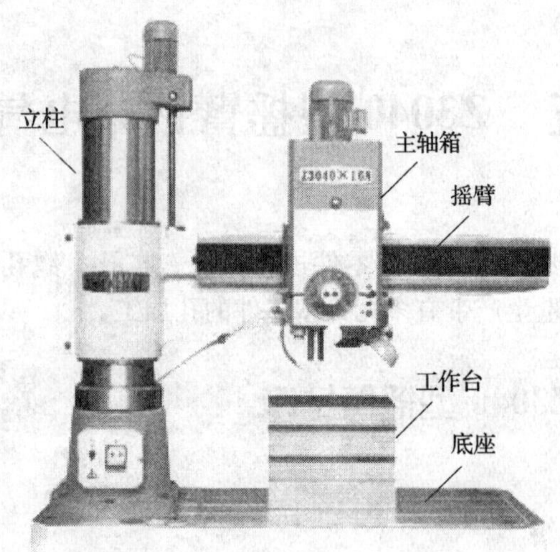

图 5—1　Z3040 型摇臂钻床外形图

轴的旋转运动；进给运动为主轴的纵向进给；辅助运动有：摇臂沿外立柱垂直移动，主轴箱沿摇臂长度方向的移动，摇臂与外立柱一起绕内立柱的回转运动。

四、Z3040 型摇臂钻床电气控制的特点

1. 钻床由 4 台电动机驱动。M1 为主轴电动机，M2 为摇臂的升降电动机，M3 为液压泵电动机，M4 为冷却泵电动机。主轴电动机 M1 担负主轴的旋转运动和进给运动，受接触器 KM1 控制，只能单方向旋转，其正反转控制、变速和变速系统的润滑都是通过操纵机构与液压系统实现。热继电器 KH1 做 M1 过载保护。

2. 摇臂的升降由接触器 KM2、KM3 控制 M2 实现，摇臂的松开与夹紧则通过夹紧机构液压系统来实现（电气—液压配合实现摇臂升降与放松、夹紧的自动循环）。摇臂的升降设有限位保护。由空气断路器 QF3 提供过载和断路保护。

3. 液压泵电动机 M3 受接触器 KM4、KM5 控制，M3 的主要作用是供给夹紧装置压力油，实现摇臂的松开与夹紧，立柱和主轴箱的松开与夹紧。热继电器 KH2 为 M2 提供过载保护。冷却泵电动机 M4 由空气断路器 QF2 直接控制。

4. 摇臂升降与其夹紧机构动作之间电路插入时间继电器 KT，使得摇臂升降得以自动完成。同时升降电动机 M2 切断电源后，需延时一段时间，才能使摇臂夹紧，避免了因升降机构的惯性，而直接夹紧所产生的抖动现象。

5. 钻床立柱顶上没有汇流环装置，消除了因汇流环接触不良带来的故障。

五、Z3040 型摇臂钻床电路工作原理

Z3040 型摇臂钻床电路图如图 5—2 所示。机床具有“开门断电”功能，开车前应合上 QF3 并将摇臂后部配电箱门盖好，方能合上总电源开关 QF1。电源指示灯 HL1 亮，表示摇臂钻床的电气线路进入带电状态。

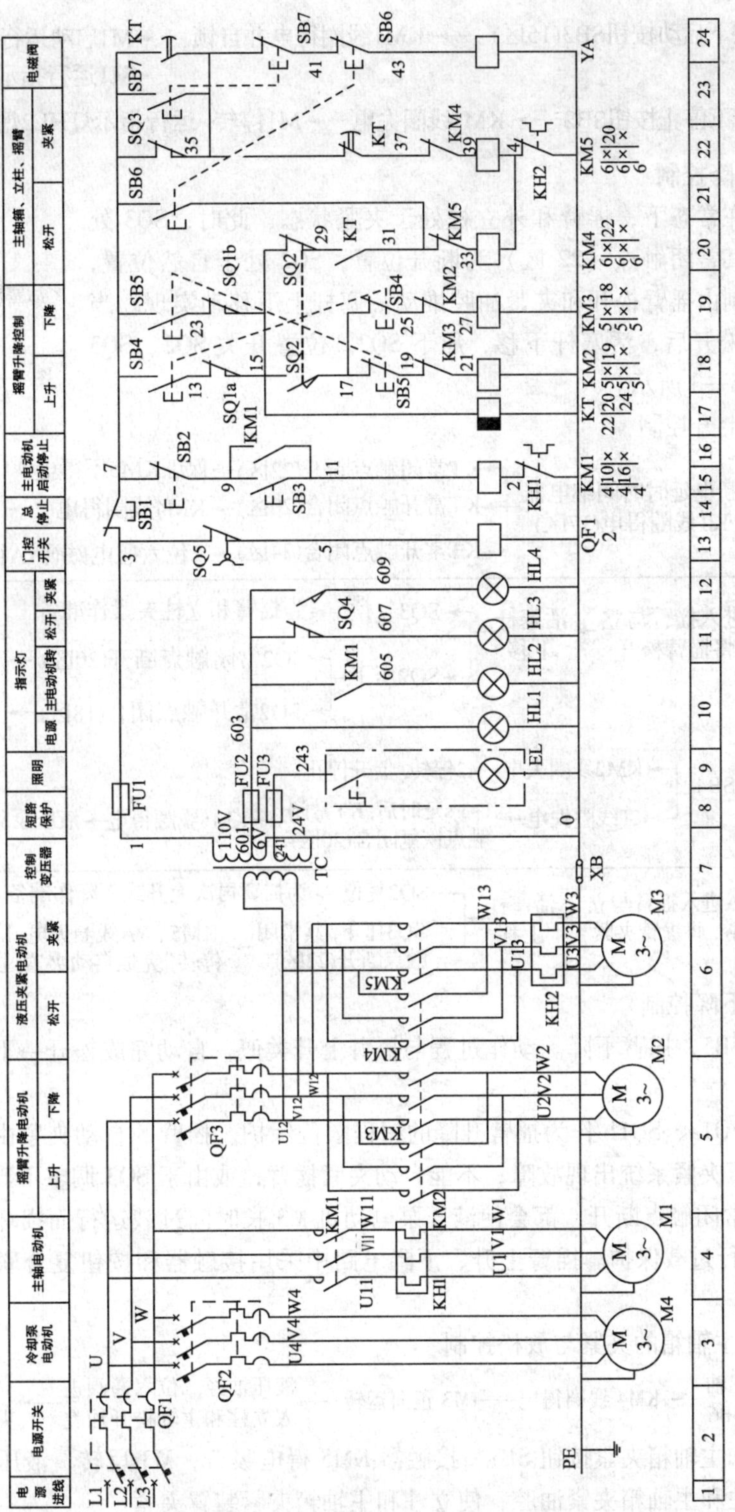

图5—2 Z3040型摇臂钻床电路图

1．主轴电动机 M1 控制

启动：按下启动按钮SB3(15区) ⟶ KM1线圈得电并自锁 ⟶ M1启动运行

⟶ M1运行指示灯HL2亮

停止：按下停止按钮SB2 ⟶ KM1线圈失电 ⟶ M1停转，运行指示灯HL2熄灭

2．摇臂升降控制

摇臂钻床在常态下，摇臂和外立柱处于夹紧状态，此时，SQ3 处于压下状态，其常闭触点（22 区）为断开位置，SQ2 处于自然位置，它们动作的控制由摇臂松开和夹紧油腔推动活塞杆上下移动实现。当摇臂和外立柱松开后，活塞杆下移，压下 SQ2。位置开关 SQ2、SQ3 位置示意如图 5—3 所示。

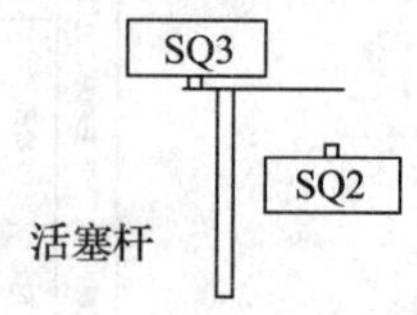

图 5—3　SQ2、SQ3 位置示意图

（1）摇臂上升控制

按下上升按钮SB4(18区) ⟶ 断电延时时间继电器KT线圈得电(17区) ⟶

⟶ KT常闭触点断开(22区) ⟶ 保证KM5不得电

⟶ KT常开触点闭合(20区) ⟶ KM4线圈得电 ⟶ 液压泵M3运行

⟶ KT常开触点闭合(24区) ⟶ 二位六通电磁阀YA得电

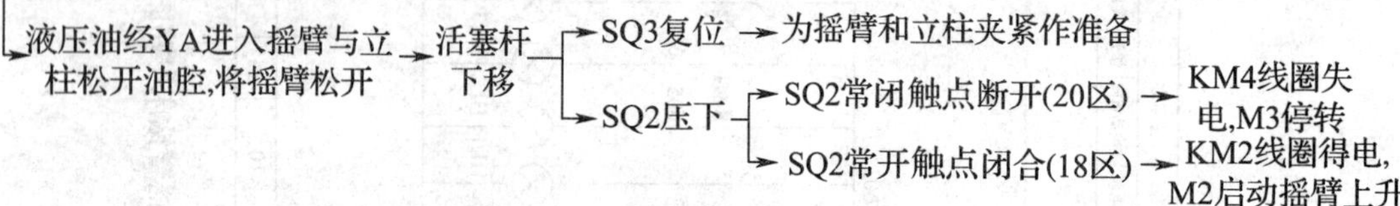

上升到位松开SB4 ⟶

⟶ KM2线圈失电，M2停转，上升停止

⟶ KT线圈失电 ⟶ 1~3 s延时后，KT常闭触点恢复闭合(20区) ⟶ KM5线圈得电 ⟶ 液压泵M3反向运转 ⟶

液压油经YA进入摇臂与立柱夹紧油腔，将摇臂夹紧 ⟶ 活塞杆上移

⟶ SQ2复位 ⟶ 为摇臂再次上升或下降作准备

⟶ SQ3压下，其常闭触点断开(22区) ⟶ KM5、YA线圈失电，M3停转，完成自动夹紧过程

（2）摇臂下降控制

按下按钮 SB5，摇臂下降。动作过程与摇臂上升类似，自动完成松开→下降→夹紧的整套动作。

组合开关 SQ1a、SQ1b 作为摇臂升降的超程限位保护。摇臂的自动夹紧由位置开关 SQ3 控制。如果液压夹紧系统出现故障，不能自动夹紧摇臂，或由于 SQ3 调整不当，在摇臂夹紧后不能使 SQ3 常闭触点断开，都会使液压泵电动机 M3 长时间过载运行而损坏，为此装设热继电器 KH2 进行过载保护。摇臂上升、下降电路中采用接触器和按钮复合联锁保护，以确保电路安全工作。

3．立柱与主轴箱的夹紧与放松控制

按下立柱和主轴箱松开按钮 SB6 ⟶ KM4 线圈得电 ⟶ M3 正向运转 ⟶ 液压油经二位六通阀进入立柱和主轴松开油腔 ⟶ 立柱和主轴箱夹紧装置松开

按下立柱和主轴箱夹紧按钮 SB7，接触器 KM5 得电吸合，M3 反转，液压油经二位六通阀重新抽回立柱和主轴箱夹紧油腔，使立柱和主轴箱夹紧装置夹紧。

立柱和主轴箱的松开与夹紧状态可由按钮上所带指示灯 HL3、HL4 指示，也可通过推动

摇臂或转动主轴箱上的手轮得知，能推动摇臂或能转动手轮表明立柱和主轴箱处于松开状态。

液压泵工作后是摇臂与立柱松开（夹紧）还是立柱与主轴箱松开（夹紧），由二位六通电磁阀 YA 决定。电磁阀得电，将液压油送入摇臂与立柱松开（夹紧）油腔；电磁阀不得电，将液压油送入立柱与主轴松开（夹紧）油腔。

4．冷却泵电动机 M4 控制

扳动断路器 QF2，就可接通和断开冷却泵 M4 电动机电源，对其直接控制。

5．照明、指示电路

照明、指示电路的电源由控制变压器 TC 降压后提供 24 V、6 V 电源，由熔断器 FU2、FU3 提供短路保护。EL 为机床照明灯，HL1 为机床通电电源指示灯，HL2 为主轴电动机运行指示灯，HL3、HL4 为立柱和主轴箱的松开与夹紧指示灯。当液压油进入主轴与立柱松开或夹紧油腔后，由液压推杆松开或压下位置开关 SQ4，进而控制指示灯 HL3、HL4。

Z3040 型摇臂钻床元器件明细见表 5—1。

表 5—1　　**Z3040 型摇臂钻床元器件明细表**

代号	名称	型号	规格	数量
M1	主轴电动机	Y112M－4	4 kW，1 440 r/min	1
M2	摇臂升降电动机	Y90L－4	1.5 kW，1 440 r/min	1
M3	液压泵电动机	Y802－4	0.75 kW，1 390 r/min	1
M4	冷却泵电动机	AOB－25	90 W，2 800 r/min	1
KM1	交流接触器	CJ20－20	20 A，线圈电压 110 V	1
KM2～KM5	交流接触器	CJ20－10	10 A，线圈电压 110 V	4
FU1～FU3	熔断器	BZ－001A	2 A	3
KT	时间继电器	JS7－4A	线圈电压 110 V	1
KH1	热继电器	JR16－20/3D	6.8～11 A	1
KH2	热继电器	JR16－20/3D	1.5～2.4 A	1
QF1	低压断路器	DZ5－20/330FSH	10 A	1
QF2	低压断路器	DZ5－20/330H	0.3～0.45 A	1
QF3	低压断路器	DZ5－20/330H	6.5 A	1
YA	二位六通电磁阀	MFJ1－3	线圈电压 110 V	1
TC	控制变压器	BK－150	380 V/110 V、24 V、6 V	1
SB1	总停止按钮	LAY3－11ZS/1	红色	1
SB3、SB6、SB7	按钮	LA19－11D	带指示灯按钮（HL2～HL4）	3
SB2、SB4、SB5	按钮	LA19－11		3
SQ1	上下限位组合开关	HZ4－22		1
SQ2、SQ3	位置开关	LX5－11		2
SQ4	位置开关	LX3－11K		1
SQ5	门控开关	JWM6－11		1
HL1	指示灯	XD1	6 V	1
EL	照明灯	JC－25	40 W，24 V	1

六、Z3040 型摇臂钻床元器件位置图

Z3040 型摇臂钻床元器件位置分布如图 5—3 所示，配电箱元器件位置与接线图如图 5—4 所示。

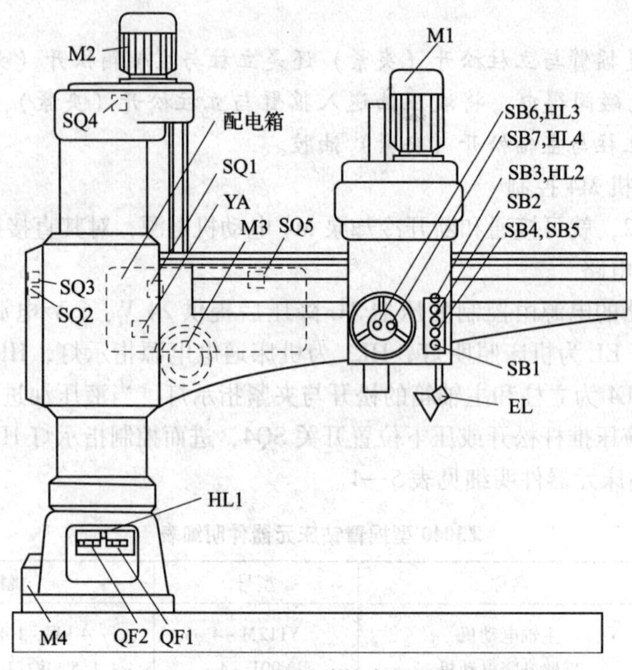

图 5—3　Z3040 型摇臂钻床元器件位置图

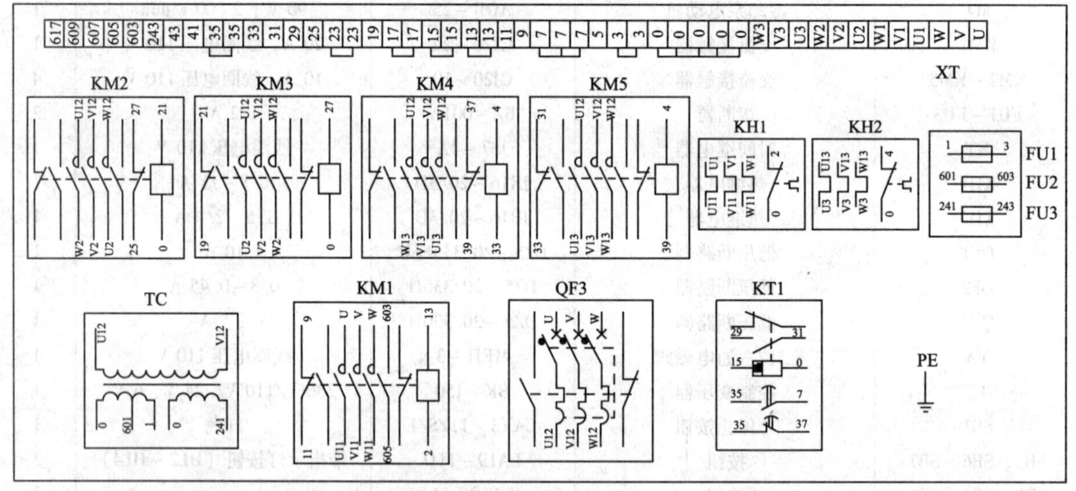

图 5—4　Z3040 型摇臂钻床配电箱元器件位置与接线图

任务实施

一、认识 Z3040 型摇臂钻床的主要结构和操作部件

通过观摩 Z3040 型摇臂钻床实物与图 5—1 所示的摇臂钻床外形图，认识 Z3040 型摇臂

钻床的主要结构和操作部件。

二、熟悉 Z3040 型摇臂钻床的电气设备名称、型号规格、代号及位置

首先切断设备总电源，然后在教师指导下，根据表 5—1 所列元器件明细和图 5—3、图 5—4 所示的元器件位置，熟悉 Z3040 型摇臂钻床的结构、元器件在机床中的位置。

三、观摩操作

观察教师对 Z3040 型摇臂钻床试车的操作方法和步骤，并在教师指导下对 Z3040 型摇臂钻床进行操作。

1. 启动主轴

关上配电箱电气柜门，合上电源总开关 QF1。按下主轴启动按钮 SB3，主轴电动机 M1 得电旋转；按下主轴停止按钮 SB2，主轴电动机 M1 失电停止。可通过机械方式改变主轴的旋转方向，主轴电动机 M1 只有正转运行。

2. 摇臂升降操作

按下摇臂上升按钮 SB4，液压泵电动机 M3 工作，通过液压系统将摇臂和外立柱松开，摇臂和外立柱松开后，摇臂升降电动机 M2 工作，带动摇臂上升。上升到位松开 SB4，液压泵电动机 M3 重新工作，通过液压系统将摇臂和外立柱自动夹紧。按下摇臂下降按钮 SB5，动作过程类似。

试车操作时注意观察动作现象，并仔细听电磁阀、液压泵、升降电动机工作声音，从工作声音上判断工作步骤。试车时，打开侧壁龛箱外盖，观察摇臂与立柱松开、夹紧时，活塞杆上下移动压碰 SQ2、SQ3 的动作过程。

3. 立柱与主轴箱松开、夹紧操作

按下立柱和主轴箱松开按钮 SB6，液压泵电动机 M3 正转，通过液压装置，将立柱和主轴箱松开。按下立柱和主轴箱夹紧按钮 SB7，液压泵电动机 M3 反转，通过液压装置，将立柱和主轴箱夹紧。

4. 冷却泵操作

钻削加工时，可直接按下 QF2，启动冷却泵。

Z3040 型摇臂钻床内外立柱间没有采用汇流环结构，因此，不允许推动摇臂朝一个方向连续转动，以免发生事故。

四、识读 Z3040 型摇臂钻床电路图

识读电路图、元器件位置图，在教师的指导下，结合对机床的实际操作，进一步理解机床各部分的功能及工作原理。

任务测评

对任务实施完成情况进行检查，并将结果填入表 5—2。

表 5—2　　　　　　　　　　　　　评 分 标 准

<table>
<tr><th>项目内容</th><th>序号</th><th colspan="2">评 分 标 准</th><th>配分</th><th>得分</th></tr>
<tr><td rowspan="3">机床认识</td><td>1</td><td colspan="2">不能对照机床实物或挂图说出机床主要部件名称，每处扣 2 分</td><td>6</td><td></td></tr>
<tr><td>2</td><td colspan="2">不能指出机床主要电气元件位置、不能识别元器件，每处扣 2 分</td><td>6</td><td></td></tr>
<tr><td>3</td><td colspan="2">（1）主轴启动有误，扣 4 分
（2）摇臂升、降试车有误，每处扣 2 分
（3）立柱与主轴箱松、紧试车有误，每处扣 2 分
（4）不能正确分合机床总电源、冷却泵、机床照明，每处扣 2 分</td><td>18</td><td></td></tr>
<tr><td rowspan="5">识读机床电路图</td><td>4</td><td colspan="2">机床主电路各电动机的工作特点表述不清，每处扣 3 分</td><td>15</td><td></td></tr>
<tr><td>5</td><td colspan="2">保护电路、信号与照明电路、电源电压等级表述不清，每处扣 5 分</td><td>10</td><td></td></tr>
<tr><td rowspan="3">6</td><td>主轴电路</td><td rowspan="3">（1）识读方法、步骤不清楚，每处扣 2 分
（2）识读错误每处扣 5 分</td><td>15</td><td></td></tr>
<tr><td>摇臂升降电路</td><td>15</td><td></td></tr>
<tr><td>立柱与主轴箱松紧电路</td><td>15</td><td></td></tr>
<tr><td>备注</td><td colspan="3">本项目可采用自查和互查方式进行</td><td>成绩</td><td></td></tr>
<tr><td>开始时间</td><td></td><td>结束时间</td><td></td><td>实际时间</td><td></td></tr>
</table>

任务 2　检修 Z3040 型摇臂钻床

学习目标

1. 掌握 Z3040 型摇臂钻床典型故障的分析方法以及故障的检测流程。
2. 能按照正确的检测步骤，排除 Z3040 型摇臂钻床的典型电气故障。

任务引入

Z3040 型摇臂钻床中，摇臂的升降及立柱与主轴箱的夹紧和松开控制是由电气、机械和液压系统密切配合实现的，因此在检修时不仅要注意电气部分能否正常工作，还要注意它与机械、液压部分的协调关系。本任务学习 Z3040 型摇臂钻床常见电气故障的分析和检修方法。

相关知识

Z3040 型摇臂钻床典型故障分析

摇臂钻床电气控制的重点和难点环节是摇臂的升降、立柱与主轴箱的夹紧和松开。Z3040 型摇臂钻床的工作过程是由电气、机械以及液压系统紧密配合实现的。因此，在维修中不仅要注意电气部分能否正常工作，还要关注它与机械、液压部分的协调关系。

1. 摇臂不能上升但能下降

摇臂能下降但不能上升，表明摇臂和立柱松开部分电路正常，按下 SB4 若接触器 KM2 能吸合，而摇臂不能上升，故障发生在接触器 KM2 主回路或控制电路 18 区摇臂上升电路中。控制电路故障检查流程如图 5—5 所示。

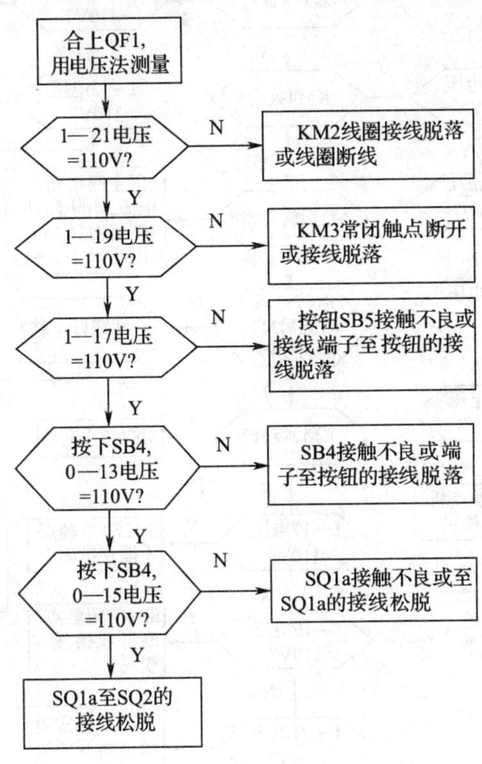

图 5—5 控制电路故障检查流程图

Z3040 型摇臂钻床试车顺序是先试主轴电动机 M1 运转是否正常，以此判断机床电源是否正常；其次试立柱与主轴箱的松开与夹紧是否正常，以此判断 KM4、KM5 线圈支路以及液压泵电动机 M3 运转是否正常；最后才是试摇臂能否上下。

2. 摇臂不能上升也不能下降

摇臂上升或下降之前应先将摇臂与立柱松开，方能上升、下降。摇臂不能上升、下降，应试查立柱与主轴箱能否放松，若也不能放松，故障多出在接触器 KM4 线圈支路；若能放松，则应重点检查断电延时时间继电器 KT 是否吸合、电磁阀 YA 是否得电、KT 的瞬时闭合常开触点、SQ2 位置开关是否压下等部分。摇臂上升或下降顺序动作特征明显，可按继电器动作状态（根据动作吸合声音）、液压泵工作声音，判断出故障的大致位置，故障检测流程如图 5—6 所示。

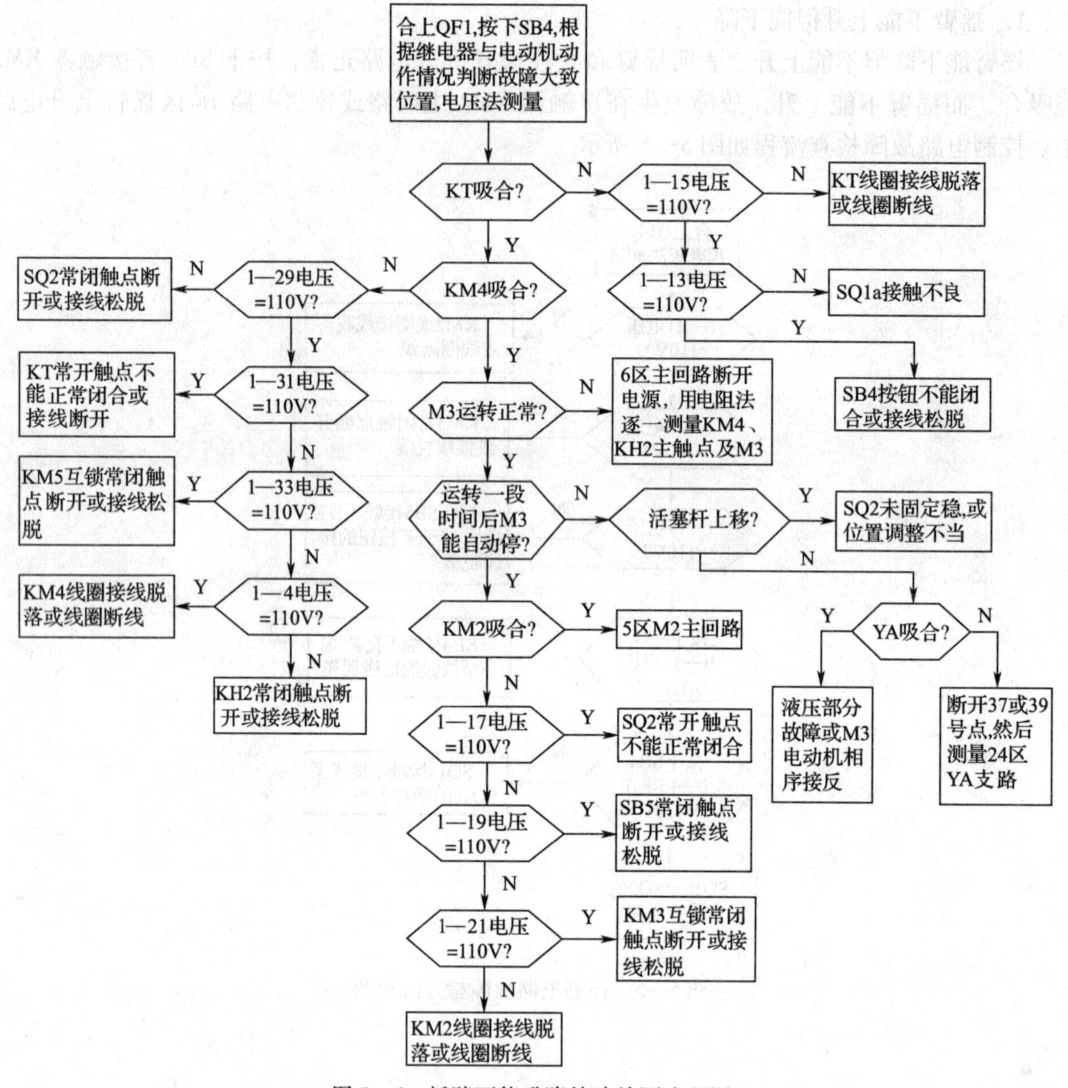

图5—6　摇臂不能升降故障检测流程图

3．摇臂升降后不能夹紧（或升降后没有夹紧过程）

摇臂升降后的夹紧过程是自动进行的，若升降后摇臂没有夹紧动作过程，表明控制电路中接触器 KM5 支路（22 区）或 KM5 主电路有故障；摇臂夹紧动作的结束是由位置开关 SQ3 被活塞杆压下来完成的，如果 SQ3 动作过早，尚未充分将摇臂夹紧就切断了 KM5 线圈支路，使 M3 停转。

排除故障时，首先判断松开 SB4（或 SB5）1～3 s 后 KM5、液压泵 M3 是否动作；然后打开侧壁龛箱盖判断是液压系统故障（如活塞杆阀芯卡死或油路堵塞造成的夹紧力不够），还是电气方面 SQ3 动作距离不当或 SQ3 固定螺钉松动故障。

4．摇臂升降后夹紧过度（液压泵 M3 一直运转）

摇臂升降完毕，自动夹紧过程不停，表明位置开关没有正常动作。打开侧壁龛箱盖，观察活塞杆是否将 SQ3 压下。如果已被压下，说明 SQ3 常闭触点短接，或时间继电器 KT 瞬时闭合延时断开动合触点粘连。若未被压下，通过调整板调整 SQ3 位置或固定松动了的螺钉，使 SQ3 正常动作。

5. 立柱与主轴箱不能夹紧与松开

首先应检查 KH2 常闭触点及其连线是否松脱、SB6（SB7）接线是否良好。若接触器 KM4、KM5 动作正常，M3 运转正常，表明电气线路工作正常，故障在液压、机械部分（油路堵塞）。

液压泵电动机 M3 的相序不能接错，否则夹紧装置该夹紧时反而松开，该松开时反而夹紧，摇臂也不能升降。可通过按下立柱与主轴箱的松开按钮 SB6 后，主轴箱与摇臂的夹紧或放松状态、指示灯 HL3 或 HL4 的指示情况判断。

任务实施

一、任务准备

实施本任务所需要的实训设备及工具材料见表 5—3。

表 5—3　　实训器材表

工具	测电笔、电工刀、尖嘴钳、斜口钳、剥线钳、螺钉旋具、活扳手等
仪表	万用表、兆欧表、钳形电流表
机床	Z3040 型摇臂钻床或 Z3040 型摇臂钻床模拟电气控制台

二、Z3040 型摇臂钻床典型故障的排除

1. 理清 Z3040 型摇臂钻床各元器件的位置、电路走向。

Z3040 型摇臂钻床电气、机械与液压三部分控制结合紧密，在故障检测之前必须掌握电路的工作原理、理解松开与夹紧液压部分的工作原理，清楚元器件位置及电路走向。

2. 观察、体会教师示范检修的流程。

3. 对典型故障分析中涉及的故障现象设置已知故障点，试车、检测并排除。

4. 针对以下故障现象在 Z3040 型摇臂钻床上设置故障点。

（1）主轴电动机 M1 不能启动。

（2）按下 SB6，立柱与主轴箱能松开，但按下 SB7 立柱与主轴箱不能夹紧。

（3）摇臂能上升但不能下降。

（4）按下摇臂上升或下降按钮，听到液压泵电动机运转声音正常，但摇臂不能上升也不能下降。

（1）由于机床采用了“开门断电”的门控保护电路，采用电压法进行量测时，应将门控位置开关按下并锁住，方能合上QF1。

（2）KM5线圈支路（22区）与YA支路（24区）电路有并联特点，故障量测应人为断开一点。

（3）在检测故障时，注意观察机床的动作状况，并注意辨别继电器动作吸合声音以及电动机工作声音，根据声音再行判断检测可达到事半功倍的效果。

5. 故障检测前，先通过试车说出故障现象，分析故障大致范围，讲清拟采用的故障检测手段、检测流程，正确无误后方能在教师监护下进行检测训练。

6. 找出故障点以后切断电源，仔细修复，不得扩大故障或产生新的故障。修复后通电试车。

任务测评

对Z3040型摇臂钻床电气控制电路检修任务实施完成情况进行检查，并将结果填入表5—4。

表5—4　　评 分 标 准

<table>
<tr><th>项目内容</th><th>序号</th><th colspan="4">评 分 标 准</th><th>配分</th><th>得分</th></tr>
<tr><td rowspan="3">故障分析</td><td>1</td><td colspan="4">不能根据试车的状况说出故障现象，扣5~10分</td><td>10</td><td></td></tr>
<tr><td>2</td><td colspan="4">不能标出最小故障范围，每个故障扣5分</td><td>10</td><td></td></tr>
<tr><td>3</td><td colspan="4">不能标出故障线段或错标在故障回路以外，每个故障点扣5分</td><td>10</td><td></td></tr>
<tr><td rowspan="5">排除故障</td><td>4</td><td colspan="4">停电不验电，扣5分</td><td>5</td><td></td></tr>
<tr><td>5</td><td colspan="4">测量仪表使用不正确，每次扣5分</td><td>5</td><td></td></tr>
<tr><td>6</td><td colspan="4">排除故障方法、步骤不正确，扣10分</td><td>10</td><td></td></tr>
<tr><td>7</td><td colspan="4">损坏元器件，扣10分</td><td>10</td><td></td></tr>
<tr><td>8</td><td colspan="4">不能排除故障，扩大故障范围或产生新的故障，每个故障扣20分</td><td>40</td><td></td></tr>
<tr><td>安全文明生产</td><td colspan="7">违反安全文明生产规程，未清理场地扣10~70分</td></tr>
<tr><td>定额工时30 min</td><td colspan="7">不允许超时检查故障，但在修复故障时每超时1 min扣1分</td></tr>
<tr><td>备注</td><td colspan="4">除定额工时外，各项内容的最高扣分不得超过配分数</td><td>成绩</td><td colspan="2"></td></tr>
<tr><td>开始时间</td><td colspan="2"></td><td>结束时间</td><td></td><td>实际时间</td><td colspan="2"></td></tr>
</table>

思考与练习

1. 位置开关SQ1的作用是________，位置开关SQ2的作用是________，位置开关SQ3

的作用是________。

2．Z3040 型摇臂钻床摇臂的夹紧与放松由________配合________自动进行。

3．热继电器 KH2 为________电动机提供过载和断相保护，主要是防止________故障，而使电动机长时间过载运行而损坏。

4．电磁阀 YA 是________阀，YA 得电将液压油送入________油腔，YA 不得电将液压油送入________油腔。

5．时间继电器 KT 线圈开路，按下摇臂上升按钮，摇臂（　　）。

A．能正常上升　　B．不能上升　　C．能上升但摇臂与立柱未松开

6．立柱与主轴箱松开后，主轴箱在摇臂上的移动靠（　　）。

A．转动手轮　　B．电动机驱动　　C．液压驱动

7．按下摇臂下降按钮 SB5，写出摇臂下降的控制流程。

8．Z3040 型摇臂钻床大修后，若摇臂升降电动机 M2 的三相电源相序接反会发生什么事故？试车时应如何检测？

9．Z3040 型摇臂钻床大修后，若 SQ3 安装位置不当，会出现什么故障？

课题六　M7130 型平面磨床电气检修

M7130 型平面磨床用于磨削各种工件的平面，是平面磨床中使用较广泛的一种机床，该磨床操作方便，磨削精度和光洁度较高，适于磨削精密零件和各种工具，并可用于镜面磨削。

任务 1　认识 M7130 型平面磨床

学习目标

1. 了解 M7130 型平面磨床的基本结构，了解液压调速的特点，熟悉 M7130 型平面磨床的基本操作方法。
2. 能看懂 M7130 型平面磨床电路图。
3. 掌握 M7130 型平面磨床电路的工作原理。

任务引入

为保证磨削精度，不损坏工件，M7130 型平面磨床一般通过电磁吸盘吸牢工件；同时，为了保证传动的平稳，工作台通过液压驱动实现无级调速。作为机床维修人员，要能快速、准确地检测、排除 M7130 型平面磨床的电气故障，就要先学习 M7130 型平面磨床的主要结构、运动形式，掌握 M7130 型平面磨床的试车操作方法，能读懂 M7130 型平面磨床的电气控制电路图。

相关知识

一、M7130 型平面磨床的型号规格

M7130 型平面磨床型号的含义如下：

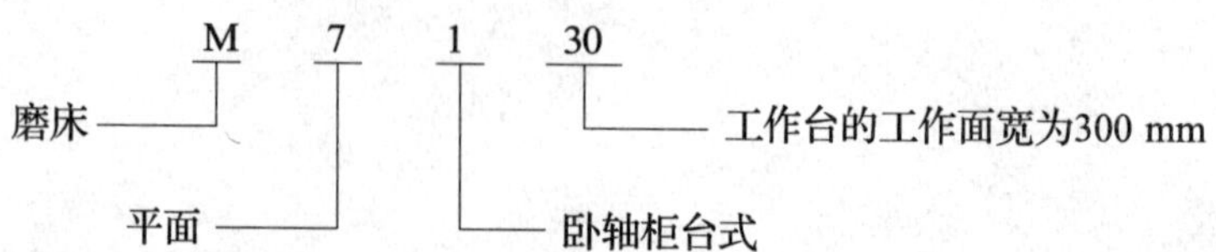

二、M7130 型平面磨床主要结构

M7130 型平面磨床为卧轴矩形工作台式，其外形结构如图 6—1 所示，主要由床身、工作台、电磁吸盘、砂轮架（又称磨头）、滑座和立柱等部分组成。

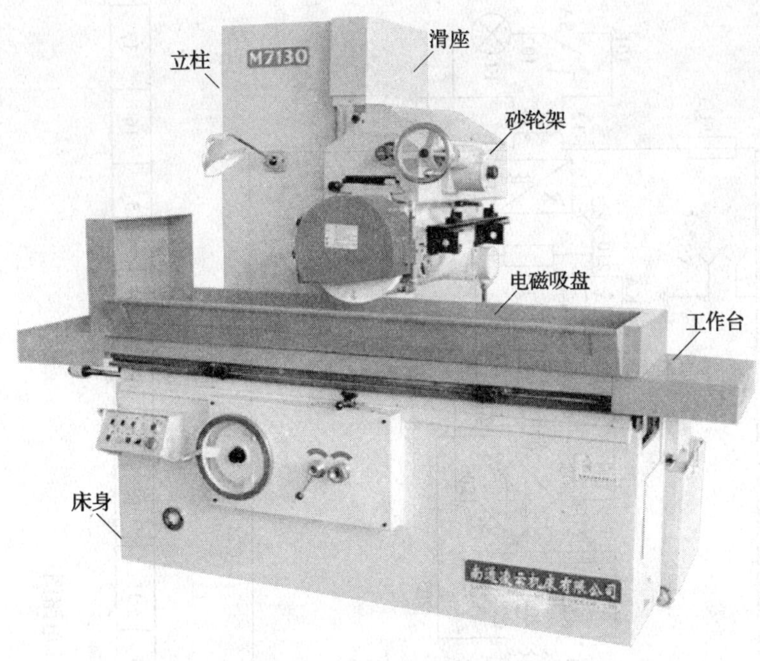

图 6—1 M7130 型平面磨床外形图

三、M7130 型平面磨床运动形式

M7130 型平面磨床的主运动是砂轮的快速旋转，辅助运动是工作台的纵向往复运动以及砂轮架的横向和垂直进给运动。工作台每完成一次纵向往返运动，砂轮架横向进给一次，从而能连续地加工整个平面。当整个平面磨完一遍后，砂轮架在垂直于工件表面的方向移动一次，称为吃刀运动；通过吃刀运动，可将工件尺寸磨到所需的尺寸。

四、M7130 型平面磨床电气控制特点

1. 砂轮直接装在砂轮电动机 M1 的轴上，对工件进行磨削加工。

2. 工作台的往复运动和速度调整由液压系统完成，由液压泵电动机 M3 提供压力油。

3. 砂轮架的横向进给运动可由液压传动自动完成，也可用手轮来操作。

4. 砂轮架可沿立柱导轨垂直上下移动，通过操作手轮控制机械传动装置实现这一垂直运动。

5. 砂轮电动机 M1 工作后，冷却泵电动机 M2 可以工作，提供冷却切削液。

6. 为保证加工安全，只有电磁吸盘充磁吸牢工件后，电动机 M1、M2、M3 才允许工作；电磁吸盘设有充磁和退磁环节。

五、M7130 型平面磨床电路工作原理

M7130 型平面磨床电路如图 6—2 所示。该电路分为主电路、控制电路、电磁吸盘电路和照明电路 4 部分。

1. 主电路

主电路中有三台电动机，M1 为砂轮电动机，M2 为冷却泵电动机，M3 为液压泵电动机，它们共用一组熔断器 FU1 作为短路保护。砂轮电动机 M1 用接触器 KM1 控制，用热继电器

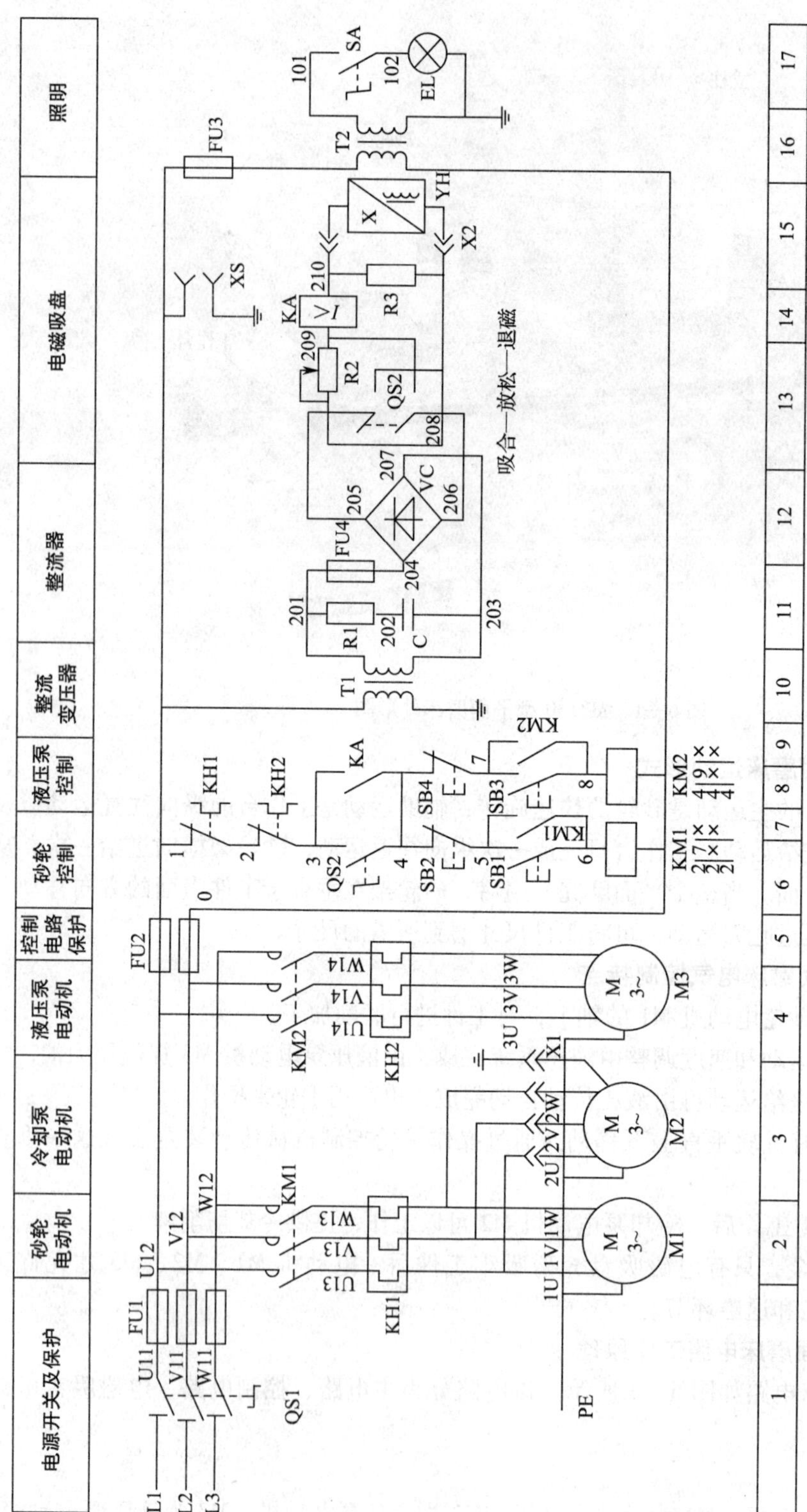

图6—2　M7130型平面磨床电路图

KH1 进行过载保护；由于冷却泵和床身是分装的，所以，冷却泵电动机 M2 通过接插器 X1 和砂轮电动机 M1 的电源线相连，冷却泵电动机的容量较小，没有单独设置过载保护；液压泵电动机 M3 由接触器 KM2 控制，由热继电器 KH2 做过载保护。

2. 控制电路

(1) 电磁吸盘电路

电磁吸盘电路包括整流电路、控制电路和保护电路三部分。

整流变压器 T1 将 220 V 的交流电压降为 145 V，然后经桥式整流器 VC 后输出 110 V 直流电压。

QS2 是电磁吸盘 YH 的转换开关（又叫退磁开关），有“吸合”“放松”和“退磁”三个位置。

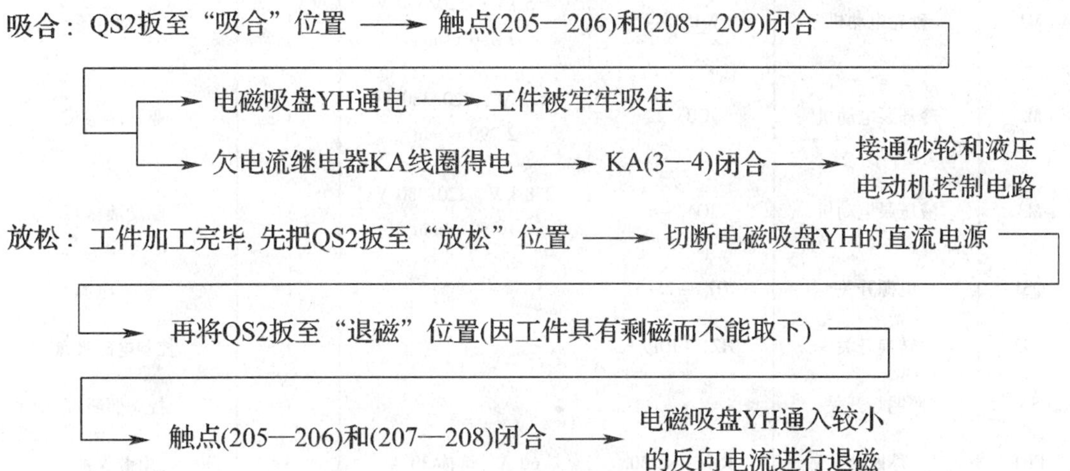

如果有些工件不易退磁，可将附件退磁器的插头插入插座 XS，使工件在交变磁场的作用下进行退磁。

若将工件夹在工作台上而不需要电磁吸盘时，则应将电磁吸盘 YH 的 X2 插头从插座上拔下，同时将转换开关 QS2 扳到“退磁”位置，这时接在控制电路中 QS2 的常开触点（6 区）闭合，接通电动机的控制电路。

电磁吸盘的保护电路是由放电电阻 R3 和欠电流继电器 KA 组成的。因为电磁吸盘的电感很大，当电磁吸盘从“吸合”状态转变为“放松”状态的瞬间，线圈两端将产生很大的自感电动势，易使线圈或其他电器由于过电压而损坏。电阻 R3 的作用是在电磁吸盘断电瞬间给线圈提供放电通路，吸收线圈释放的磁场能量。欠电流继电器 KA 用以防止电磁吸盘断电时工件脱出发生事故。

电阻 R1 与电容器 C 的作用是防止电磁吸盘回路交流侧的过电压。熔断器 FU4 为电磁吸盘提供短路保护。

(2) 液压电动机控制

在 QS2 或 KA 的常开触点闭合情况下，按下 SB3，KM2 线圈得电，其辅助触点（9 区）闭合自锁，M3 旋转，如需液压电动机停止，按停止按钮 SB4 即可。

（3）砂轮和冷却泵电动机控制

在 QS2 或 KA 的常开触点闭合情况下，按下 SB1，KM1 线圈通电，其辅助触点（7 区）闭合自锁，M1 和 M2 旋转，按下 SB2，砂轮和冷却泵电动机停止。

（4）照明电路

照明变压器 T2 将 380 V 的交流电压降为 36 V 的安全电压供给照明电路。EL 为照明灯，一端接地，另一端由开关 SA 控制。熔断器 FU3 做照明电路的短路保护。

M7130 型平面磨床元器件明细见表 6—1。

表 6—1　　M7130 型平面磨床元件明细表

代号	名称	型号	规格	数量	用途
M1	砂轮电动机	W451－4	4.5 kW、220/380 V 1 440 r/min	1	驱动砂轮
M2	冷却泵电动机	JCB－22	125 W、220/380 V 2 790 r/min	1	驱动冷却泵
M3	液压泵电动机	JO42－4	2.8 kW、220/380 V 1 450 r/min	1	驱动液压泵
QS1	电源开关	HZ1－25/3		1	引入电源
QS2	转换开关	HZ1－10P/3		1	控制电磁吸盘
SA	照明灯开关			1	控制照明灯
FU1	熔断器	RL1－60/30	60 A、熔体 30 A	3	电源保护
EU2	熔断器	RL1－15	15 A、熔体 5 A	2	控制电路短路保护
FU3	熔断器	BLX－1	1 A	1	照明电路短路保护
FU4	熔断器	RL1－15	15 A、熔体 2 A	1	保护电磁吸盘
KM1	接触器	CJ10－10	线圈电压 380 V	1	控制 M1
KM2	接触器	CJ10－10	线圈电压 380 V	1	控制 M3
KH1	热继电器	JR16－20	整定电流 9.5 A	1	M1 过载保护
KH2	热继电器	JR16－20	整定电流 6.1 A	1	M3 过载保护
T1	整流变压器	BK－400	400 V·A、220/145 V	1	降压
T2	照明变压器	BK－50	50 V·A、380/36 V	1	降压
VC	硅整流器	GZH	1 A、200 V	1	输出直流电压
YH	电磁吸盘		1.2 A、110 V	1	工件夹具
KA	欠电流继电器	JT3－11L	1.5 A	1	保护用

续表

代号	名称	型号	规格	数量	用途
SB1	按钮	LA2	绿色	1	启动 M1
SB2	按钮	LA2	红色	1	停止 M1
SB3	按钮	LA2	绿色	1	启动 M3
SB4	按钮	LA2	红色	1	停止 M3
R1	电阻器	GF	6 W、125 Ω	1	放电保护电阻
R2	电阻器	GF	50 W、1 000 Ω	1	去磁电阻
R3	电阻器	GF	6 W、500 Ω	1	放电保护电阻
C	电容器		600 V、5 μF	1	保护用电容
EL	照明灯	JD3	24 V、40 W	1	工作照明
X1	接插器	CY0 - 36		1	M2 用
X2	接插器	CY0 - 36		1	电磁吸盘用
XS	插座		250 V、5 A	1	退磁器用
附件	退磁器	TC1TH/H		1	工件退磁用

六、M7130 型平面磨床元器件位置图

M7130 型平面磨床元器件位置分布如图 6—3 所示，接线图如图 6—4 所示。

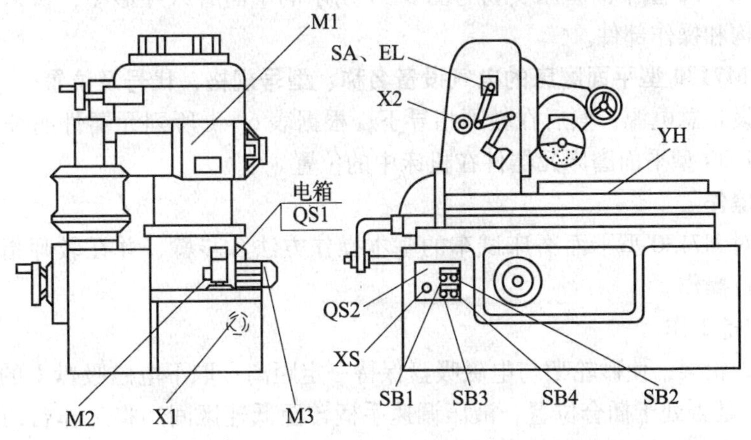

图 6—3　M7130 型平面磨床元器件位置图

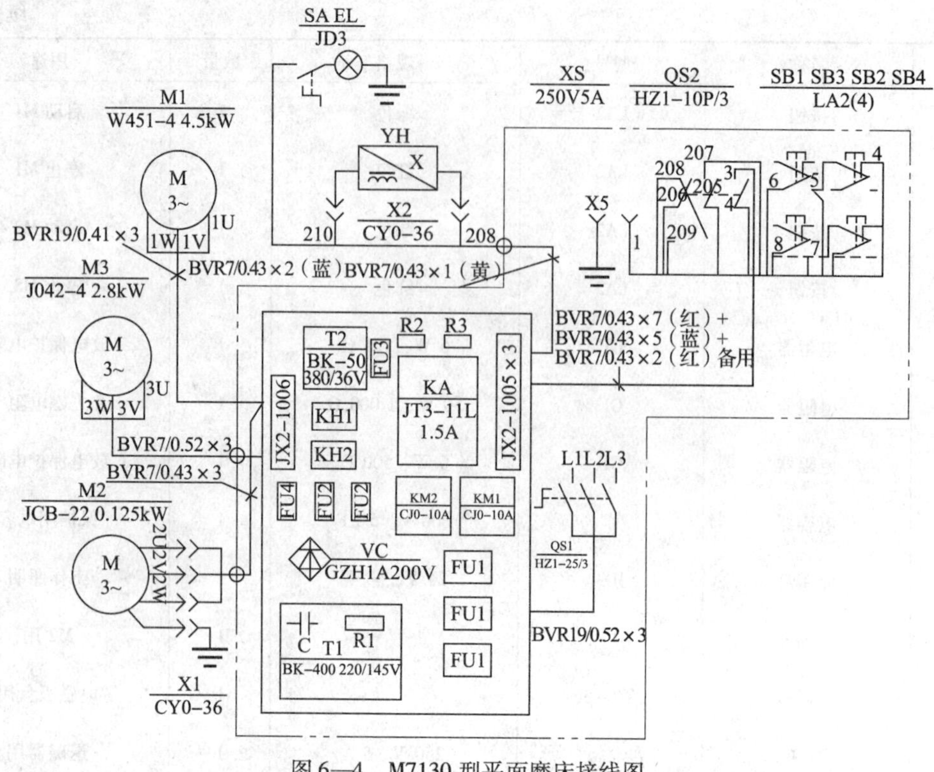

图 6—4　M7130 型平面磨床接线图

任务实施

一、认识 M7130 型平面磨床的主要结构和操作部件

通过观摩 M7130 型平面磨床实物与图 6—1 所示的平面磨床外形图，认识 M7130 型平面磨床的主要结构和操作部件。

二、熟悉 M7130 型平面磨床的电气设备名称、型号规格、代号及位置

首先切断设备总电源，然后在教师指导下，根据表 6—1 所列元器件明细和图 6—3、图 6—4，熟悉 M7130 型平面磨床元器件在机床中的位置。

三、观摩操作

观察教师对 M7130 型平面磨床试车的基本操作方法和步骤，并在教师指导下对 M7130 型平面磨床进行操作。

1. 开机准备工作

手动调整砂轮架，使砂轮架与电磁吸盘保持一定距离；取下电磁吸盘上的工件，检查电磁吸盘插头 X2 是否处于插合位置；液压调速手柄转至低速区间，将工作台两边挡铁距离调近，限制左右往返行程，以防工作台冲出；合上机床电源开关 QS1。

2. 电磁吸盘操作

在电磁吸盘表面放一个平整小工件，将电磁吸盘转换开关 QS2 扳至吸合位置，电磁吸盘通电，工件被吸牢（用手扳动工件，检查是否吸牢）。将转换开关 QS2 扳至放松（断开）位

置，电磁吸盘断电；将 QS2 扳至退磁位置，电磁吸盘通入反向电源，工件退磁，取下小工件，将 QS2 扳至放松位置。

3. 液压泵电动机操作

电磁吸盘通磁，工件吸牢后，按下液压泵启动按钮 SB3，液压泵电动机 M3 工作，调动液压手柄开关，工作台左右移动。按下液压泵停止按钮 SB4，液压泵电动机 M3 断电。

4. 砂轮电动机操作

在电磁吸盘充磁的情况下，按下砂轮电动机启动按钮 SB1，砂轮电动机 M1 工作、冷却泵电动机 M2 工作。按下砂轮电动机停止按钮 SB2，砂轮电动机和冷却泵电动机断电。

四、识读 M7130 型平面磨床电路图

识读电路图、元器件位置图，在教师的指导下，结合对机床的实际操作，进一步理解机床各部分的功能及工作原理。

任务测评

对任务实施完成情况进行检查，并将结果填入表 6—2。

表 6—2 评分标准

<table>
<tr><th>项目内容</th><th>序号</th><th colspan="4">评分标准</th><th>配分</th><th>得分</th></tr>
<tr><td rowspan="3">机床认识</td><td>1</td><td colspan="4">不能对照机床实物或挂图说出机床主要部件名称，每处扣 2 分</td><td>6</td><td></td></tr>
<tr><td>2</td><td colspan="4">不能指出机床主要元器件位置、不能识别元器件，每处扣 2 分</td><td>6</td><td></td></tr>
<tr><td>3</td><td colspan="4">（1）电磁吸盘充磁、退磁操作有误，每处扣 4 分
（2）液压泵启动有误，扣 4 分
（3）砂轮电动机操作有误，扣 4 分
（4）不能正确分合机床总电源、机床照明，每处扣 2 分</td><td>18</td><td></td></tr>
<tr><td rowspan="5">识读机床电路图</td><td>4</td><td colspan="4">机床主电路各电动机的工作特点表述不清，每处扣 3 分</td><td>15</td><td></td></tr>
<tr><td>5</td><td colspan="4">保护电路、信号与照明电路、电源电压等级表述不清，每处扣 5 分</td><td>10</td><td></td></tr>
<tr><td rowspan="3">6</td><td>电磁吸盘电路</td><td colspan="3" rowspan="3">（1）识读方法、步骤不清楚，每处扣 2 分
（2）识读错误，每处扣 5 分</td><td>25</td><td></td></tr>
<tr><td>液压泵电路</td><td>10</td><td></td></tr>
<tr><td>砂轮电路</td><td>10</td><td></td></tr>
<tr><td>备注</td><td colspan="4">本项目可采用自查和互查方式进行</td><td>成绩</td><td colspan="2"></td></tr>
<tr><td>开始时间</td><td colspan="2"></td><td>结束时间</td><td></td><td>实际时间</td><td colspan="2"></td></tr>
</table>

任务 2 检修 M7130 型平面磨床

学习目标

1. 掌握 M7130 型平面磨床电路典型故障的分析方法以及故障的检测流程。
2. 能按照正确的检测步骤，排除 M7130 型平面磨床电路的典型电气故障。

任务引入

M7130 型平面磨床在使用过程中，不可避免地会发生各种电气故障，例如，砂轮电动机的热继电器经常脱扣、电磁吸盘无吸力、电磁吸盘退磁不充分使工件难以取下等。其中，电磁吸盘有无通磁、磁力是否足够、停机后工件能否顺利取下等，是平面磨床故障分析的重点和难点。本任务学习 M7130 型平面磨床电路常见电气故障的分析和检修方法。

相关知识

M7130 型平面磨床典型故障分析

1．三台电动机都不能启动

三台电动机都不能启动故障检测流程如图 6—5 所示。

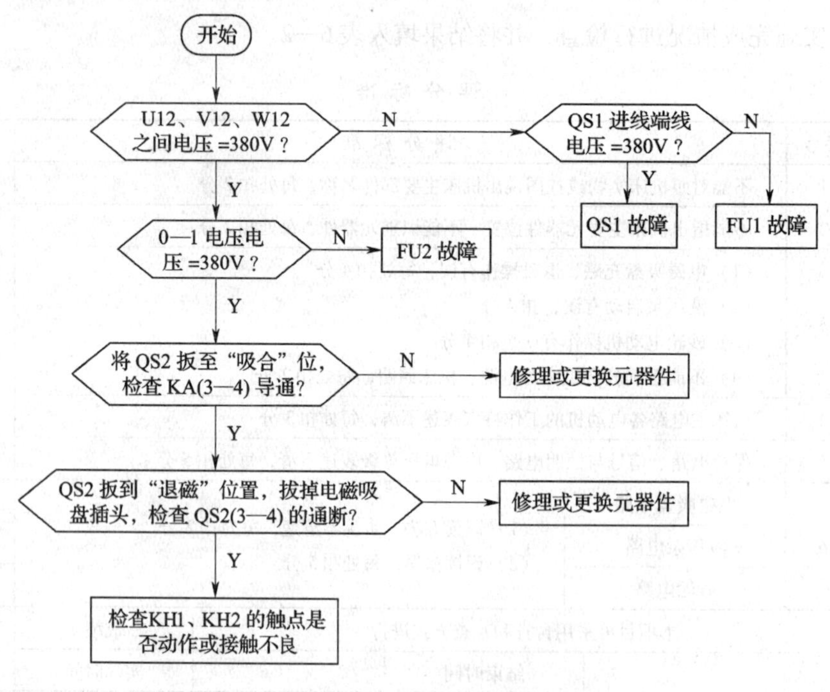

图 6—5　三台电动机都不能启动的故障检测流程

控制电路的故障测量尽量采用电压法，当测量到故障后应断开电源再排除。

2．砂轮电动机的热继电器 KH1 经常脱扣

故障检修流程如图 6—6 所示。

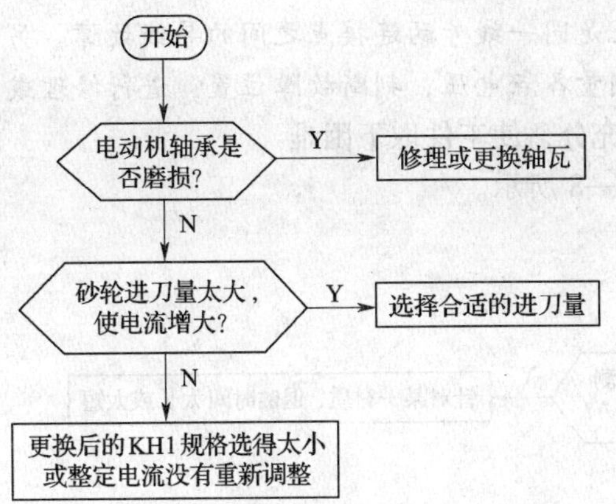

图 6—6 砂轮电动机热继电器 KH1 经常脱扣故障检测流程

砂轮电动机 M1 为装入式电动机，它的前轴承是铜瓦，易磨损。磨损后易发生堵转现象，使电流增大，导致热继电器脱扣。

3．电磁吸盘无吸力

故障检修流程如图 6—7 所示。

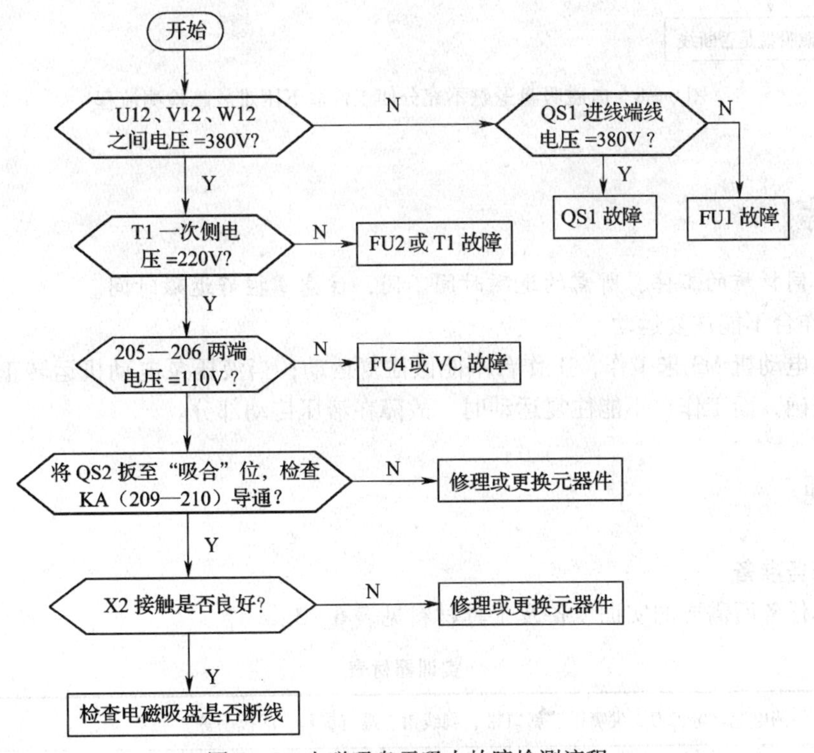

图 6—7 电磁吸盘无吸力故障检测流程

在故障测量时，对于同一个线号至少有两个相关接线连接点，应根据电路逐一测量，判

断是属于连接点处故障还是同一线号两连接点之间的导线故障。另外，吸盘控制电路还有其他元器件，应根据电路测量各点电压，判断故障位置，进行修理或更换。

4．电磁吸盘退磁不充分，使工件取下困难

故障检修流程如图 6—8 所示。

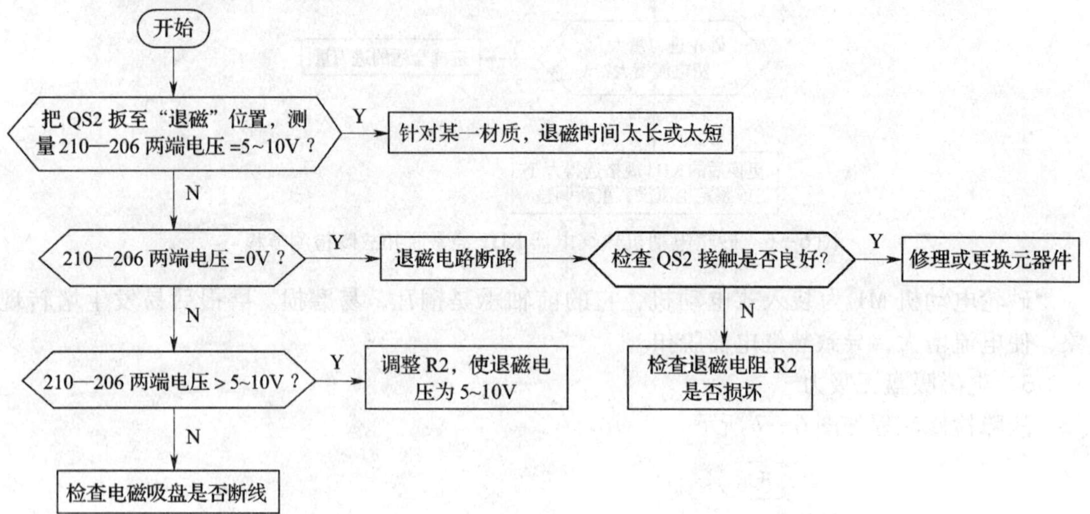

图 6—8　电磁吸盘退磁不充分使工件取下困难故障检测流程

对于不同材质的工件，所需的退磁时间不同，注意掌握好退磁时间。

5．工作台不能往复运动

液压泵电动机 M3 未工作，工作台不能做往复运动；当液压泵电动机运转正常，电动机旋转方向正确，而工作台不能往复运动时，故障在液压传动部分。

任务实施

一、任务准备

实施本任务所需要的实训设备及工具材料见表 6—3。

表 6—3　　实训器材表

工具	测电笔、电工刀、尖嘴钳、斜口钳、剥线钳、螺钉旋具、活扳手等
仪表	万用表、兆欧表、钳形电流表
机床	M7130 型平面磨床或 M7130 型平面磨床模拟电气控制台

二、M7130 型平面磨床典型故障的排除

1．理清 M7130 型平面磨床各元器件的位置、线路走向。

M7130 型平面磨床工作台的移动是由液压装置控制的，电磁吸盘的充磁和退磁是本机床控制的关键点，在故障检测之前必须掌握电路工作原理，清楚元器件位置及电路走向。

2. 观察、体会教师示范检修的流程。

3. 对典型故障分析中涉及的故障现象设置已知故障点，试车、检测并排除。

4. 针对以下故障现象在 M7130 型平面磨床上设置故障点。

（1）照明灯工作正常，按下砂轮电动机启动按钮 SB1 不能启动。

（2）砂轮电动机 M1 启动运行正常，液压泵电动机 M3 不能启动。

（3）电磁吸盘 YH 吸力不足。

（4）按下 SB1 砂轮电动机点动运行。

（5）机床照明灯不亮。

电磁吸盘侧电压为直流电压，供电端为交流，电压法测量时应注意挡位的转换，同时注意参考点的选取，不要将万用表表笔放在不同性质的两电压端。

5. 故障检测前先通过试车说出故障现象，分析故障大致范围，讲清拟采用的故障检测手段、检测流程，正确无误后方能在教师监护下进行检测训练。

6. 找出故障点以后切断电源，仔细修复，不得扩大故障或产生新的故障；修复后通电试车。

任务测评

对 M7130 型平面磨床电气控制电路检修任务实施完成情况进行检查，并将结果填入表 6—4。

表 6—4 评分标准

项目内容	序号	评分标准	配分	得分
故障分析	1	不能根据试车的状况说出故障现象，扣 5 ~ 10 分	10	
	2	不能标出最小故障范围，每个故障扣 5 分	10	
	3	不能标出故障线段或错标在故障回路以外，每个故障点扣 5 分	10	
排除故障	4	停电不验电，扣 5 分	5	
	5	测量仪表使用不正确，每次扣 5 分	5	
	6	排除故障方法、步骤不正确，扣 10 分	10	
	7	损坏元器件，扣 10 分	10	
	8	不能排除故障，扩大故障范围或产生新的故障，每个故障扣 20 分	40	

续表

项目内容	序号	评分标准				配分	得分
安全文明生产	违反安全文明生产规程，未清理场地扣 10～70 分						
定额工时 30 min	不允许超时检查故障，但在修复故障时每超时 1 min 扣 1 分						
备注	除定额工时外，各项内容的最高扣分不得超过配分数				成绩		
开始时间		结束时间		实际时间			

思考与练习

1．M7130 型平面磨床工作台的往复运动，是由________传动完成的。

2．M7130 型平面磨床先应确保________得电并工作正常，才能启动砂轮，电气上靠________来实现。

3．当平面磨床加工完毕后，取下的工件必须去磁，先把 QS2 扳到________位置，切断电磁吸盘 YH 的直流电源，然后将 QS2 扳到________位置退磁。

4．三台电动机启动的必要条件是使________或________的常开触点闭合。

5．平面磨床砂轮在加工中（　　）。

A．需调速　　B．不需调速　　C．对调速可有可无

6．（　　）在电磁吸盘线圈上并联续流二极管直接释放磁场能量。

A．可以　　B．不可以

7．电磁吸盘电路中 R2 开路，会造成（　　）；R3 开路，会造成（　　）。

A．吸盘不能充磁；　　B．吸盘不能快速退磁　　C．不能充磁，也不能退磁

8．插座 XS 的作用是（　　）。

A．保护吸盘　　B．充磁　　C．退磁

9．若熔断器 FU1 中 U 相烧断有什么现象？而 V 相和 W 相中有一相烧断又有什么现象？

10．电磁吸盘的线圈易受切削液侵入，在维护和重绕线圈时应注意些什么？

课题七　M1432A 型万能外圆磨床电气检修

M1432A 型万能外圆磨床是一种普通精度级外圆磨床，可以用来加工外圆柱面及外圆锥面；利用磨床上配备的内圆磨具还可以磨削内圆柱面和内圆锥面，也可磨削阶梯轴的轴肩和端平面，常用于单件、小批量生产或工具、修理车间。

任务 1　认识 M1432A 型万能外圆磨床

学习目标

1. 了解 M1432A 型万能外圆磨床的基本结构，熟悉 M1432A 型万能外圆磨床的基本操作方法。
2. 能看懂 M1432A 型万能外圆磨床电路图。
3. 掌握 M1432A 型万能外圆磨床电路的工作原理。

任务引入

M1432A 型万能外圆磨床可磨削外圆和内圆，但不能同时磨削；根据磨削工艺的不同，其头架电动机需有多种运行速度；为使传动平稳，工作台、砂轮架等运动采用液压传动控制，这些都是 M1432A 型万能外圆磨床的特点。作为机床维修人员，要能快速、准确地检测、排除 M1432A 型万能外圆磨床的电气故障，就要先学习 M1432A 型万能外圆磨床的主要结构、运动形式，以及试车操作方法，学会识读 M1432A 型万能外圆磨床的电气控制电路图。

相关知识

一、M1432A 型万能外圆磨床的型号规格

M1432A 型万能外圆磨床型号的含义如下：

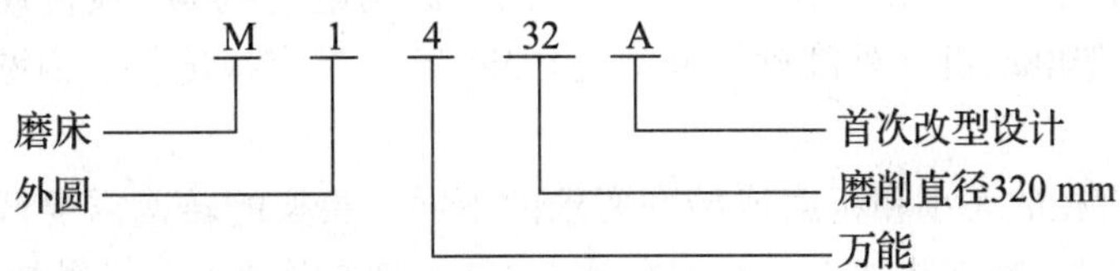

二、M1432A 型万能外圆磨床主要结构

M1432A 型万能外圆磨床的外形如图 7—1 所示。它主要由床身、头架、工作台、内圆磨具、外圆砂轮、砂轮架、尾架等部分组成。

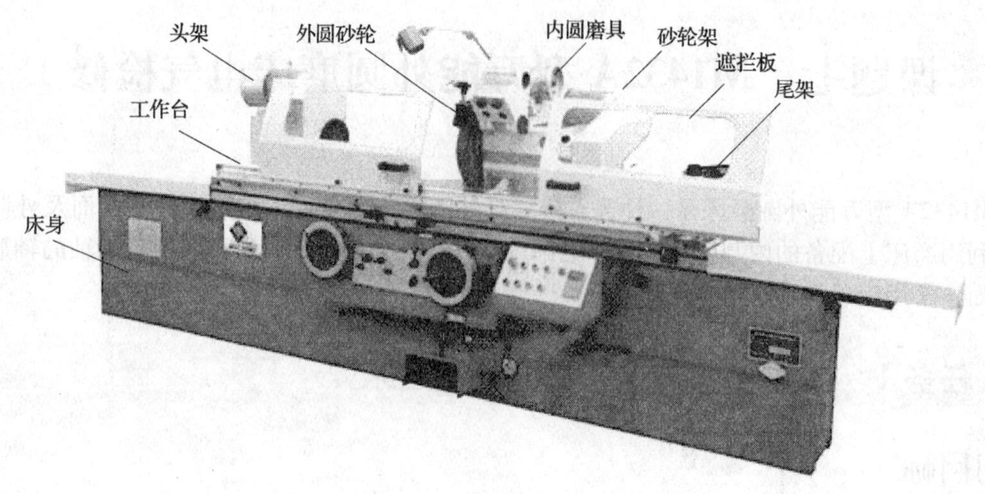

图 7—1　M1432A 型万能外圆磨床外形图

在床身上安装着工作台和砂轮架，并通过工作台支撑着头架及尾架等部件，床身内部有液压油的储油池。头架用来安装并夹持工件，带动工件旋转。砂轮架用来支撑并传动砂轮轴，砂轮架可沿床身上的滚动导轨前后移动，实现工作进给及快速进退。内圆磨具用于支撑磨内孔的砂轮主轴，由内圆砂轮电动机经传动带传动。尾架用于支撑工件，它和头架的前顶尖一起把工件沿轴线顶牢。工作台由上工作台和下工作台两部分组成，上工作台可相对于下工作台偏转一定角度，用于磨削锥度较小的长圆锥面。

三、M1432A 型万能外圆磨床运动形式

M1432A 型万能外圆磨床的主运动是砂轮架（或内圆磨具）主轴带动砂轮做高速旋转运动，头架主轴带动工件做旋转运动，工作台做纵向（轴向）往复运动和砂轮架做横向（径向）进给运动。辅助运动是砂轮架的快速进退运动和尾架套筒的快速退回运动。

液压系统实现工作台的自动往返运动、砂轮架的快速进退、尾架顶尖的伸缩以及必要的联锁动作。

四、M1432A 型万能外圆磨床电气控制特点

M1432A 型万能外圆磨床共用 5 台电动机驱动：油泵电动机 M1、头架电动机 M2、内圆砂轮电动机 M3、外圆砂轮电动机 M4 和冷却泵电动机 M5。

1. 砂轮只需单方向旋转，内圆砂轮主轴由内圆砂轮电动机 M3 经传动带直接驱动，外圆砂轮主轴由砂轮架电动机（外圆砂轮电动机）M4 经 V 带直接传动。内圆砂轮和外圆砂轮不允许同时工作。

2. 根据工件直径的大小和粗磨或精磨要求的不同，头架的转速需要调整。头架带动工件的旋转运动是通过安装在头架上的头架电动机 M2（双速电动机）经塔轮式传动带传动的，再经两组 V 带传动，带动头架的拨盘或卡盘旋转，从而获得 6 级不同的转速。

3. 工作台的纵向往复运动采用了液压传动，以实现运动及换向的平稳和无级调整；砂轮架周期自动进给和快速进退、尾架套筒快速退回及导轨润滑等也是采用液压传动来实现

的。只有油泵电动机 M1 启动后，其他电动机才能启动。

4. 当内圆磨头插入工件内腔时，砂轮架不允许快速移动，以免造成事故。

5. 冷却泵电动机 M5 驱动冷却泵旋转，供给砂轮和工件切削液。

五、M1432A 型万能外圆磨床电路工作原理

M1432A 型万能外圆磨床的电路如图 7—2 所示，电路分为主电路、控制电路和照明指示电路 3 部分。

1. 主电路

主电路中共有 5 台电动机，其中 M1 是油泵电动机，由接触器 KM1 控制；M2 是头架电动机，由接触器 KM2、KM3 实现低速和高速控制；M3 是内圆砂轮电动机，由接触器 KM5 控制；M4 是外圆砂轮电动机，由接触器 KM4 控制；M5 是冷却泵电动机，由 KM6 和接插器 X 控制。熔断器 FU1 作为线路总的短路保护，熔断器 FU2 作为 M1 和 M2 的短路保护，熔断器 FU3 作为 M3 和 M5 的短路保护。5 台电动机均用热继电器做过载保护。

2. 控制电路

控制变压器 TC 将 380 V 的交流电压降为 110 V 供给控制电路，由熔断器 FU8 提供短路保护。

(1) 油泵电动机 M1 的控制

启动：按下 SB2 ⟶ KM1 线圈通电，其辅助触点 (13 区) 闭合自锁 ⟶ 油泵电动机 M1 启动 ⟶ KM1 常开触点 (10 区) 闭合 ⟶ 指示灯 HL2 亮

停止：按下 SB1 ⟶ KM1 线圈失电 ⟶ 电动机 M1 停转，灯 HL2 熄灭

由于其他电动机的控制电源线接于 KM1 辅助常开触点下侧，实现了与油泵电动机的顺序控制，保证了只有当油泵电动机 M1 启动后，其他电动机才能启动的控制要求。

(2) 头架电动机 M2 的控制

SA1 是头架电动机 M2 的转速选择开关，分“低”“停”“高”3 挡位置。

将 SA1 扳到“低”挡，按下 SB2 ⟶ 油泵电动机 M1 启动 ⟶ 通过液压传动使砂轮架快速前进 ⟶ 接近工件时压合 SQ1 ⟶ KM2 得电 ⟶ 头架电动机接成△形低速启动运转

如将 SA1 扳到“高”挡，按下 SB2 ⟶ 油泵电动机 M1 启动 ⟶ 通过液压传动使砂轮架快速前进 ⟶ 接近工件时压合 SQ1 ⟶ KM3 得电 ⟶ 头架电动机接成YY形高速启动运转

SB3 是低速点动控制按钮，以便对工件进行校正和调试。磨削完毕，砂轮架退回原位，位置开关 SQ1 复位断开，电动机 M2 自动停转。

(3) 内、外圆砂轮电动机 M3 和 M4 的控制

由于内、外圆砂轮电动机不能同时启动，通过位置开关 SQ2 对它们实行联锁控制。

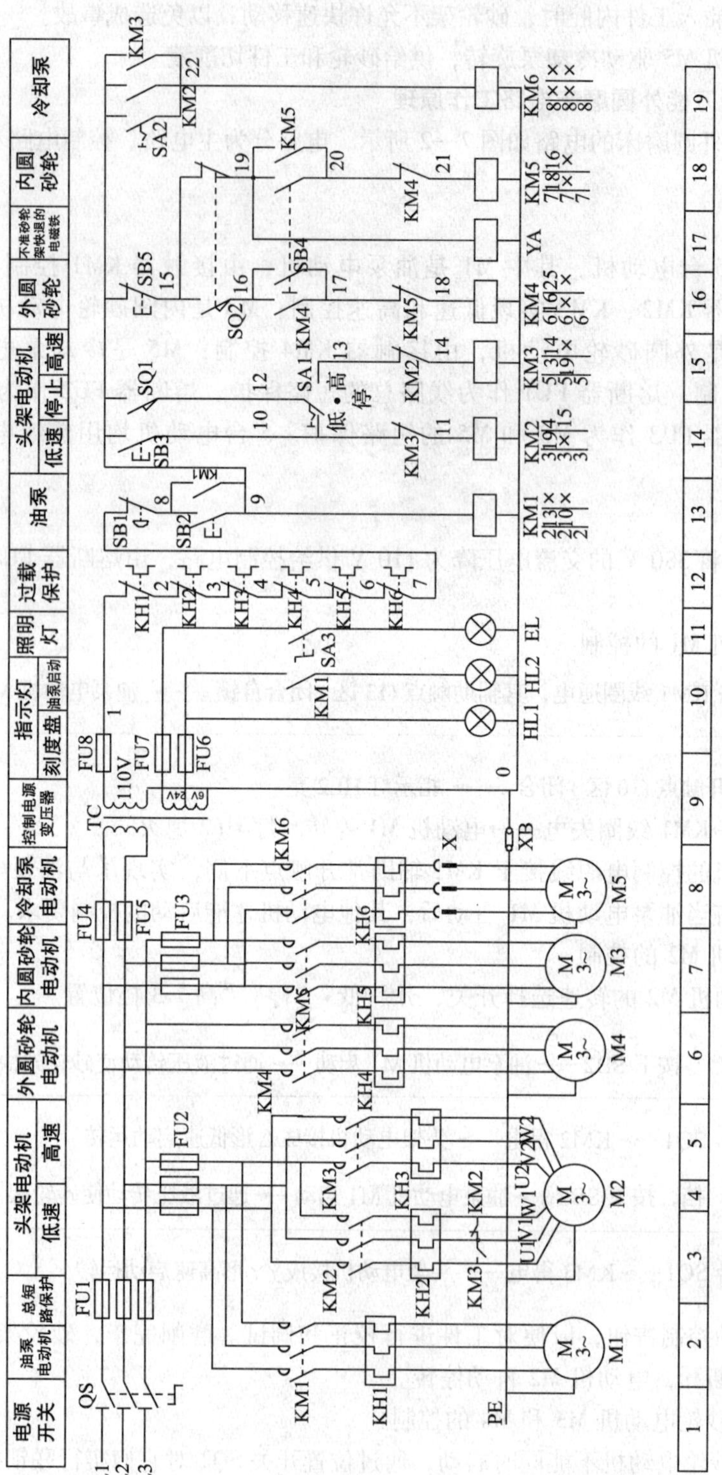

图 7—2　M1432A 型万能外圆磨床电路图

当进行外圆磨削时，把砂轮架上的内圆磨具往上翻，它的后侧压住位置开关 SQ2 →
→ SQ2 的常闭触点 (18 区) 断开 → 切断内圆砂轮 M3 的控制电路
→ SQ2 的常开触点 (16 区) 闭合 → 按下 SB4 → KM4 线圈得电自锁 →
→ 外圆砂轮电动机 M4 启动 → KM4 的常闭触点 (18 区) 断开 → 与 KM5 互锁

内圆磨具如图 7—3 所示。

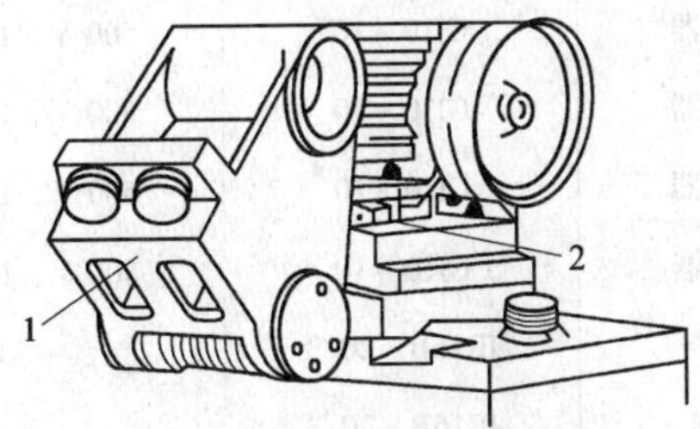

图 7—3　内圆磨具

1—内圆磨具　2—位置开关 SQ2（被压住状态）

当进行内圆磨削时，把砂轮架上的内圆磨具往下翻，原被压下的 SQ2 复位 →
→ 按下 SB4 → KM5 线圈得电 → 内圆砂轮电动机 M3 启动运转
→ 电磁铁 YA 线圈得电动作 → 砂轮架快速进退的操纵手柄锁住 →
→ 砂轮架不能快速退回

内圆砂轮磨削时，砂轮架不允许快速退回，因为此时内圆磨头在工件的内孔，砂轮架若快速移动，易造成损坏磨头及工件报废的严重事故。为此，内圆磨削与砂轮架的快速退回进行了联锁。

（4）冷却泵电动机 M5 的控制

冷却泵电动机 M5 可与头架电动机 M2 同时运转，也可以单独启动和停止。当控制头架电动机 M2 的接触器 KM2 或 KM3 得电动作时，KM2 或 KM3 的常开辅助触点闭合，使接触器 KM6 得电动作，冷却泵电动机 M5 随之自动启动。

修整砂轮时，不需要启动头架电动机 M2，但要启动冷却泵电动机 M5，这时可用开关 SA2 来控制冷却泵电动机 M5。

X 是接通冷却泵电动机的电源接插器，插头插入和拔下必须在电源断开下进行。

3．照明及指示电路

控制变压器 TC 将 380 V 的交流电压降为 24 V 的安全电压供给照明电路，6 V 的电压供给指示电路。照明灯 EL 由开关 SA3 控制，由熔断器 FU7 做短路保护。HL1 为刻度照明灯，HL2 为油泵指示灯，指示电路由熔断器 FU6 做短路保护。

M1432A 型万能外圆磨床元器件明细见表 7—1。

表 7—1　　**M1432A 型万能外圆磨床元器件明细表**

代号	名称	型号	规格	数量
M1	油泵电动机	Y802 - 4/B5	0.75 kW、380 V、4 极	1
M2	头架电动机	YUD90LA - 8/4	0.55/1.1 kW、380 V、8/4 极	1
M3	内圆电动机	Y302 - 2	1.1 kW、380 V、2 极	1
M4	外圆电动机	Y112M - 4	4 kW、380 V、4 极	1
M5	冷却泵电动机	DB - 25	0.12 kW、380 V、2 极	1
KM1	交流接触器	CJ10 - 10	500 V、10 A、线圈电压 110 V	1
KM2、KM3	交流接触器	CJ10 - 10	500 V、10 A、线圈电压 110 V	2
KM4	交流接触器	CJ10 - 10	500 V、10 A、线圈电压 110 V	1
KM5	交流接触器	CJ10 - 10	500 V、10 A、线圈电压 110 V	1
KM6	交流接触器	CJ10 - 10	500 V、10 A、线圈电压 110 V	1
KH1	热继电器	JR16B - 20/3	1.5 ~ 2.4/2 A	1
KH2	热继电器	JR16B - 20/3	2.2 ~ 3.5/2.67 A	1
KH3	热继电器	JR16B - 20/3	2.2 ~ 3.5/2.83 A	1
KH4	热继电器	JR16B - 20/3	6.8 ~ 11/8.72 A	1
KH5	热继电器	JR16B - 20/3	2.2 ~ 3.5/2.5 A	1
KH6	热继电器	JR16B - 20/3	0.32 ~ 0.5/0.45 A	1
FU1	熔断器	RL1 - 60	座 55 × 78、35 A	3
FU2、FU3	熔断器	RL1 - 15	座 38 × 62、10 A	6
FU4、FU5	熔断器	BCF	座 19 × 19、2 A	2
FU6、FU7	熔断器	BCF	座 19 × 19、2 A	2
FU8	熔断器	BCF	座 19 × 19、3 A	1
QS	电源开关	NZ10 - 25/3	25 A	1
SA1	选择转速开关	LAY3 - 22X/3（黑）	单极 3 位、110 V、6 A	1
SA2	冷却泵开关	LAY3 - 11X/2（黑）	单极 2 位、110 V、6 A	1
SA3	照明开关	LAY3 - 11X/2（黑）	单极 2 位、110 V、6 A	1
SB1	停止按钮	LAY3 - 11M/1	110 V、6 A	1
SB2	启动按钮	LAY3 - 11D/（绿）	110 V、6 A	1
SB3	点动按钮	LAY1 - 11（黑）	110 V、6 A	1
SB4	启动按钮	LAY1 - 22/（绿）	110 V、6 A	1
SB5	停止按钮	LAY1 - 22/（红）	110 V、6 A	1
SQ1	位置开关	JW2A - 11H/LTH	380 V、3 A	1
SQ2	位置开关	LX5 - 11Q/1	380 V、3 A	1
YA	电磁铁	MQW - 0.7	110 V	1

续表

代号	名称	型号	规格	数量
TC	控制变压器	BKC－150	380/110、24、6 V	1
X	接插器	C4－6/4	500 V、6 A	1
EL	照明灯	JC6－1	24 V、40 W	1
HL1	指示灯	DS22－2/T	0.15 A、6～8 V 灯珠透明	1
HL2	指示灯	DS22－2/T	0.15 A、6～8 V 灯珠透明	1

六、M1432A 型万能外圆磨床器件位置图

M1432A 型万能外圆磨床元器件位置分布如图 7—4 所示，电气控制柜元器件布置如图 7—5 所示。

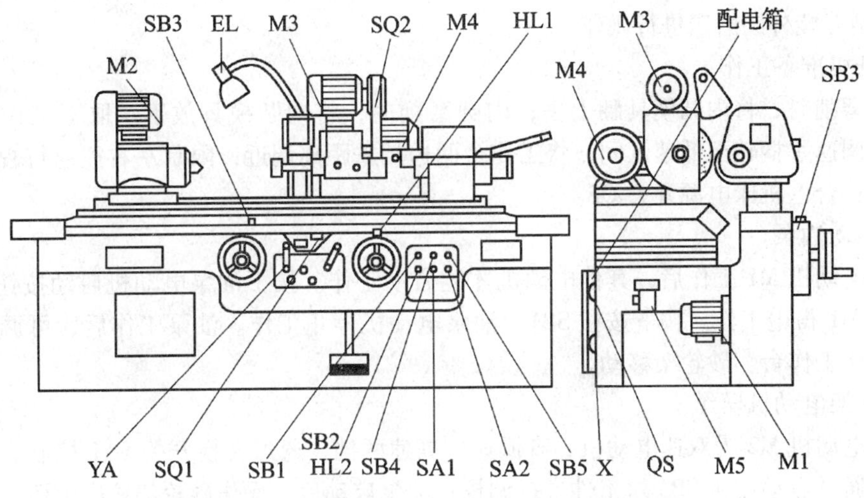

图 7—4　M1432A 型万能外圆磨床元器件位置图

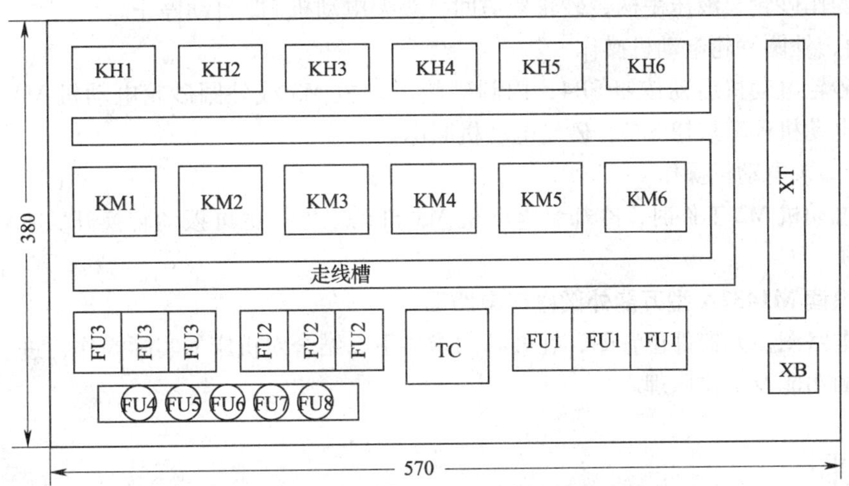

图 7—5　M1432A 型万能外圆磨床电气控制柜元器件布置图

任务实施

一、认识 M1432A 型万能外圆磨床的主要结构和操作部件

通过观摩 M1432A 型万能外圆磨床实物与图 7—1 所示的外圆磨床外形图，认识 M1432A 型万能外圆磨床的主要结构和操作部件。

二、熟悉 M1432A 型万能外圆磨床的电气设备名称、型号规格、代号及位置

首先切断设备总电源，然后在教师指导下，根据表 7—1 所列元器件明细和图 7—4、图 7—5，熟悉 M1432A 型万能外圆磨床元器件在机床中的位置。

三、观摩操作

观察教师对 M1432A 型万能外圆磨床试车的操作方法和步骤，并在教师指导下对 M1432A 型万能外圆磨床进行操作。

1. 开机准备工作

外圆磨削时，将内圆模具翻上去；内圆磨削时，将内圆模具放下。取下工作台上的工件；液压调速手柄转至低速区间，将工作台两边挡铁距离调近，限制左右往返行程，以防工作台冲出；合上机床电源开关 QS。

2. 启动油泵

油泵电动机 M1 工作后，其他电动机才能启动工作。按下油泵电动机启动按钮 SB2，油泵电动机 M1 得电工作。按下按钮 SB1，油泵电动机停止工作。油泵工作后，可调整液压手柄开关，让工作台、砂轮架移动。

3. 头架电动机操作

头架电动机 M2 为双速电动机，有低速、高速两挡，通过转换开关 SA1 控制。处于低速挡时，可通过点动按钮 SB3 对工件进行调校；油泵启动后，操作砂轮架液压手柄，砂轮架向前移动，当砂轮架接近工件后，根据 SA1 选择的挡位，头架电动机 M2 低速或高速旋转；磨削完毕或操作砂轮架液压手柄，砂轮架退回，头架电动机 M2 自动停止。

4. 内、外圆砂轮电动机操作

按下砂轮电动机启动按钮 SB4，内圆砂轮电动机 M3 或外圆砂轮电动机 M4 得电工作；按下砂轮电动机停车按钮 SB5，砂轮电动机断电。

5. 冷却泵电动机操作

头架电动机 M2 工作时，冷却泵电动机 M5 自动工作；也可扳动转换开关 SA2，启动冷却泵电动机。

四、识读 M1432A 型万能外圆磨床电路图

识读电路图、元器件位置图，在教师的指导下，结合对机床的实际操作，进一步理解机床各部分的功能及工作原理。

任务测评

对任务实施完成情况进行检查，并将结果填入表 7—2。

表 7—2　　评 分 标 准

项目内容	序号	评 分 标 准		配分	得分
机床认识	1	不能对照机床实物或挂图说出机床主要部件名称，每处扣 2 分		6	
	2	不能指出机床主要电气元件位置、不能识别元器件，每处扣 2 分		6	
	3	（1）液压泵启动有误，扣 4 分 （2）头架电动机操作有误，每处扣 4 分 （3）内、外圆砂轮电动机选择操作有误，扣 4 分 （4）不能正确分合机床总电源、机床照明、冷却泵，每处扣 2 分		18	
识读机床电路图	4	机床主电路各电动机的工作特点表述不清，每处扣 3 分		15	
	5	保护电路、信号与照明电路、电源电压等级表述不清，每处扣 5 分		10	
	6	液压泵电路	（1）识读方法、步骤不清楚，每处扣 2 分 （2）识读错误，每处扣 5 分	10	
		头架电路		10	
		内外砂轮电路		10	
		冷却泵电路		5	
备注	本项目可采用自查和互查方式进行			成绩	
开始时间		结束时间		实际时间	

任务 2　检修 M1432A 型万能外圆磨床

学习目标

1. 掌握 M1432A 型万能外圆磨床电路典型故障的分析方法以及故障的检测流程。
2. 能按照正确的检测步骤，排除 M1432A 型万能外圆磨床电路的典型电气故障。

任务引入

M1432A 型万能外圆磨床是应用比较广泛一种磨床，在使用过程中，常会由于电气设备老化或操作不当等原因而引起电气故障，如电动机不能启动、头架电动机的“低速”挡能启动而“高速”挡不能启动等，影响设备的正常工作。作为机床维修人员，应能快速、准确地分析 M1432A 型万能外圆磨床常见电气故障的原因，并排除故障。对于 M1432A 型万能外圆磨床故障的检修，液压和电气控制之间的联锁，以及位置开关 SQ1、SQ2 目前处于何种状态是关键。

相关知识

M1432A 型万能外圆磨床典型故障分析

1．5 台电动机都不能启动

5 台电动机都不能启动故障检测流程如图 7—6 所示。

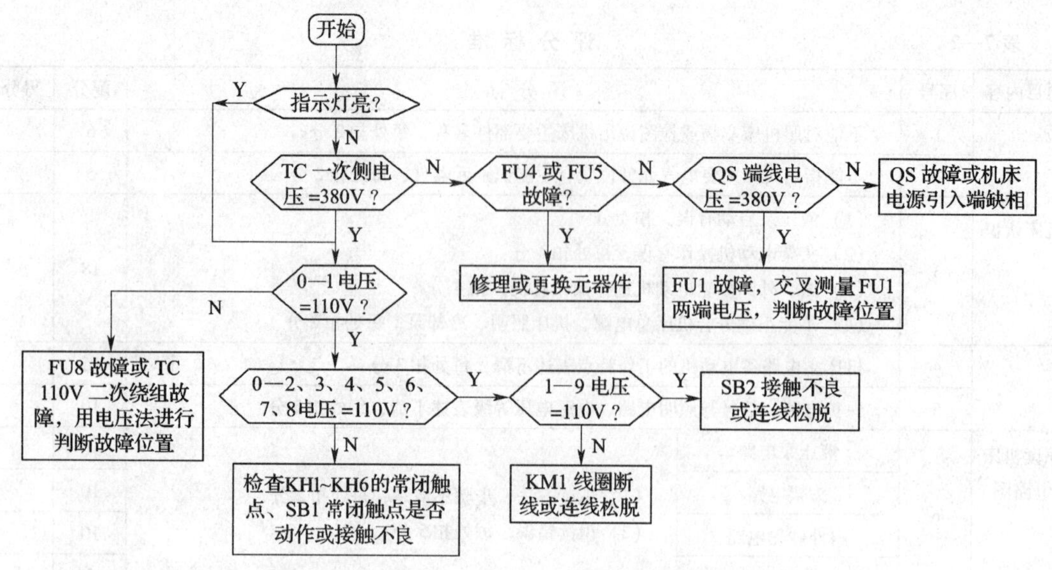

图 7—6　5 台电动机都不能启动故障检测流程

在故障检测时，对于同一个线号至少有两个相关接线连接点，应根据电路逐一测量，判断是属于连接点处故障还是同一线号两连接点之间的导线故障。

2．油泵电动机 M1 和头架电动机 M2 不能工作，而内圆砂轮电动机 M3 和冷却泵电动机 M5 工作正常

由于内圆砂轮和冷却泵电动机能工作，故障应出在 M1、M2 主电路，多为 FU2 故障，可用电压交叉法测量、判断排除。其故障检测流程如图 7—7 所示。

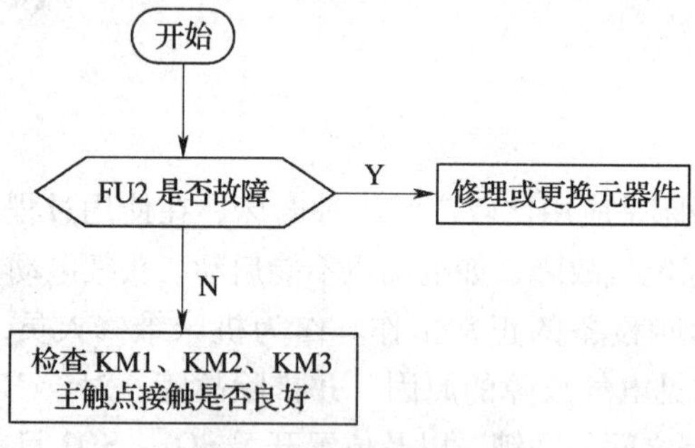

图 7—7　故障检测流程

在检修主电路故障时，为避免因缺相在检修试车过程中造成电动机损坏的事故，接触器主触点以下部分最好断电后采用电阻法检测。

3. 头架电动机的“低速”挡能启动，“高速”挡不能启动

接触器 KM3 不吸合，故障在 15 区 KM3 线圈支路；KM3 吸合，故障在 KM3 主电路。控制电路检查，可以 1 号端为参考点，对 13、14 号端点以电压法测量，故障检测流程如图 7—8 所示。

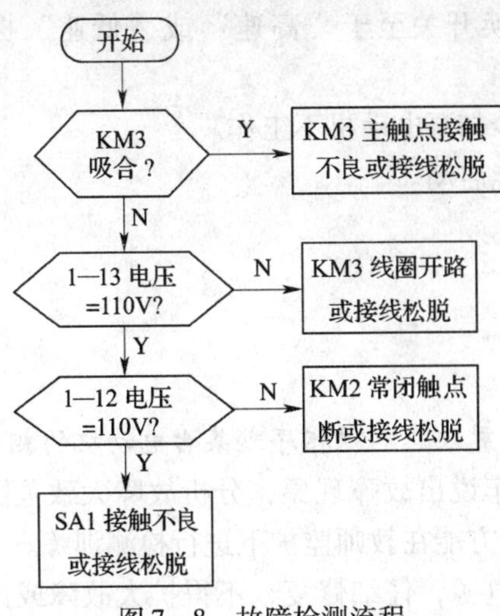

图 7—8　故障检测流程

4. 砂轮架的内圆磨具放下，油泵、头架电动机、冷却泵工作正常，按下 SB4，内圆砂轮不工作

以交流接触器 KM5 是否吸合来区分是主电路还是控制电路故障。对于控制电路故障，采用电压法检测时，最好是在启动油泵后进行，分别以 0 号为参考点测量 15 号点、19 号点，判断 SB5 和 SQ2 常闭触点是否有故障；然后再以 1 号为参考点测量 20 号点、21 号点，判断 KM5 线圈、KM4 常闭触点、SB4 常开触点是否有故障。

若不启动油泵电动机，采用电阻法测量控制电路故障时，应注意由 KM1 和 YA 线圈构成的并联支路对测量的影响，在测量 SB5 和 SQ2 常闭触点时要精确读数，或采用断开一已知点的方法再行测量。

任务实施

一、任务准备

实施本任务所需要的实训设备及工具材料见表 7—3。

表 7—3　　实训器材表

工具	测电笔、电工刀、尖嘴钳、斜口钳、剥线钳、螺钉旋具、活扳手等
仪表	万用表、兆欧表、钳形电流表
机床	M1432A 型万能外圆磨床或 M1432A 型万能外圆磨床模拟电气控制台

二、M1432A 型万能外圆磨床典型故障的排除

1. 理清 M1432A 型万能外圆磨床各元器件的位置、电路走向。

2．观察、体会教师示范检修的流程。

3．对典型故障分析中涉及的故障现象设置已知故障点，试车、检测并排除。

4．针对以下故障现象在 M1432A 型万能外圆磨床上设置故障点。

（1）头架电动机的“高速”挡能启动，“低速”挡不能启动。

（2）头架电动机控制转换开关至于“高速”或“低速”挡均不工作，但头架电动机点动正常。

（3）头架电动机工作时冷却泵电动机不工作。

（4）外圆砂轮电动机不能启动。

（5）机床照明灯不亮。

检修训练过程中不能随意更改总电源相序或某台电动机的相序。

5．故障检测前先通过试车说出故障现象，分析故障大致范围，讲清拟采用的故障检测手段、检测流程，正确无误后方能在教师监护下进行检测训练。

6．找出故障点以后切断电源，仔细修复，不得扩大故障或产生新的故障；修复后通电试车。

任务测评

对 M1432A 型万能外圆磨床电气控制电路检修任务实施完成情况进行检查，并将结果填入表 7—4。

表 7—4　　评分标准

项目内容	序号	评分标准	配分	得分
故障分析	1	不能根据试车的状况说出故障现象，扣 5～10 分	10	
	2	不能标出最小故障范围，每个故障扣 5 分	10	
	3	不能标出故障线段或错标在故障回路以外，每个故障点扣 5 分	10	
排除故障	4	停电不验电，扣 5 分	5	
	5	测量仪表使用不正确，每次扣 5 分	5	
	6	排除故障方法、步骤不正确，扣 10 分	10	
	7	损坏元器件，扣 10 分	10	
	8	不能排除故障，扩大故障范围或产生新的故障，每个故障扣 20 分	40	
安全文明生产	违反安全文明生产规程，未清理场地扣 10～70 分			
定额工时 30 min	不允许超时检查故障，但在修复故障时每超时 1 min 扣 1 分			
备注	除定额工时外，各项内容的最高扣分不得超过配分数		成绩	
开始时间		结束时间	实际时间	

思考与练习

1. M1432A 型万能外圆磨床工作台的纵向往复运动采用的是________传动。

2. M1432A 型外圆磨床除接触器 KM1 外，所有其余控制线路均接在 KM1 自锁触点下端，这是为了（　　）。

3. 万能外圆磨床头架电动机在低速时接成________形，在高速时接成________形。

4. 头架电动机若“高速”挡能启动，“低速”挡不能启动，主要原因是________。

5. M1432A 型万能外圆磨床可以用于（　　）。

A. 磨外圆　　B. 磨外锥体　　C. 磨内外圆

6. 万能外圆磨床电路中位置开关 SQ2 是内外圆磨控制的位置开关，若 SQ2 被压住，这时（　　）进行磨削加工。

A. 外圆砂轮　　B. 内圆砂轮　　C. 内外圆砂轮均可

7. 万能外圆磨床头架电动机使用（　　）。

A. 单速电动机　　B. 双速电动机　　C. 三速电动机

8. 当进行内圆磨削时，将内圆磨头翻下来使 SQ2 复位，电磁铁 YA 立刻吸合，促使内圆砂轮架（　　）。

A. 不能快速移动　　B. 可以快速移动　　C. 根本无法移动

9. 油泵电动机工作，但工作台不能往复运动，可能的故障原因有哪些？

10. 电动机 M3 和 M5 不能工作，试分析故障原因。

课题八　M7475B 型立轴圆台平面磨床电气检修

M7475B 型立轴圆台平面磨床以砂轮端面进行磨削，是一种高效率、精密稳定的加工磨床。其立柱采用三点调整，结构紧凑，工作台为圆形强力电磁吸盘，磁力平滑可调，精度稳定，功率大，采用晶闸管充、退磁，并配有切削液净化装置。主要用来磨削毛坯及一般精密的大型零件，特别适用于冶金、汽车、拖拉机、工具、轴承等行业对大型零部件的磨削加工。

任务1　认识 M7475B 型立轴圆台平面磨床

学习目标

1. 了解 M7475B 型立轴圆台平面磨床的基本结构，熟悉 M7475B 型立轴圆台平面磨床的基本操作方法。
2. 能看懂 M7475B 型立轴圆台平面磨床电路图。
3. 掌握 M7475B 型立轴圆台平面磨床电路的工作原理。

任务引入

M7475B 型立轴圆台平面磨床常用于磨削较大尺寸工件，其电气部分由 5 台电动机驱动，电磁吸盘采用晶闸管控制自动充磁、退磁。作为机床维修人员，要快速、准确地排除 M7475B 型立轴圆台平面磨床的电气故障，首先就要了解 M7475B 型立轴圆台平面磨床的主要结构、运动形式，掌握正确试车操作方法，学会识读 M7475B 型立轴圆台平面磨床的电气控制电路图。

相关知识

一、M7475B 型立轴圆台平面磨床的型号规格

M7475B 型立轴圆台平面磨床型号的含义如下：

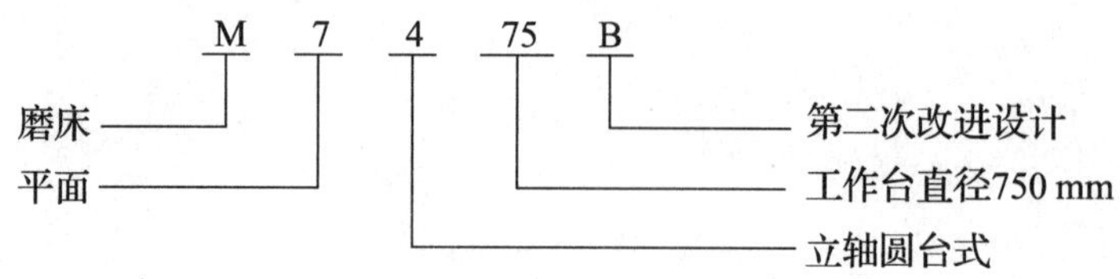

二、M7475B型立轴圆台平面磨床主要结构

M7475B型立轴圆台平面磨床的外形如图8—1所示。它主要由床身、圆工作台、砂轮架、立柱等部分组成。M7475B型立轴圆台平面磨床采用立式磨头，用砂轮的端面进行磨削加工，用电磁吸盘固定工件。

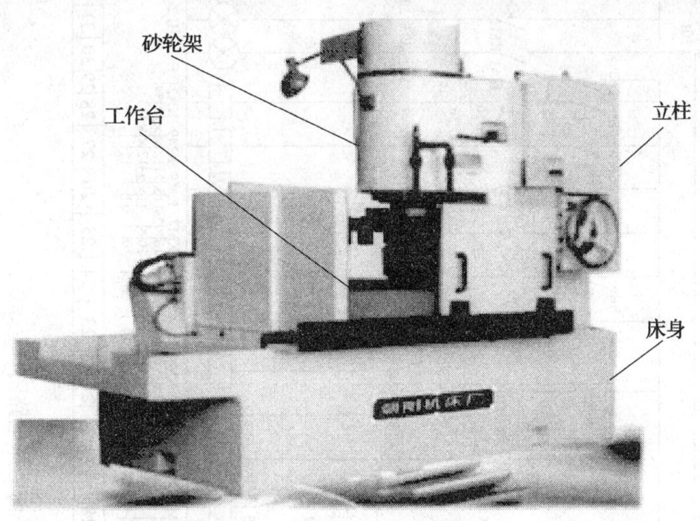

图8—1 M7475B型立轴圆台平面磨床外形图

三、M7475B型立轴圆台平面磨床运动形式

M7475B型立轴圆台平面磨床的主运动是砂轮电动机M1带动砂轮的旋转运动，进给运动是工作台转动电动机M2驱动圆工作台转动，辅助运动是工作台移动电动机M3带动工作台左右移动、磨头升降电动机M4带动砂轮架沿立柱导轨的上下移动。

四、M7475B型立轴圆台平面磨床电气控制特点

1. 磨床的砂轮和工作台分别由单独的电动机驱动，5台电动机都选用交流异步电动机。

2. 砂轮电动机M1由于容量较大，采用Y—△降压启动以限制启动电流。

3. 工作台转动电动机M2选用双速异步电动机来实现工作台的高速和低速旋转，以简化传动机构。工作台低速转动时，电动机定子绕组接成△形，转速为940 r/min；工作台高速旋转时，电动机定子绕组接成YY形，转速为1 440 r/min。

4. 电磁吸盘的励磁、退磁采用电子线路控制。为了加工后能将工件取下，要求工作台的电磁吸盘在停止励磁后自动退磁。

5. 为保证磨床电气工作安全，在工作台转动与磨头下降、工作台快转与慢转、工作台左移与右移、磨头上升与下降的控制线路中都设有电气联锁，且在工作台的左、右移动和磨头上升控制中设有限位保护。

五、M7475B型立轴圆台平面磨床电路工作原理

M7475B型立轴圆台平面磨床的电路图如图8—2所示，电路分为主电路、控制电路、电磁吸盘控制电路和照明与指示电路4部分。电磁吸盘控制电路如图8—3所示。

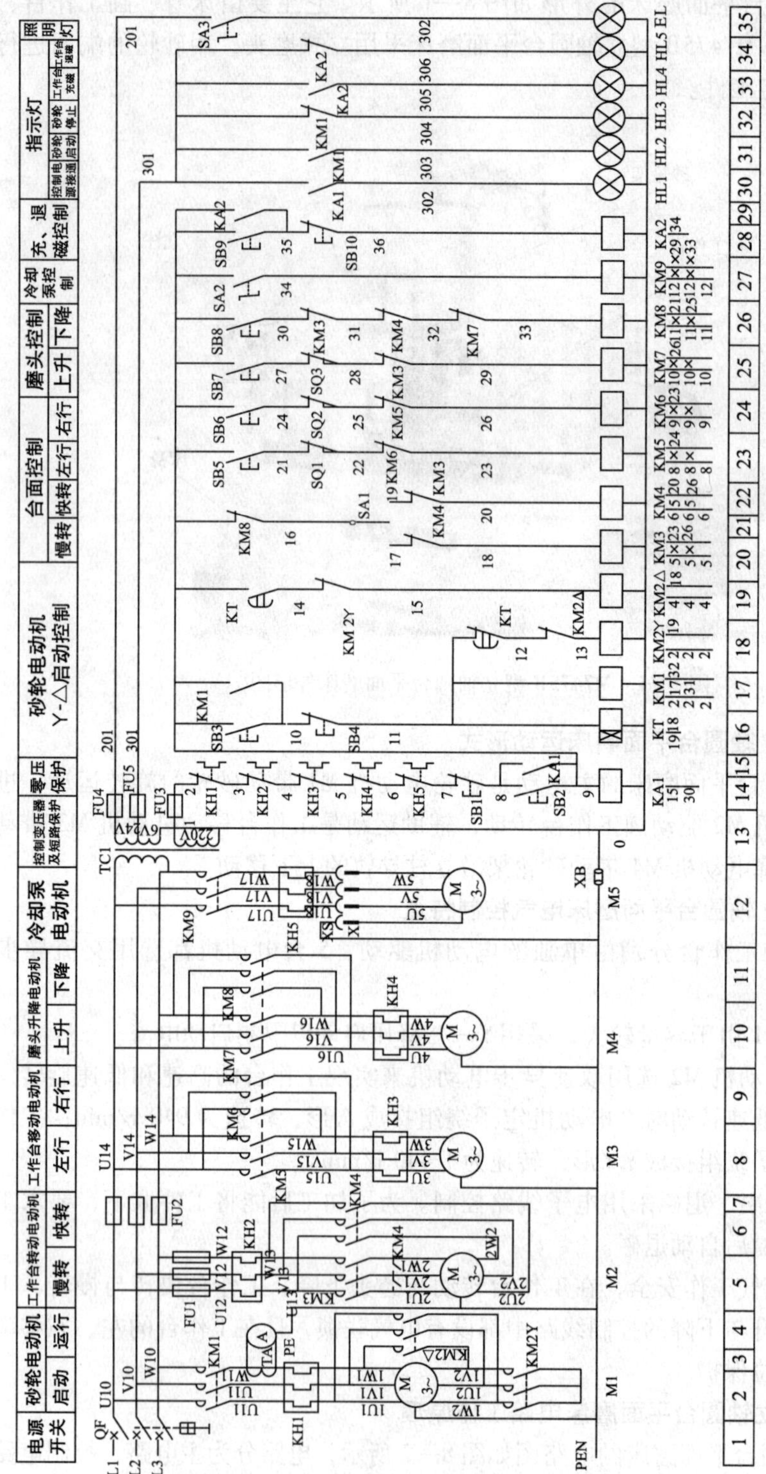

图8—2　M7475B 型立轴圆台平面磨床电路图

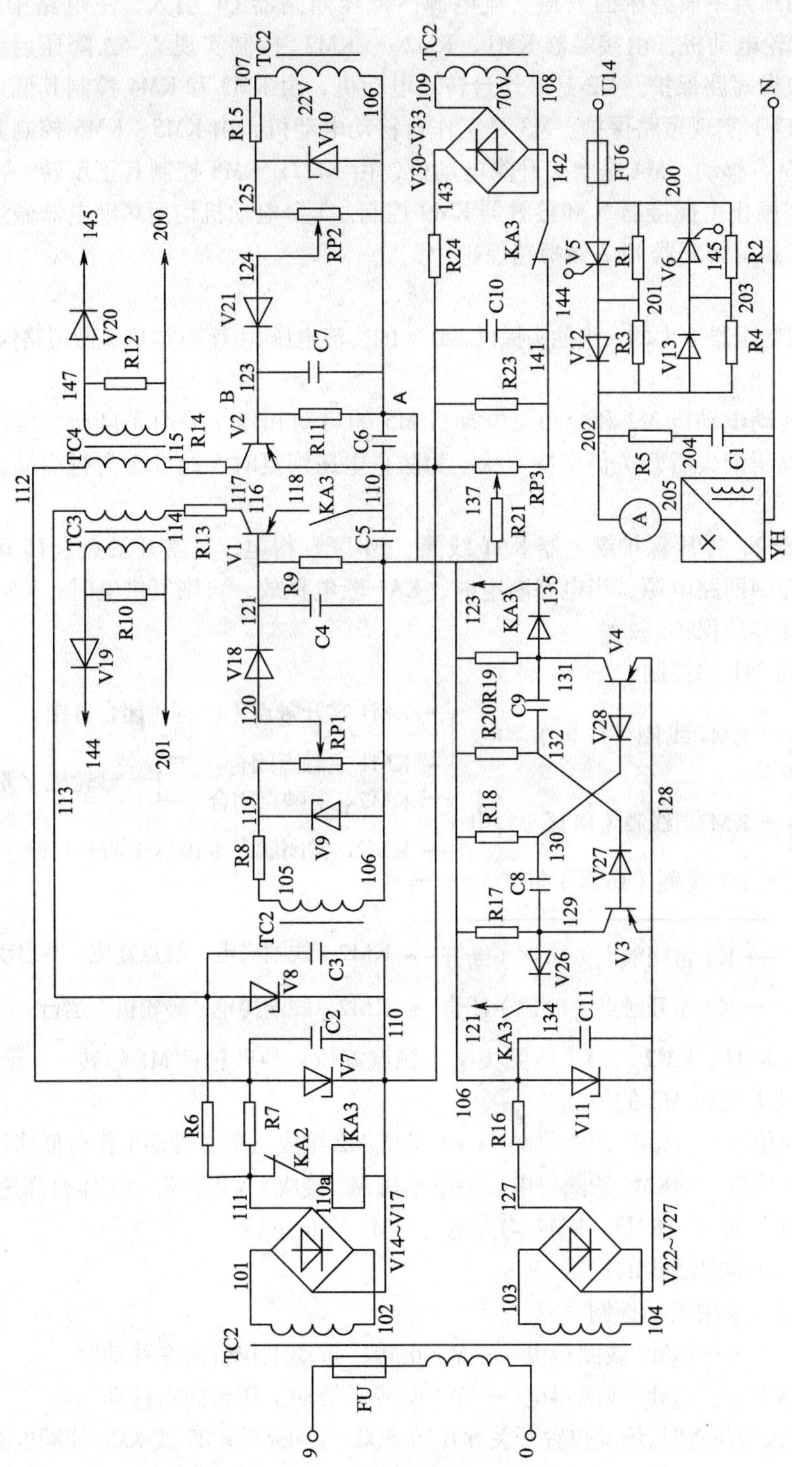

图 8—3　电磁吸盘控制电路图

1. 主电路

M7475B 型立轴圆台平面磨床的三相交流电源由低压断路器 QF 引入，主电路中共有 5 台电动机。M1 是砂轮电动机，由接触器 KM1、$KM2_{Y}$、$KM2_{\triangle}$控制实现Y－△降压启动，并由低压断路器 QF 兼做短路保护。M2 是工作台转动电动机，由 KM3 和 KM4 控制其低速和高速运转，由熔断器 FU1 实现短路保护。M3 是工作台移动电动机，由 KM5、KM6 控制其正反转，实现工作台的左右移动。M4 是磨头升降电动机，由 KM7、KM8 控制其正反转。冷却泵电动机 M5 的启动和停止由插接器 X 和接触器 KM9 控制。5 台电动机均用热继电器做过载保护。M3、M4 和 M5 共用熔断器 FU2 做短路保护。

2. 控制电路

控制电路由控制变压器 TC1 的一组抽头提供 220 V 的交流电压,由熔断器 FU3 做短路保护。

（1）零压保护

磨床中工作台转动电动机 M2 和冷却泵电动机 M5 的启动和停止采用无自动复位功能的开关操作，当电源电压消失后开关仍保持原状。为防止电压恢复时 M2、M5 自行启动，线路中设置零压保护环节。

首先按下按钮 SB2，零压保护继电器 KA1 线圈（14 区）得电，其常开触点（15 区）闭合自锁，接通后续控制回路电源；当电路断电时，KA1 断电释放，再恢复供电时，KA1 不会自行得电，从而实现零压保护。

（2）砂轮电动机 M1 的控制

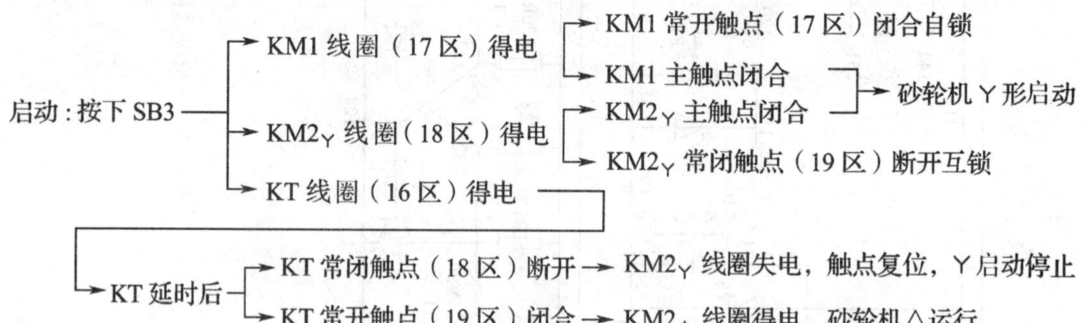

停止：按下 SB4 ⟶KM1、$KM2_{\triangle}$、KT 线圈失电，触点复位⟶砂轮机 M1 停转

（3）工作台转动电动机 M2 的控制

将 SA1 扳到低速位置⟶KM3 线圈得电⟶电动机 M2 接成△形，带动工作台低速运转

将 SA1 扳到高速位置⟶KM4 线圈得电⟶电动机 M2 接成YY形，带动工作台高速运转

将 SA1 扳到中间位置⟶KM3、KM4 均失电⟶M2 停止运转

（4）工作台移动电动机 M3 的控制

工作台移动电动机采用点动控制。

按下 SB5（23 区）⟶KM5 线圈得电⟶M3 正转，带动工作台向左移动

按下 SB6（24 区）⟶KM6 线圈得电⟶M3 反转，带动工作台向右移动

当工作台移动到极限位置时,压动位置开关 SQ1 或 SQ2 ⟶断开 KM5 或 KM6 线圈电路⟶工作台停止移动

（5）磨头升降电动机 M4 的控制

磨头升降电动机也采用点控制。

按下 SB7（25 区）——→KM7 线圈得电——→M4 正转，驱动磨头向上运动。上升限位保护由 SQ3 实现

按下 SB8（26 区）——→KM8 线圈得电——→M4 反转，驱动磨头向下运动

在磨头的下降过程中，不允许工作台转动，否则会发生机械事故。因此，在工作台转动控制线路中，串接磨头下降接触器 KM8 常闭触点（21 区），当 KM8 吸合磨头下降时，切断工作台转动控制电路。而在工作台转动时，不允许磨头下降，因此，在磨头下降的控制电路中串接了 KM3 和 KM4 的常闭触点（26 区），使工作台转动时切断磨头下降的控制电路，实现电气联锁。

（6）冷却泵电动机 M5 的控制

当加工过程中需要切削液时：

将接插器插好，然后将开关 SA2（27 区）接通——→KM9 线圈得电——→M5 启动运转

断开 SA2 ——→KM9 断电——→M5 停转

3. 电磁吸盘的控制

（1）电磁吸盘励磁控制

M7475B 型立轴圆台平面磨床在进行磨削加工时，需要工作台将工件牢牢吸住，这要求晶闸管整流电路给电磁吸盘提供较大的电流，使电磁吸盘具有强磁性。

按下 SB9（28 区），KA2 线圈得电自锁，KA2 常闭触点（110a—111）断开，使得 KA3 线圈失电，KA3 常开触点（110—118、121—134、123—135）复位。三极管 V1 发射极开路不工作，V3、V4 输出端开路不起作用，此时只有 V2 正常工作。

V2 是 PNP 型锗管，当它的发射极与基极间的电压 U_{EB} 大于 0.2 V 时，V2 导通；U_{EB} 小于 0.2 V 时，V2 截止。在 V2 的发射、基极回路中有两个输入电压，一个是由 TC2（108—109）输入的 70 V 交流电压经单相桥式整流、电容 C10 滤波后，从电位器 RP3 上获得的给定电压 U_{EA}；另一个是由同步变压器 TC2（106—107）22 V 交流电压经电位器 RP2 取出的通过二极管 V21 整流的电压 U_{BA}，即电阻 R11 两端的电压。在其正半周，正弦波电压被稳压管 V10 削成梯形波之后加在 RP2 上，并通过 V21 给电容 C7 充电，使 C7 两端的电压逐渐上升。在其负半周，稳压管 V10 正向导通，它上面只有 0.7 V 左右的管压降，从 RP2 上取出的电压不能使 V21 导通，二极管 V21 截止，C7 对 R11 放电，C7 两端的电压又逐渐下降。这样，在 R11 两端出现锯齿波电压 U_{BA}，方向为 B 正 A 负。

从图 8—3 中看出，这两个电压的极性相反，给定电压 U_{EA} 的方向是使 V2 导通，而锯齿波电压 U_{BA} 的极性是使 V2 截止，两个电压经比较后作用于 V2 的发射结上，使 V2 处于两种工作状态。当给定电压超过锯齿波电压 0.2 V 及以上时，V2 导通；否则 V2 截止。可见，一般情况下，当 U_{BA} 处于峰值及其附近的较高电压值时，V2 截止，而当 U_{BA} 处于较低值时，V2 导通。

在 V2 开始导通时，通过脉冲变压器 TC4 产生一个触发脉冲，经二极管 V20 送到晶闸管 V6 的控制极与阴极之间，使晶闸管 V6 触发导通，电磁吸盘 YH 通电。在交流电源的负半周，V6 阳极电压改变极性，晶闸管截止。三极管 V2 在电源电压的每个周期内导通一次，晶闸管也随着导通一次，在电磁吸盘中通过脉冲直流电流，其电压约为 100 V。

调节电位器 RP3 可以改变给定电压 U_{EA} 的大小。给定电压大时，V2 导通时间提前，触

发脉冲前移，晶闸管导通角增大，流过电磁吸盘的电流增大，工作台吸力增大。反之，工作台吸力减小。

（2）电磁吸盘退磁控制

工件磨削完毕，要求工作台退磁，以便容易地将工件取下。按下励磁停止按钮 SB10（28 区），即可自动完成退磁过程。

按下 SB10 →KA2 线圈断电→KA2（110a—111）闭合→KA3 线圈通电—

→KA3（110—118、121—134、123—135）闭合→接通 V1 的发射极电路和 V3、V4 的输出电路

→KA3（141—142）断开→切断给定电压的直流电源→C10 经 R23 和 RP3 放电，U_{EA} 逐渐降低

KA3 动作后，三极管 V3 和 V4 组成的多谐振荡器（见图 8—4）开始工作。它是由 V3 和 V4 组成的两个放大器通过电容 C8 和 C9 相互耦合而成的。两个三极管不能同时维持导通状态，只能轮流导通。

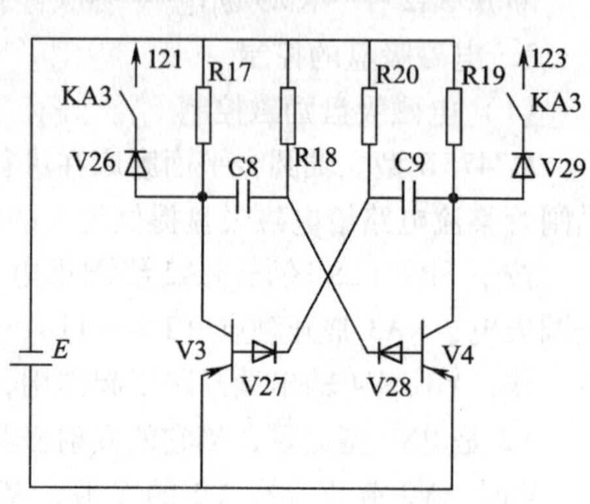

图 8—4　多谐振荡电路

假定在接通电源时，由于三极管参数的差异使 V3 导通、V4 截止，则电源通过 V3 的发射极和基极对 C9 充电，在电容 C9 上建立电压 U_{C9}，另一方面通过 V3 的发射极和集电极对 C8 充电，充电速度由 R17 和 R18 的阻值决定。当电容 C8 上的电压达到一定值时，V4 导通。V4 导通后，电容 C9 上的电压使 V3 迅速截止。这时，电源又通过 V4 对电容 C8 充电，电容 C9 则通过 R20 和 V4 而放电，电压 U_{C9} 逐渐降低，然后又被反向充电，充电到一定程度，V3 再次导通，而 V4 立即截止，这样产生了自激振荡，使两个三极管 V3、V4 轮流导通，V3、V4 的两个输出端轮流有电压输出。

V3 和 V4 的输出端分别与 V1 和 V2 的基极相连。V3 或 V4 导通时，其输出电压的极性与给定电压 U_{EA} 相反，使 V1 或 V2 趋向于截止。V3 和 V4 轮流输出电压加到 V1 和 V2 的基极回路上，使 V1 和 V2 也轮流导通，通过脉冲变压器将触发脉冲分别加到晶闸管 V5 和 V6 的控制极上，使 V5 和 V6 轮流导通，通过 YH 的电流方向交替改变，其变化频率由多谐振荡器的振荡频率决定。

由于 C10 放电，给定电压 U_{EA} 逐渐减小，触发脉冲逐渐后移，晶闸管的导通角逐步减小，所以，加在 YH 上的正向电压和反向电压逐渐降低，最后趋于零，从而达到了退磁的目的。

由于电磁吸盘是感性负载，因而在其电路中并联大电容 C1 进行滤波，以减小电压脉动成分。同时，采用 C1 后，晶闸管在一次侧导通时的过电流现象较严重，所以，电路中采用了快速熔断器 FU6 做过电流保护。

M7475B 型立轴圆台平面磨床元器件明细见表 8—1。

表8—1　　M7475B型立轴圆台平面磨床元器件明细表

代号	名称	型号	规格	数量
M1	砂轮电动机	Y200L2－6	22 kW、970 r/min	1
M2	工作台转动电动机	YD112M－6/4	2.2/2.8 kW、960/1 440 r/min	1
M3	工作台移动电动机	Y905－6	0.75 kW、910 r/min	1
M4	磨头升降电动机	Y802－4	0.75 kW、1 390 r/min	1
M5	冷却泵电动机	A6312	0.25 kW、2 800 r/min	1
QF	电源引入开关	DZ10－100/330	100 A	1
FU1、FU2	熔断器	RL1－15/15		6
FU3	熔断器	RL1－15/6		1
FU4、FU5	熔断器	BCF	2 A	2
FU6	熔断器	RLS－15/5		1
KH1	热继电器	JR16－60	52.5 A	1
KH2	热继电器	JR16－20	7.2 A	1
KH3	热继电器	JR16－20	2.5 A	1
KH4	热继电器	JR16－20	2.0 A	1
KH5	热继电器	JR16－20	0.65 A	1
KM1	交流接触器	CJ10－75	线圈电压220 V	1
KM2	交流接触器	CJ10－40	线圈电压220 V	1
KM3～KM9	交流接触器	CJ10－10	线圈电压220 V	7
KA1、KA2	中间继电器	JZ7－44	线圈电压220 V	2
KA3	直流继电器	DZ－144	线圈电压24 V	1
SQ1～SQ3	位置开关	JLXK1－111		3
SA1	选择开关	LA18－22X3		1
SA2	选择开关	LA18－22X2		1
A1	交流电流表	44L1－A	100 A	1
TA	电流互感器	LQG－0.5	100:5	1
A	直流电流表	44C2－10A	±5 A	1
SA3	照明开关			1
SB1	按钮	LA19－11J	红色	1
SB2～SB4	按钮	LA19－11D	两绿一红	3
SB5～SB8	按钮	LA19－11	黑色	4
SB9～SB10	按钮	LA19－11D	一红一绿	2
TC1	控制变压器	BK－250	380 V/220 V、24 V、6 V	1
EL	机床照明灯		24 V、40 W	1
HL1～HL5	信号灯	TC3Y	6 V、0.15 A	5
TC2	同步变压器	BK100	220 V/70 V、70 V、22 V、22 V	1

续表

代号	名称	型号	规格	数量
YH	电磁吸盘	SJCP－780	110 V	1
TC3、TC4	脉冲变压器	MX1000	GU－25X20	2
C1	电容器	CJJD－2B	630 V、20 μF	1
C2、C3	电容器	CDX－1	50 V、10 μF	2
C4～C9	电容器	CDX－1	15 V、20 μF	6
C10、C11	电容器	CDX－1	150 V、500 μF	2
R1～R4	电阻器	RT－1	1 MΩ、1 W	4
R5	电阻器	RT－50	0.5 Ω、50 W	1
R6、R7	电阻器	RT－1	100 Ω、1 W	2
R8、R15	电阻器	RT－0.125	1 kΩ、0.125 W	2
R9、R11	电阻器	RT－0.125	820 Ω、0.125 W	2
R10、R12	电阻器	RT－0.125	1 kΩ、0.125 W	2
R13、R14	电阻器	RT－0.125	200 Ω、0.125 W	2
R16	电阻器	RT－2	1.8 kΩ、2 W	1
R17、R19	电阻器	RT－0.125	1.8 kΩ、0.125 W	2
R18、R20	电阻器	RT－0.125	31 kΩ、0.125 W	2
R21	电阻器	RT－0.125	12 kΩ、0.125 W	1
R22	电阻器	RT－0.125	30 kΩ、0.125 W	1
R23	电阻器	RT－0.125	18 kΩ、0.125 W	1
R24	电阻器	RT－2	1 kΩ、2 W	1
V1、V2	三极管	3AX81		2
V3、V4	三极管	3AX31B		2
V5、V6	晶闸管	3CT－20 A	20 A、500 V	2
V7、V8	稳压管	2CW21J		2
V9、V10	稳压管	2CW15		2
V11	稳压管	2CW19		1
V12、V13	二极管	2CZ20 A	500 V	2
V14～V21	二极管	2CP6 A		8
V22～V25	二极管	2CP6B		4
V27、V28	二极管	2CP6		2
V30～V33	二极管	2CP6B		4
RP1、RP2	电位器	WX3－43	2.2 kΩ、2 W	2
RP3	电位器	WX3－12	33 kΩ、2 W	1

任务实施

一、认识 M7475B 型立轴圆台平面磨床的主要结构和操作部件

通过观摩 M7475B 型立轴圆台平面磨床实物与图 8—1 所示的平面磨床外形图，认识 M7475B 型立轴圆台平面磨床的主要结构和操作部件。

二、熟悉 M7475B 型立轴圆台平面磨床的电气设备名称、型号规格、代号及位置

首先切断设备总电源，然后在教师指导下，根据表 8—1 所列元器件明细，熟悉 M7475B 型立轴圆台平面磨床的结构、元器件在机床中的位置。

三、观摩操作

观察教师对 M7475B 型立轴圆台平面磨床试车的操作方法和步骤，并在教师指导下对 M7475B 型立轴圆台平面磨床进行操作。

1. 开机准备工作

取下工作台上的工件，保持磨头和工作台的间距，工作台调至中间位置。合上机床电源开关 QF。

2. 机床启动操作

按下机床启动按钮 SB2，零压保护继电器 KA1 得电，接通机床控制回路电源；按下 SB1 切断控制回路电源。机床工作必须先按下 SB2，接通机床控制电源。

3. 砂轮电动机操作

启动机床控制回路电源后，按下砂轮电动机 M1 启动按钮 SB3，砂轮电动机采用Y－△降压启动；按下按钮 SB4，砂轮电动机断电。

4. 工作台操作

双速电动机 M2 控制工作台转动，转换开关 SA1 的三个挡位分别控制 M2 低速、高速、停。工作台左移、右移由电动机 M3 驱动，点动按钮 SB5、SB6 分别控制工作台左移、右移。

5. 磨头升降操作

磨头升降由电动机 M4 驱动，分别按下点动按钮 SB7、SB8，控制磨头上升、下降。

6. 冷却泵操作

由转换开关 SA2 控制冷却泵的启停。

7. 电磁吸盘操作

按下按钮 SB9 接通电磁吸盘电源，电磁吸盘充磁。在电磁吸盘上放置一个小工件，体会电磁吸力大小，也可观察电流表电流，判断电磁吸盘工作情况。按下按钮 SB10，电磁吸盘退磁，取下工件。

提示

对驱动电动机较多但每部分多为独立工作的机床，试车时应每部分独立试车，不要将多台电动机一起启动，这样易判断机床各部分的工作状况，又不易发生试车故障。试车操作是为了更好地检查机床故障，不是进行机加工生产。

四、识读 M7475B 型立轴圆台平面磨床电路图

识读电路图、元器件位置图，在教师的指导下，结合对机床的实际操作，进一步理解机床各部分的功能及工作原理。

任务测评

对认识 M7475B 型立轴圆台平面磨床主要结构、元器件位置、识读机床电路及试车操作任务实施完成情况进行检查，并将结果填入表 8—2。

表 8—2　评 分 标 准

<table>
<tr><th>项目内容</th><th>序号</th><th colspan="2">评 分 标 准</th><th>配分</th><th>得分</th></tr>
<tr><td rowspan="5">机床认识</td><td>1</td><td colspan="2">不能对照机床实物或挂图说出机床主要部件名称，每处扣 2 分</td><td>6</td><td></td></tr>
<tr><td>2</td><td colspan="2">不能指出机床主要元器件位置、不能识别元器件，每处扣 2 分</td><td>6</td><td></td></tr>
<tr><td>3</td><td colspan="2">（1）机床电源启动有误，扣 2 分
（2）砂轮电动机、工作台转动、工作台移动、磨头升降、电磁吸盘操作有误，每处扣 3 分
（3）不能正确分合机床总电源、机床照明、冷却泵，每处扣 2 分</td><td>18</td><td></td></tr>
<tr><td>4</td><td colspan="2">机床主电路各电动机的工作特点表述不清，每处扣 2 分</td><td>10</td><td></td></tr>
<tr><td>5</td><td colspan="2">保护电路、信号与照明电路、电源电压等级表述不清，每处扣 5 分</td><td>10</td><td></td></tr>
<tr><td rowspan="5">识读机床电路图</td><td rowspan="5">6</td><td>砂轮电动机电路</td><td rowspan="5">（1）识读方法、步骤不清楚，每处扣 2 分
（2）识读错误，每处扣 5 分</td><td>10</td><td></td></tr>
<tr><td>工作台转动电路</td><td>10</td><td></td></tr>
<tr><td>工作台移动电路</td><td>10</td><td></td></tr>
<tr><td>磨头升降电路</td><td>10</td><td></td></tr>
<tr><td>电磁吸盘电路</td><td>10</td><td></td></tr>
<tr><td>备注</td><td colspan="3">本项目可采用自查和互查方式进行</td><td>成绩</td><td></td></tr>
<tr><td>开始时间</td><td></td><td>结束时间</td><td></td><td>实际时间</td><td></td></tr>
</table>

任务 2　检修 M7475B 型立轴圆台平面磨床

学习目标

1. 掌握 M7475B 型立轴圆台平面磨床电路典型故障的分析方法以及故障的检测流程。
2. 能按照正确的检测步骤，排除 M7475B 型立轴圆台平面磨床电路的典型电气故障。

任务引入

虽然 M7475B 型立轴圆台平面磨床电动机驱动部分较多，但各部分相对独立，故障分析较易，难点是电磁吸盘充磁、退磁电子电路部分。下面就通过对若干典型故障检修方法的分析来学习 M7475B 型立轴圆台平面磨床电路常见电气故障的检修方法。

相关知识

M7475B 型立轴圆台平面磨床典型故障分析

1. 5 台电动机都不能启动

该故障主要在公共通道，检测流程如图 8—5 所示。

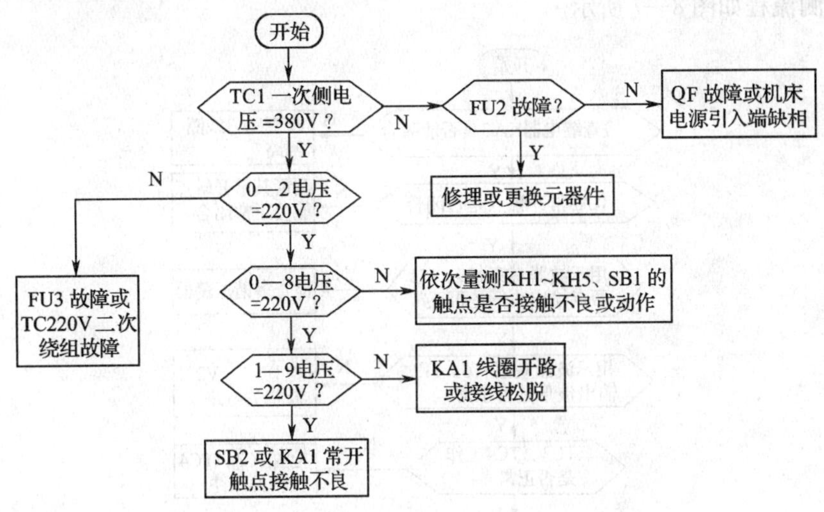

图 8—5　检测流程

2. 按下电磁吸盘按钮 SB9，熔断器 FU6 立即熔断

该故障现象表明触发电路工作，故障应在电磁吸盘主电路，检测流程如图 8—6 所示。

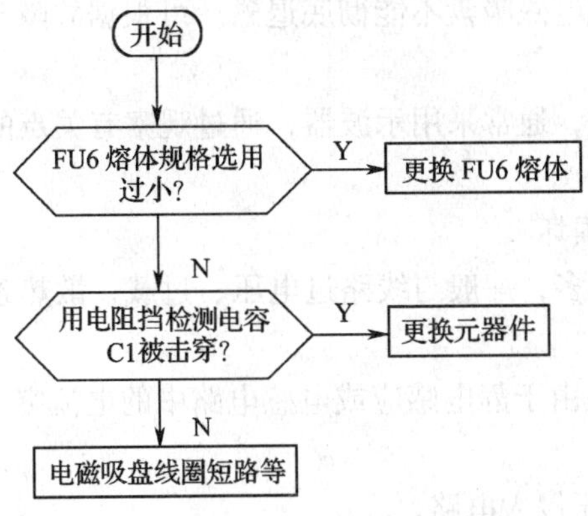

图 8—6　检测流程

如果故障点在 YH 线圈外部，可进行简单修复；若短路点在线圈内部，则须更换电磁吸盘线圈。根据电路特点，最好采用电阻检测法检测故障位置。

3．电磁吸盘吸力不足

如果电磁吸盘吸力不足，一般是由于触发脉冲延迟角过大，导致晶闸管导通角过小，造成输出电压过低。可通过调整电位器 RP3 来解决，而不要随意调整电位器 RP2，以免吸盘退磁时由于电路不对称，使 V5、V6 的触发脉冲延迟角差异较大，引起退磁不彻底。

4．电磁吸盘不能退磁

电磁吸盘能励磁而不能退磁，说明电磁线圈电路及励磁控制部分正常，故障在退磁控制部分。其检测流程如图 8—7 所示。

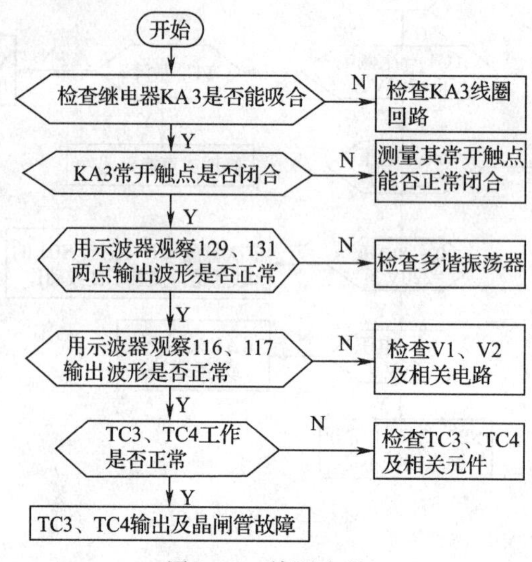

图 8—7　检测流程

另外，V1 和 V2 的锯齿波形成电路不对称造成两只晶闸管导通时间不相等，多谐振荡器工作频率过高等，都会造成电磁吸盘不能彻底退磁。可根据故障现象进行针对性的检查，找出故障点并排除。

在检查电子线路故障时，通常采用示波器，通过观察有关点的电压波形，以尽快找出故障点。

5．使用中晶闸管突然损坏

产生这种故障的原因很多，一般与线路过电压、过载，散热条件不符合要求，控制极损坏等因素有关。

（1）线路过电压往往是由于静电感应或电感电路中的电流突变引起的。过电压主要由下列因素造成：

1）开关闭合造成过电压侵入电路。

2）雷击电压侵入电路。

3）电磁盘的线圈断路，电流突然中断造成电路过电压。

4）晶闸管 V5 和 V6 在由正向导通变为承受反向电压的过程中，恢复反向阻断能力需要一定时间，而在极短的时间内会有很大的反向电流流过。当元器件的反向阻断能力恢复时，这个反向电流迅速减小，因而使电感元件产生过电压。

5）电磁线圈 YH 的阻容保护回路开路，均压电阻 R1、R2 断路均会造成晶闸管损坏。

当晶闸管在使用中突然损坏时，应检查与上述产生过电压有关的电路，更换损坏的元器件。换上的元器件电压参数不得低于规定数值。阻容保护装置中的元器件是否失效，是检查中的重点。增大电容量对吸收过电压有利，但又可能与负载电感形成谐振，而谐振又将引起过电压。为了消除谐振，串联了电阻，阻值增大对消除谐振有利。因此，电容和电阻的参数必须适当。

（2）过电流经常是由于输出电路短路或过载造成的。同时，由于输出电路接有电容，晶闸管触发导通时会流过很大的冲击电流。由于晶闸管的过载能力很弱，过电流很容易使之损坏。

如果电流只略超过额定负载电流，可通过把触发脉冲后移来防止晶闸管损坏。选择性能合格的晶闸管和配置合适的快速熔断器是防止元器件损坏的重要措施。

（3）控制极方面的故障一般是下面几个因素造成的：

1）控制极所加的电压、电流或平均功率超过了允许值。

2）控制极与阳极发生断路。

3）触发电路存在短路。

在检修中，应检查与控制极相关的电路，用万用表检测控制极与阳极间是否存在短路。另外，散热不良也会引起晶闸管损坏。例如，晶闸管与散热器之间没有拧紧，或者散热器规格太小等，都会引起温升超过允许值而损坏元器件。

晶闸管因过电压损坏后，一般表现为短路；过电流损坏后，一般表现为短路或开路；控制极损坏后，一般表现为控制极短路或开路，而元器件的正反向特性没有变化。

6. 晶闸管未经触发就导通

这种情况一般称为误导通。误导通通常是由于干扰信号进入控制极电路引起的。

（1）造成误导通的原因一般有下面几方面：

1）晶闸管阴极与控制极的引线间有干扰信号窜入。

2）触发电路本身夹杂有干扰信号输出。

3）晶闸管的电压变化率指标较低，急剧的正向电压上升率造成了误触发。

（2）消除误导通的方法有：

1）将控制极电路导线加以屏蔽。可采用有屏蔽层的导线，将金属屏蔽层接地。另外，与流过大电流的导线以及易产生干扰的引线（如接触器、继电器的操作线）之间应保证足够的距离。

2）尽量单独敷线，走线尽可能短直，同时避免电感元件靠近控制极回路。

3）触发器的电源采用有屏蔽的变压器供电。脉冲变压器一、二次绕组间必要时也应加设静电屏蔽。

4）在靠近晶闸管阴极和控制极间并联电阻和电容，以降低阴极与控制极之间的阻抗。一般电容取 0.01 ~ 0.1 μF，电阻取 100 Ω 左右。

5）在控制极和阴极间加反向电压，一般为 3 V 左右。

6）选用触发电流较大的晶闸管。

如果干扰信号来自触发电路本身，则上述措施是不能解决问题的，而必须在触发电路内找出原因加以排除。

7. 晶闸管加触发脉冲时不能导通

（1）产生故障的主要原因有：

1）晶闸管控制极断路或短路。

2）晶闸管要求触发功率太大，触发电路输出功率不够。

3）脉冲变压器二次绕组极性接反。

4）负载开路。

（2）维修方法有：

1）查出损坏的元器件，按技术要求选择参数合适的元器件替换。

2）对照电路图纠正错误接线。

3）可适当提高稳压管 V7、V8 两端的电压，也可以采用较大放大倍数和较大输出功率的三极管来替换 V1、V2。一般触发信号的电压在 4 ~10 V，功率在 0.4 ~2 W。

任务实施

一、任务准备

实施本任务所需要的实训设备及工具材料见表 8—3。

表 8—3　　实训器材表

工具	测电笔、电工刀、尖嘴钳、斜口钳、剥线钳、螺钉旋具、活扳手等
仪表	万用表、兆欧表、钳形电流表、双踪示波器
机床	M7475B 型立轴圆台平面磨床或 M7475B 型立轴圆台平面磨床模拟电气控制台

二、M7475B 型立轴圆台平面磨床典型故障的排除

1. 理清 M7475B 型立轴圆台平面磨床各元器件的位置、电路走向。

2. 观察、体会教师示范检修的流程。

3. 对典型故障分析中涉及的故障现象设置已知故障点，试车、检测并排除。

4. 针对以下故障现象在 M7475B 型立轴圆台平面磨床上设置故障点。

（1）工作台低速运转正常，但不能高速转动。

（2）工作台只能左移而不能右移。

（3）电磁吸盘没有吸力。

（4）磨头不能下降。

（5）有触发信号，但电磁吸盘没有吸力（电子触发部分可借助示波器观察波形，检测时，注意参考点的选择）。

提示

M7475B 型立轴圆台平面磨床各驱动电动机的工作相对独立，每个部分可独立分析判断；电磁吸盘部分可以通过电流表判断电磁吸力大小。

5. 故障检测前先通过试车说出故障现象，分析故障大致范围，讲清拟采用的故障检测手段、检测流程，正确无误后方能在教师监护下进行检测训练。

6. 找出故障点以后切断电源，仔细修复，不得扩大故障或产生新的故障；修复后通电试车。

任务测评

对 M7475B 型立轴圆台平面磨床电气控制电路检修任务实施完成情况进行检查，并将结果填入表 8—4。

表 8—4　　评 分 标 准

项目内容	序号	评 分 标 准	配分	得分
故障分析	1	不能根据试车的状况说出故障现象，扣 5 ~ 10 分	10	
	2	不能标出最小故障范围，每个故障扣 5 分	10	
	3	不能标出故障线段或错标在故障回路以外，每个故障点扣 5 分	10	
排除故障	4	停电不验电，扣 5 分	5	
	5	测量仪表使用不正确，每次扣 5 分	5	
	6	排除故障方法、步骤不正确，扣 10 分	10	
	7	损坏元器件，扣 10 分	10	
	8	不能排除故障，扩大故障范围或产生新的故障，每个故障扣 20 分	40	
安全文明生产	违反安全文明生产规程，未清理场地扣 10 ~ 70 分			
定额工时 30 min	不允许超时检查故障，但在修复故障时每超时 1 min 扣 1 分			
备注	除定额工时外，各项内容的最高扣分不得超过配分数		成绩	
开始时间		结束时间		实际时间	

思考与练习

1. M7475B 型立轴圆台平面磨床的用途为________。

2. 电磁吸盘上并联电阻 R5 和电容 C1 的作用在于________。

3. 工作台转动电动机 M2 由转换开关 SA1 控制，将 SA1 扳到低速位置，M2 定子绕组接成________形低速运转；将 SA1 扳到高速位置，M1 定子绕组接成________形运转。

4. 三极管 V3 和 V4 的作用是________。

5. 平面磨床在开动砂轮之前（　　）。

A. 工件会自动吸牢　　B. 在按下 SB9 前必须先按下 SB2　　C. 只要 QF 合上即可

6.（　　）在电磁吸盘上并联一个续流二极管。

A. 可以　　B. 不可以　　C. 最好用稳压管

7. 在磨头的下降过程中，（　　）允许工作台转动。

A. 允许　　B. 不允许

8. 继电器 KA3 不能吸合，会造成吸盘电路（　　）。

A. 不能励磁　　B. 不能退磁　　C. 既不能励磁，也不能退磁

9. 为何 M7475B 型立轴圆台平面磨床 5 台电动机都设过载保护？能否将 5 个过载保护触点不串在一起，而分别串在相应的电路中？

10. 电磁吸盘励磁触发电路中的电位器 RP1 和 RP2 分别有何作用？

11. 电磁吸盘励磁电流的大小可通过哪个元器件调整？试述其原理。

12. 简述电磁吸盘退磁的工作过程。

课题九　X62W 型万能铣床电气检修

X62W 型万能铣床是一种通用的多用途机床，可用来加工平面、斜面、沟槽；装上分度头后，可以铣切直齿轮和螺旋面；加装圆工作台后，可以铣切凸轮和弧形槽。

任务 1　认识 X62W 型万能铣床

学习目标

1. 了解 X62W 型万能铣床的基本结构，熟悉 X62W 型万能铣床的基本操作方法。
2. 能看懂 X62W 型万能铣床电路图。
3. 掌握 X62W 型万能铣床电路的工作原理。

任务引入

X62W 型万能铣床是机械加工中应用最广泛的铣床之一，其机械手柄操作与电气控制结合十分紧密。作为机床维修人员，要想快速、准确地排除 X62W 型万能铣床的电气故障，首先就要了解 X62W 型万能铣床的主要结构、运动形式，掌握正确试车的操作方法，学会识读 X62W 型万能铣床的电气控制电路图。

相关知识

一、X62W 型万能铣床的型号规格

X62W 型万能铣床型号的含义如下：

```
          X  6  2  W
  铣床 ───┘  │  │  └── 万能
卧式（5—立式）┘  └── 2号工作台（用0、1、2、3、4表示工作台台面宽度）
```

二、X62W 型万能铣床主要结构

X62W 型万能铣床的外形结构如图 9—1 所示。它主要由床身、主轴、刀杆、悬梁、工作台、回转盘、横溜板、升降台、底座等部分组成。在床身的前面有垂直导轨，升降台可沿垂直导轨上下移动；在升降台上面的水平导轨上，装有可在平行主轴轴线方向移动（前后移动）的溜板；溜板上部有可转动的回转盘，工作台装于溜板上部回转盘上的导轨上，做垂直于主轴轴线方向移动（左右移动）。工作台上有 T 形槽用来固定工件，因此，安装在工作台上的工件可以在三个坐标轴上的 6 个方向（上下、左右、前后）调整位置或进给。

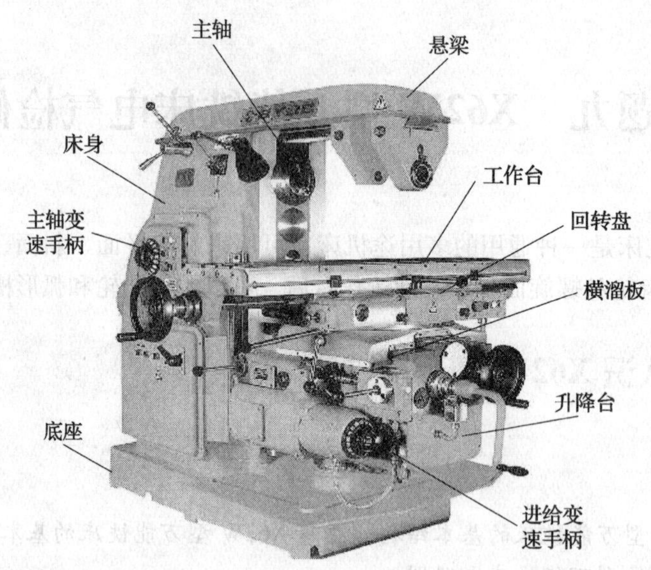

图 9—1　X62W 型万能铣床外形图

三、X62W 型万能铣床运动形式

铣削是一种高效率的加工方式。铣床主轴带动铣刀的旋转运动是主运动；铣床工作台的横向（前后）、纵向（左右）和垂直（上下）6 个方向的运动是进给运动；铣床其他的运动，如工作台的旋转运动属于辅助运动。

四、X62W 型万能铣床电气控制的特点

1. 铣床由三台电动机驱动，M1 为主轴电动机，担负主轴的旋转运动；M2 为进给电动机，机床的进给运动和辅助运动由 M2 驱动；M3 为冷却泵电动机，将切削液输送到机床切削部位。

2. 铣削加工有顺铣和逆铣，但操作不频繁，因此，主轴电动机 M1 的正反转由组合开关 SA3 控制，停车时采用电磁离合器制动，以实现准确停车。

3. 铣床的工作台有 6 个方向的进给运动和快速移动，由进给电动机 M2 采用正反转控制，6 个方向的进给运动中同时只能有一种运动产生，采用机械手柄和位置开关配合的方式实现 6 个方向进给运动的联锁；进给的快速移动是通过电磁离合器和机械挂挡来完成的；为扩大加工能力，工作台上可加装圆形工作台，圆形工作台的回转运动由进给电动机经传动机构驱动。

4. 主轴运动和进给运动采用变速盘进行速度选择，为保证变速齿轮能很好地啮合，调整变速盘时采用变速冲动控制。

5. 为了更换铣刀方便、安全，设置换刀专用开关 SA1。换刀时，一方面将主轴制动，另一方面将控制电路切断，避免出现伤害事故。

6. 3 台电动机分别由 KH1、KH2、KH3 提供过载保护。

五、X62W 型万能铣床电路工作原理

X62W 型万能铣床电路图如图 9—2 所示，表 9—1 所列为 X62W 型万能铣床各开关位置及其动作说明。

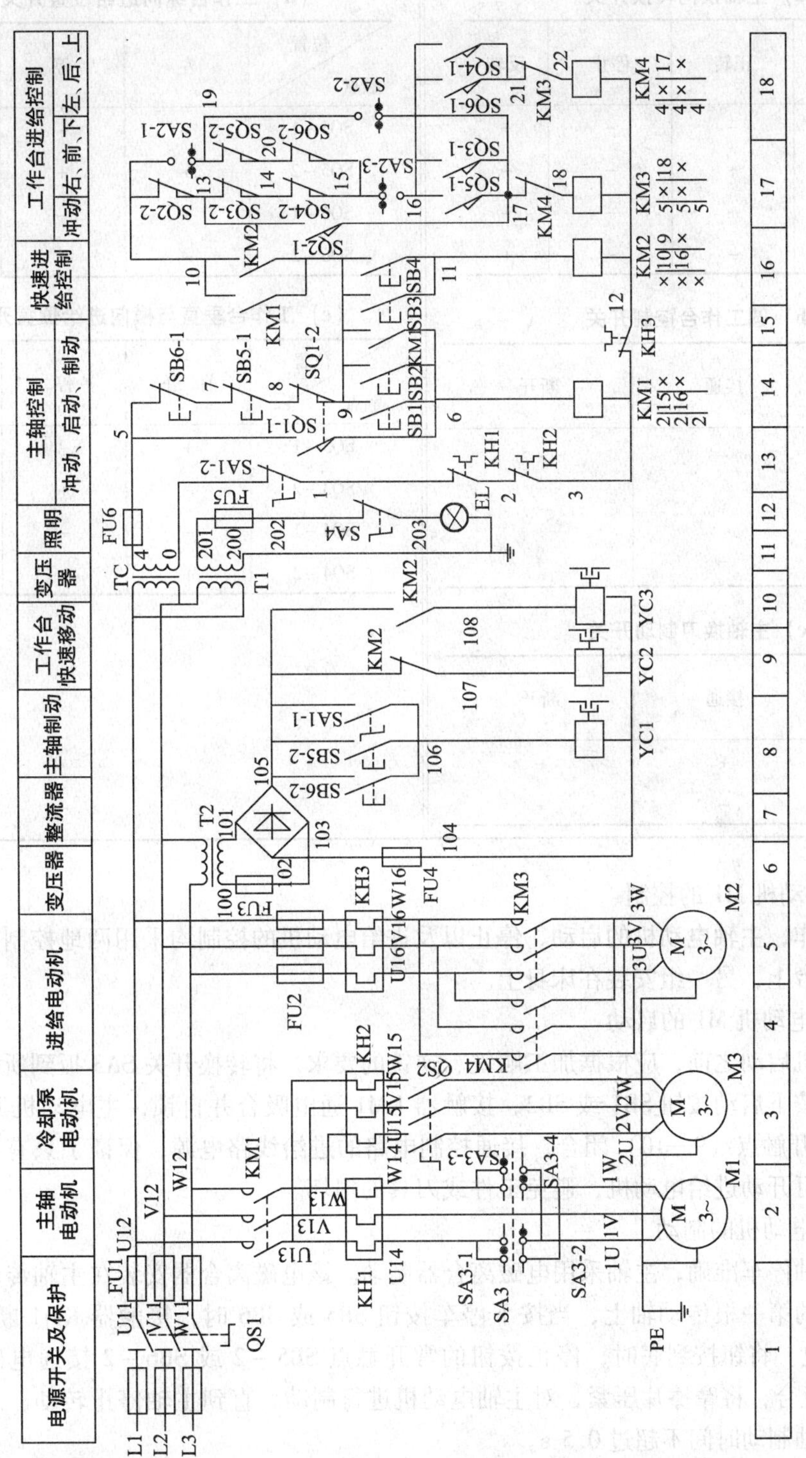

图9—2 X62W型万能铣床电路图

表 9—1　**X62W 型万能铣床各转换开关位置及其动作说明**

(a) 主轴换向转换开关

位置 触点	正转	停止	反转
SA3－1	－	－	+
SA3－2	+	－	－
SA3－3	+	－	－
SA3－4	－	－	+

(b) 圆工作台控制开关

位置 触点	接通	断开
SA2－1	－	+
SA2－2	+	－
SA2－3	－	+

(c) 主轴换刀制动开关

位置 触点	接通	断开
SA1－1	+	－
SA1－2	－	+

(d) 工作台纵向进给位置开关

位置 触点	左	停	右
SQ5－1	－	－	+
SQ5－2	+	+	－
SQ6－1	+	－	－
SQ6－2	－	+	+

(e) 工作台垂直与横向进给位置开关

位置 触点	前、下	停	后、上
SQ3－1	+	－	－
SQ3－2	－	+	+
SQ4－1	－	－	+
SQ4－2	+	+	－

1．主轴电动机 M1 的控制

为方便操作，主轴电动机的启动、停止以及进给电动机的控制均采用两地控制方式，一组安装在工作台上，另一组安装在床身上。

（1）主轴电动机 M1 的启动

主轴电动机启动之前，应根据加工顺铣、逆铣的要求，将转换开关 SA3 扳到所需的转向位置。然后，按下启动按钮 SB1 或 SB2，接触器 KM1 通电吸合并自锁，主电动机 M1 启动。KM1 的辅助常开触点（9—10）闭合，接通控制电路的进给线路电源，保证了只有先启动主轴电动机，才可开动进给电动机，避免工件或刀具的损坏。

（2）主轴电动机的制动

为了使主轴停车准确，主轴采用电磁离合器制动。该电磁离合器安装在主轴传动链中与电动机轴相连的第一根传动轴上，当按下停车按钮 SB5 或 SB6 时，接触器 KM1 断电释放，电动机 M1 失电。将钮按到底时，停止按钮的常开触点 SB5－2 或 SB6－2 接通电磁离合器 YC1，离合器吸合，将摩擦片压紧，对主轴电动机进行制动。直到主轴停止转动，才可松开停止按钮。主轴制动时间不超过 0.5 s。

（3）主轴变速冲动

主轴变速是通过改变齿轮的传动比进行的，由一个变速手柄和一个变速盘来实现，有18级不同转速。为使变速时齿轮组能很好地重新啮合，设置变速冲动装置。变速时，先将变速手柄3下压，然后向左转动手柄，使齿轮组脱离啮合；再转动蘑菇形变速手轮，调到所需转速上，将变速手柄复位。在手柄复位的过程中，压动位置开关SQ1，SQ1的常闭触点（8—9）先断开，常开触点（5—6）后闭合，接触器KM1线圈瞬时通电，主轴电动机做瞬时点动，使齿轮系统抖动一下，达到良好啮合。当手柄复位后，SQ1复位，断开了主轴瞬时点动线路，完成变速冲动工作。主轴变速冲动控制示意如图9—3所示。

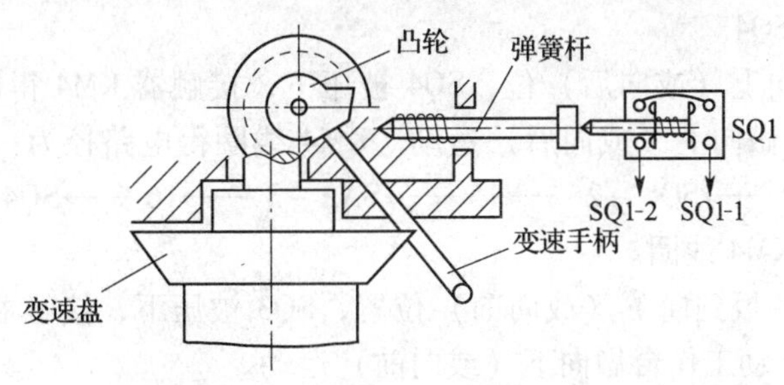

图9—3　主轴变速冲动控制示意图

（4）主轴换刀控制

在主轴更换铣刀时，为避免伤害事故，应将主轴置于制动状态。即将主轴换刀制动转换开关SA1转到“接通”位置，其常开触点SA1-1接通电磁离合器YC1，将电动机轴抱住，主轴处于制动状态；其常闭触点SA1-2断开，切断控制回路电源，保证了上刀或换刀时，机床没有任何动作。当上刀、换刀结束后，将SA1扳回“断开”位置。

2. 进给电动机M2的控制

工作台的进给运动分为工作进给和快速进给。工作进给只有在主轴启动后才可进行，快速进给是点动控制，即使不启动主轴也可进行。工作台的6个方向的运动都是通过操纵手柄和机械联动机构带动相应的位置开关，控制进给电动机M2正转或反转来实现的。在正常进给运动控制时，圆工作台控制转换开关SA2应转至断开位置。SQ5、SQ6控制工作台的向右和向左运动，SQ3、SQ4控制工作台的向前、向下和向后、向上运动。

进给驱动系统用了两个电磁离合器YC2和YC3，都安装在进给传动链中的第四根轴上。当左边的离合器YC2吸合时，连接上工作台的进给传动链；当右边的离合器YC3吸合时，连接上快速移动传动链。

（1）工作台的纵向（左、右）进给运动

启动主轴，当纵向进给手柄扳向右边时，联动机构将电动机的传动链拨向工作台下面的丝杠，使电动机的动力通过该丝杠作用于工作台，同时压下位置开关SQ5，接触器KM3线圈通过10 ⟶SQ2-2 ⟶13 ⟶SQ3-2 ⟶14 ⟶SQ4-2 ⟶15 ⟶SA2-3 ⟶16 ⟶SQ5-1 ⟶17 ⟶KM4常闭触点⟶18 ⟶KM3线圈路径得电吸合，进给电动机M2正转，带动工作台向右运动。

当纵向进给手柄扳向左时，SQ6被压下，接触器KM4线圈得电，进给电动机M2反转，工作台向左运动。

当进给到位后，将手柄扳至中间位置，SQ5或SQ6复位，KM3或KM4线圈断电，电动机的传动链与左右丝杠脱离，M2 停转。若在工作台左右极限位置装设限位挡铁，当挡铁碰撞到手柄连杆时，把手柄推至中间位置，电动机 M2 停转，实现终端保护。

（2）工作台的垂直（上、下）与横向（前、后）进给运动

工作台的垂直与横向运动由一个十字进给手柄操纵，该手柄有 5 个位置，即上、下、前、后、中间。当手柄向上或向下时，传动机构将电动机传动链和升降台上下移动丝杠相连；向前或向后时，传动机构将电动机传动链与溜板下面的丝杠相连；手柄在中间位置时，传动链脱开，电动机停转。手柄扳至前、下位置时，压下位置开关 SQ3；手柄扳至后、上位置时，压下位置开关 SQ4。

将十字手柄扳到向上（或向后）位，SQ4 被压下，接触器 KM4 得电吸合，进给电动机 M2 反转，带动工作台做向上（或向后）运动。KM4 线圈得电路径为：10 ⟶SA2 - 1 ⟶19 ⟶SQ5 - 2 ⟶20 ⟶SQ6 - 2 ⟶15 ⟶SA2 - 3 ⟶16 ⟶SQ4 - 1 ⟶21 ⟶KM3 常闭触点⟶22 ⟶KM4 线圈。

同理，将十字手柄扳到向下（或向前）位置，SQ3 被压下，接触器 KM3 得电吸合，进给电动机 M2 正转，带动工作台做向下（或向前）运动。

（3）进给变速冲动

进给变速只有各进给手柄均在 0 位时才可进行。在改变工作台进给速度时，为使齿轮易于啮合，需要进给电动机瞬时点动一下。其操作顺序是：先将进给变速的蘑菇形手柄拉出，转动变速盘，选择好速度，然后将手柄继续向外拉到极限位置，随即推回原位，变速结束。就在手柄拉到极限位置的瞬间，位置开关 SQ2 被压动，SQ2 - 2 先断开，SQ2 - 1 后接通，接触器 KM3 经 10 ⟶SA2 - 1 ⟶19 ⟶SQ5 - 2 ⟶20 ⟶SQ6 - 2 ⟶15 ⟶SQ4 - 2 ⟶14 ⟶SQ3 - 2 ⟶13 ⟶SQ2 - 1 ⟶17 ⟶KM4 常闭触点⟶18 ⟶KM3 线圈路径得电，进给电动机瞬时正转。在手柄推回原位时 SQ2 复位，故进给电动机只瞬动一下。

（4）工作台快速移动

为提高劳动生产效率，减少生产辅助工时，在不进行铣削加工时，可使工作台快速移动。当工作台工作进给时，再按下快速移动按钮 SB3 或 SB4（两地控制），接触器 KM2 得电吸合，其常闭触点（9 区）断开电磁离合器 YC2，将齿轮传动链与进给丝杠分离；KM2 常开触点（10 区）接通电磁离合器 YC3，将电动机 M2 与进给丝杠直接搭合。YC2 的失电以及 YC3 的得电，使进给传动系统跳过了齿轮变速链，电动机直接驱动丝杠套，工作台按进给手柄的方向快速进给。松开 SB3 或 SB4，KM2 断电释放，快速进给过程结束，恢复原来的进给传动状态。

由于在接触器 KM1 的常开触点（16 区）上并联了 KM2 的一个常开触点，故在主轴电动机不启动的情况下，也可实现快速进给调整工件。

（5）圆工作台的控制

当需要加工螺旋槽、弧形槽和弧形面时，可在工作台上加装圆工作台。使用圆工作台时，先将圆工作台转换开关 SA2 扳到“接通”位置，再将工作台的进给操纵手柄全部扳到中间位置，按下主轴启动按钮 SB1 或 SB2，接触器 KM1 得电吸合，主轴电动机 M1 启动，接触器 KM3 线圈经 10 ⟶SQ2 - 2 ⟶13 ⟶SQ3 - 2 ⟶14 ⟶SQ4 - 2 ⟶15 ⟶SQ6 - 2 ⟶20 ⟶SQ5 - 2 ⟶19 ⟶SA2 - 2 ⟶17 ⟶KM4 常闭触点⟶18 ⟶KM3 线圈路径得电吸合，进给电动机 M2 正转，带动圆工作台做旋转运动。圆工作台只能沿一个方向做回转运动。

进给变速和圆工作台工作时，两个进给操作手柄必须处于中间位置，启动电路途经SQ3到SQ6的4个位置开关的常闭触点，扳动工作台任一进给手柄，都会使M2停止工作，实现了机械与电气配合的联锁控制。

3. 冷却泵及照明电路控制

主轴电动机启动后，扳动组合开关QS2可控制冷却泵电动机M3。

铣床照明由变压器T1提供24 V电压，由开关SA4控制，熔断器FU5作为照明电路的短路保护。

X62W型万能铣床元器件明细见表9—2。

表9—2 **X62W型万能铣床元器件明细表**

代号	名称	型号	规格	数量
M1	主轴电动机	Y132M－4－B3	7.5 kW，1 450 r/min	1
M2	进给电动机	Y90L－4	1.5 kW，1 440 r/min	1
M3	冷却泵电动机	JCB－22	125 W，2 790 r/min	1
KM1	交流接触器	CJ20－20	20 A，线圈电压110 V	1
KM2～KM4	交流接触器	CJ20－10	10 A，线圈电压110 V	3
FU1	熔断器	RL1－60	60 A，熔体50 A	3
FU2	熔断器	RL1－15A	15 A，熔体10 A	3
FU3、FU6	熔断器	RL1－15A	15 A，熔体4 A	2
FU4、FU5	熔断器	RL1－15A	15 A，熔体2 A	2
KH1	热继电器	JR16－20/3D	整定电流16 A	1
KH2	热继电器	JR16－20/3D	整定电流0.43 A	1
KH3	热继电器	JR16－20/3D	整定电流3.4 A	1
QS1	电源总开关	HZ10－60/3J	60 A，380 V	1
QS2	冷却泵开关	HZ10－10/3J	10 A，380 V	1
SA1	换刀制动开关	HZ10－10/3J	10 A，380 V	1
SA2	圆工作台开关	HZ10－10/3J	10 A，380 V	1
SA3	主轴换向开关	HZ3－60/3J	60 A，500 V	1
TC	控制变压器	BK－150	150 V·A，380 V/110 V	1
T1	照明变压器	BK－50	50 V·A，380 V/24 V	1
T2	整流变压器	BK－100	100 V·A，380 V/36 V	1
VC	整流器	2CZ×4	5 A，50 V	1
SB1～SB6	按钮	LA2		6

续表

代号	名称	型号	规格	数量
SQ1 ~ SQ2	冲动位置开关	LX3 - 11K	开启式	2
SQ5 ~ SQ6	位置开关	LX3 - 11K	开启式	2
SQ3 ~ SQ4	位置开关	LX3 - 131	单轮自动复位	2
YC1 ~ YC3	电磁离合器	B1DL - Ⅱ		3
EL	照明灯	JC - 25	40 W，24 V	1

六、X62W 型万能铣床器件位置图

X62W 型万能铣床元器件位置如图 9—4 所示，电气控制柜元器件布置如图 9—5 所示。

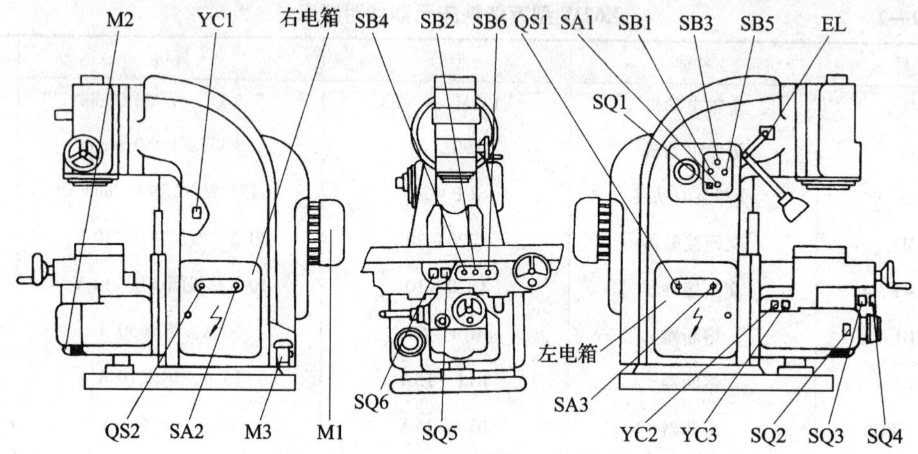

图 9—4　X62W 型万能铣床元器件位置图

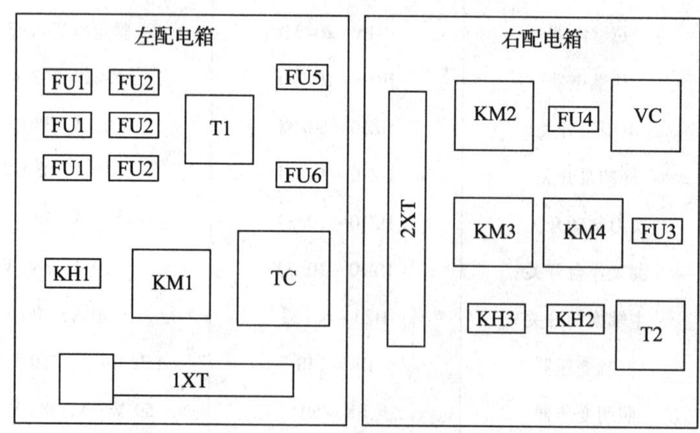

图 9—5　X62W 型万能铣床电气控制柜元器件布置图

任务实施

一、认识 X62W 型万能铣床的主要结构和操作部件

通过观摩 X62W 型万能铣床实物与图 9—1 所示的铣床外形图，认识 X62W 型万能铣床的主要结构和操作部件。

二、熟悉 X62W 型万能铣床的电气设备名称、型号规格、代号及位置

首先切断设备总电源，然后在教师指导下，根据表 9—2 所列元器件明细和图 9—4、图 9—5，熟悉 X62W 型万能铣床的结构、元器件在机床中的位置。

三、观摩操作

观察教师对 X62W 型万能铣床试车的操作方法和步骤，并在教师指导下对 X62W 型万能铣床进行操作。

1. 开机准备工作

将两地操作的进给操作手柄扳到中间挡位，将工作台、升降台调至中间位置，拆下工作台上的工件，在工作台左右两端、升降台上下两端装上行程极限碰撞挡铁。主轴转向开关 SA3 扳至“正转”位置，合上机床电源开关 QS1。

2. 主轴电动机操作

按下主轴启动按钮 SB1（或 SB2），主轴电动机 M1 得电旋转；轻按主轴停止按钮 SB5（或 SB6），主轴电动机断电；将主轴停止按钮 SB5（或 SB6）按到底，主轴电动机 M1 通过电磁离合器制动，迅速停车。

主轴转速不满足要求时，可通过变速机构调整转速。为使变速后齿轮啮合良好，设置主轴变速冲动装置。将主轴变速手柄（锁紧手柄）扳下，向左转动到位，齿轮组脱离啮合；变速手柄向右回转过程中，短时压合位置开关 SQ1，主轴电动机 M1 短时工作（冲动）；变速手柄向右回转到位，推回原位。

将换刀制动转换开关 SA1 转到接通位置，铣床控制回路电源切断（按下任何按钮机床不会启动），主轴电动机电磁制动（转不动）。试车后，将 SA1 转到断开位置。

主轴电动机试车完毕，将主轴转向开关 SA3 转到中间挡位，切断主轴电动机电源。这样除节约电能外，在进给部分试车时，可避免主轴转动的噪声影响进给部分试车时的分析判断。

3. 进给电动机操作

启动主轴；向左或向右扳动工作台纵向操作手柄，进给电动机 M2 得电，带动工作台向左或向右移动；手柄扳到中间位置，进给电动机断电停止。

将十字手柄向上、向下（或向后、向前）扳动，进给电动机 M2 得电，带动升降台向上、向下（或带动工作台向后、向前）移动；手柄扳到中间位置，进给电动机断电。

当纵向操作手柄和十字操作手柄同时处于工作位置，进给电动机不工作。

进给转速不满足要求时，将进给变速蘑菇手柄向外拉出，转到需要转速位置，向外拉到极限位置，随即推回原位，压合进给变速位置开关 SQ2，进给电动机短时通电，实现变速冲动。

不启动主轴，将某一进给手柄扳到进给工作位置，按下进给快速点动按钮 SB3（或 SB4），工作台（或升降台）快速移动。

4. 圆工作台操作

将进给操作手柄全扳到中间位置，圆工作台转换开关 SA2 转到“接通”位置，按下主轴启动按钮 SB1（或 SB2），主轴电动机和进给电动机同时工作，按下主轴停止按钮 SB5（或 SB6），两台电动机同时断电。

四、识读 X62W 型万能铣床电路图

识读电路图、元器件位置图，在教师的指导下，结合对机床的实际操作，进一步理解机床各部分的功能及工作原理。

任务测评

对任务实施完成情况进行检查，并将结果填入表 9—3。

表 9—3　评 分 标 准

<table>
<tr><th>项目内容</th><th>序号</th><th colspan="3">评 分 标 准</th><th>配分</th><th>得分</th></tr>
<tr><td rowspan="3">机床认识</td><td>1</td><td colspan="3">不能对照机床实物或挂图说出机床主要部件名称，每处扣 2 分</td><td>6</td><td></td></tr>
<tr><td>2</td><td colspan="3">不能指出机床主要元器件位置、不能识别元器件，每处扣 2 分</td><td>6</td><td></td></tr>
<tr><td>3</td><td colspan="3">（1）主轴电动机试车操作 9 分，每种功能方式试车有误扣 3 分
（2）进给电动机试车操作 9 分，每种功能方式试车有误扣 3 分</td><td>18</td><td></td></tr>
<tr><td rowspan="6">识读机床电路图</td><td>4</td><td colspan="3">机床主电路各电动机的工作特点表述不清，每处扣 2 分</td><td>10</td><td></td></tr>
<tr><td>5</td><td colspan="3">保护电路、信号与照明电路、电源电压等级表述不清，每处扣 5 分</td><td>10</td><td></td></tr>
<tr><td rowspan="4">6</td><td>主轴控制电路</td><td colspan="2" rowspan="4">（1）识读方法、步骤不清楚，每处扣 5 分
（2）识读错误，每处扣 10 分</td><td>20</td><td></td></tr>
<tr><td>进给控制电路</td><td>20</td><td></td></tr>
<tr><td>主轴制动电路</td><td>5</td><td></td></tr>
<tr><td>工作台快速移动电路</td><td>5</td><td></td></tr>
<tr><td>备注</td><td colspan="3">本项目可采用自查和互查方式进行</td><td>成绩</td><td colspan="2"></td></tr>
<tr><td>开始时间</td><td colspan="2"></td><td>结束时间</td><td></td><td>实际时间</td><td></td></tr>
</table>

任务 2　检修 X62W 型万能铣床

学习目标

1. 掌握 X62W 型万能铣床电路典型故障的分析方法以及故障的检测流程。

2. 能按照正确的检测步骤，排除 X62W 型万能铣床电路的典型电气故障。

任务引入

X62W 型万能铣床在使用过程中，常会由于电气设备老化或操作不当等原因而引起电气故障，如主轴电动机不能启动、主轴停车无制动作用、工作台各方向不能进给等，影响正常生产进度。作为机床维修人员，应能快速、准确地分析 X62W 型万能铣床常见电气故障的原因，并排除故障。检修分析本机床电路时，要注意工作台与主轴之间的联锁关系、纵向操纵和横向与垂直操纵之间的联锁关系、变速冲动与工作台自动进给的联锁关系、圆工作台与工作台自动进给联锁的关系。

相关知识

X62W 型万能铣床典型故障分析

X62W 型万能铣床是机电一体化控制，其难点是工作台的控制，维修中应重点注意电气与机械配合之间的联锁关系。

1．主轴电动机不能启动

这种故障现象分析可按前面机床类似故障分析检查，采用电压法，从上到下逐一测量，也可按中间分段电压法快速测量，检测流程如图 9—6 所示。

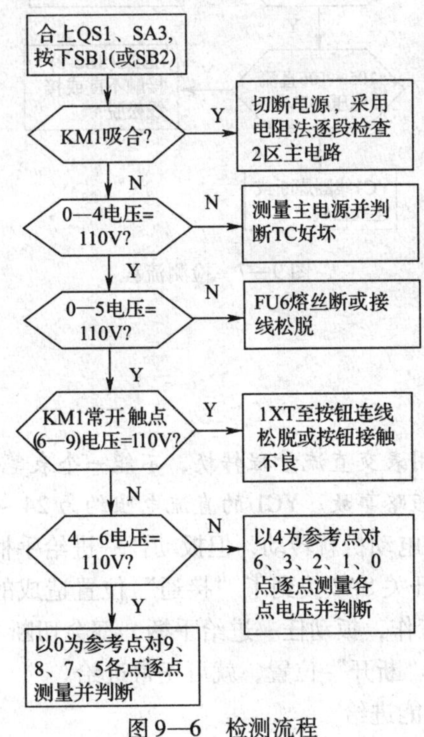

图 9—6　检测流程

2．主轴停车没有制动作用

主轴停车无制动作用，常见的故障点有交流回路中 FU3、T2，整流桥，直流回路中的

FU4、YC1、SB5－2（SB6－2）等。故障检查时，可先将主轴换向转换开关 SA3 扳到停止位置，然后按下 SB5（或 SB6），仔细听有无 YC1 得电离合器动作的声音，具体检测流程如图 9—7 所示。

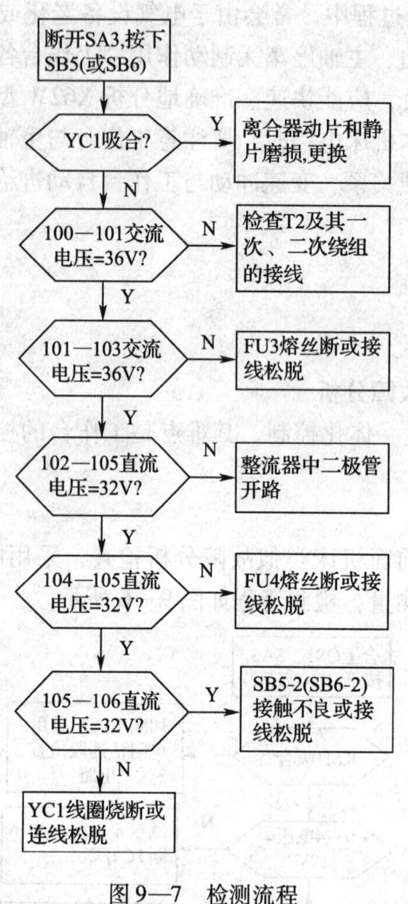

图 9—7　检测流程

该故障检测时应注意万用表交直流量程转换，不能一个表笔在直流端，另一表笔在交流端，否则易造成检测过程的短路事故。YC1 的直流电阻约为 24～26 Ω。

3．主电动机启动，进给电动机就转动，但扳动任一进给手柄，都不能进给

该故障是圆工作台转换开关 SA2 拨到了“接通”位置造成的。进给手柄在中间位置时，启动主轴，进给电动机 M2 工作，扳动任一进给手柄，都会切断 KM3 的通电回路，使进给电动机停转。只要将 SA2 拨到“断开”位置，就可正常进给。

4．工作台各个方向都不能进给

主轴工作正常，而进给方向均不能进给，故障多出现在公共点上，可通过试车现象，判断故障位置，再进行测量。其检测流程如图 9—8 所示。

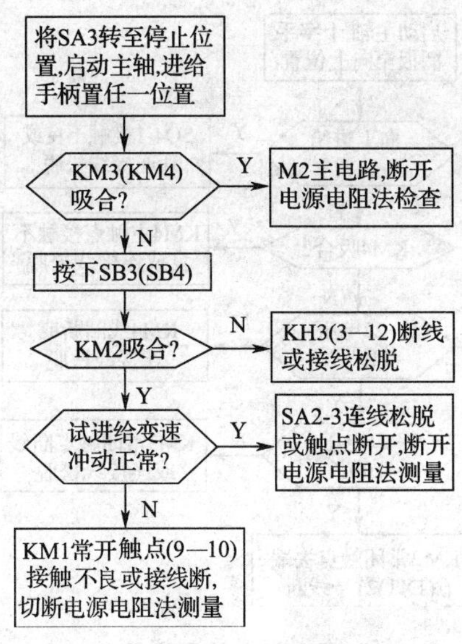

图 9—8 检测流程

主轴电动机工作正常后，而进给部分有故障，为能通过试车声音判断故障位置，可将主轴换向开关 SA3 转至停止位置，避免主轴电动机工作声音影响判断。

5. 工作台能上下进给，但不能左右进给运行

工作台上下进给正常，而左右进给均不工作，表明故障多出现在左右进给的公共通道 17 区（10 ⟶SQ2 - 2 ⟶13 ⟶SQ3 - 2 ⟶14 ⟶SQ4 - 2 ⟶15）之间。首先检查垂直与横向进给十字手柄是否位于中间位置，是否压触 SQ3 或 SQ4；在两个进给手柄在中间位置时试进给变速冲动是否正常，正常表明故障在变速冲动位置开关 SQ2 - 2 接触不良或其连接线松脱，否则故障多在 SQ3 - 2、SQ4 - 2 触点及其连接线上。

在故障检测时，为避免误判断，可在不启动主轴的前提下，将纵向进给手柄置于任意工作位置，断开互锁的一条并联通道,然后再采用电压法或电阻法检测找出故障的具体位置。

6. 工作台能右进给但不能左进给

由于工作台的左进给和工作台的上（后）进给都是 KM4 吸合，M2 反转，因此，可通过试向上进给来缩小故障区域。其故障检测流程如图 9—9 所示。

7. 圆工作台不工作

圆工作台不工作时，应将圆工作台转换开关 SA2 重新转至断开位置，检查纵向和横向进给工作是否正常，排除 4 个位置开关（SQ3 ~ SQ6）常闭触点之间联锁的故障。当纵向和横向进给正常后，圆工作台不工作故障只在 SA2 - 2 触点或其连接线上。

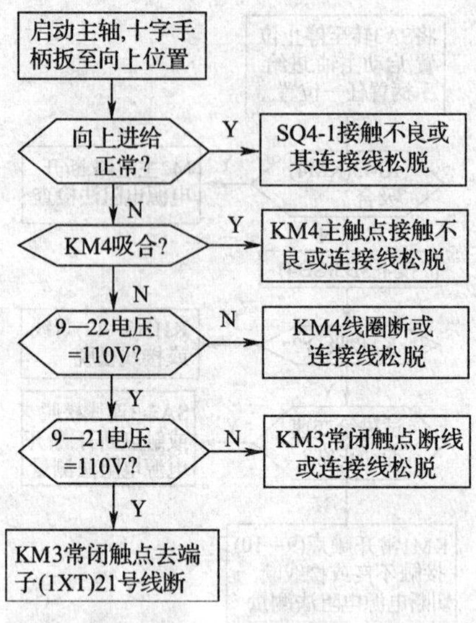

图 9—9　检测流程

任务实施

一、任务准备

实施本任务所需要的实训设备及工具材料见表 9—4。

表 9—4　　**实训器材表**

工具	测电笔、电工刀、尖嘴钳、斜口钳、剥线钳、螺钉旋具、活扳手等
仪表	万用表、兆欧表、钳形电流表
机床	X62W 型万能铣床或 X62W 型万能铣床模拟电气控制台

二、X62W 型万能铣床典型故障的排除

1. 理清 X62W 型万能铣床各元器件的位置、电路走向。
2. 对典型故障分析中涉及的故障现象设置已知故障点，试车、检测并排除。
3. 针对以下故障现象在 X62W 型万能铣床上设置故障点。

（1）主轴电动机没有上刀制动状态。
（2）主轴变速无变速冲动状态。
（3）在工作台前按下主轴电动机启动按钮 SB2，M1 不工作。
（4）横向和纵向进给工作正常，但无快速进给。
（5）工作台能左右进给，但上下进给不能运行。
（6）工作台能向上进给，但不能向下进给。
（7）启动主轴后，圆工作台试车工作正常，但没有纵向和横向进给运动。

进给电动机试车时的行程不要过大，尤其是快速进给时应注意以防顶撞或工作台脱离轨道事故。

4．故障检测前先通过试车说出故障现象，分析故障大致范围，讲清拟采用的故障检测手段、检测流程，正确无误后方能在教师监护下进行检测训练。

5．找出故障点以后切断电源，仔细修复，不得扩大故障或产生新的故障；修复后通电试车。

任务测评

对 X62W 型万能铣床电气控制线路检修任务实施完成情况进行检查，并将结果填入表9—5。

表 9—5　　　　评 分 标 准

<table>
<tr><th>项目内容</th><th>序号</th><th colspan="4">评 分 标 准</th><th colspan="2">配分</th><th>得分</th></tr>
<tr><td rowspan="3">故障分析</td><td>1</td><td colspan="4">不能根据试车的状况说出故障现象，扣 5 ~ 10 分</td><td colspan="2">10</td><td></td></tr>
<tr><td>2</td><td colspan="4">不能标出最小故障范围，每个故障扣 5 分</td><td colspan="2">10</td><td></td></tr>
<tr><td>3</td><td colspan="4">不能标出故障线段或错标在故障回路以外，每个故障点扣 5 分</td><td colspan="2">10</td><td></td></tr>
<tr><td rowspan="5">排除故障</td><td>4</td><td colspan="4">停电不验电，扣 5 分</td><td colspan="2">5</td><td></td></tr>
<tr><td>5</td><td colspan="4">测量仪表使用不正确，每次扣 5 分</td><td colspan="2">5</td><td></td></tr>
<tr><td>6</td><td colspan="4">排除故障方法、步骤不正确，扣 10 分</td><td colspan="2">10</td><td></td></tr>
<tr><td>7</td><td colspan="4">损坏元器件，扣 10 分</td><td colspan="2">10</td><td></td></tr>
<tr><td>8</td><td colspan="4">不能排除故障，扩大故障范围或产生新的故障，每个故障扣 20 分</td><td colspan="2">40</td><td></td></tr>
<tr><td>安全文明生产</td><td colspan="7">违反安全文明生产规程，未清理场地扣 10 ~ 70 分</td><td></td></tr>
<tr><td>定额工时
30 min</td><td colspan="7">不允许超时检查故障，但在修复故障时每超时 1 min 扣 1 分</td><td></td></tr>
<tr><td>备注</td><td colspan="4">除定额工时外，各项内容的最高扣分不得超过配分数</td><td colspan="2">成绩</td><td colspan="2"></td></tr>
<tr><td>开始时间</td><td colspan="2"></td><td>结束时间</td><td></td><td colspan="2">实际时间</td><td colspan="2"></td></tr>
</table>

思考与练习

1．主轴切削因为不是连续受力，所以主轴传动系统中有惯性轮，停车时必须制动，主轴制动采用电磁离合器________，当按下停止按钮 SB5 或 SB6 时，其常闭触点________，而常开触点________，当 YC1 通电吸合后，使主轴制动，松开 SB5 或 SB6 则 YC1 失电，制动结束。

2. 在铣头上安装或卸下铣刀时，主轴必须在________状态下。当要装刀或卸刀时，电路中采用开关________来实现，使________断开控制电路（以防误动作而造成伤害事故），而________接通电磁离合器 YC1 制动主轴。

3. 主轴的变速由齿轮系统完成，当变速时应将变速手柄拉出，调好速度挡后，为使齿轮易于重新啮合，在啮合前主轴必须要________。

4. 工作台的进给有 3 个坐标：________、________、________，6 个方向：________、________、________、________、________、________。

5. 接触器 KM3 线圈支路中有两个位置开关 SQ3－1 和 SQ5－1 并联，接触器 KM4 线圈支路中有两个位置开关 SQ4－1 和 SQ6－1 并联。其中左右手柄控制________和________，上下前后手柄控制________和________。

6. 为了提高工作效率，工作台必须有快进装置，当按下按钮________或________，接触器 KM2 通电吸合，其中一个常开触点接通控制电路，另一个常开触点接通电磁离合器________，常闭触点断开电磁离合器________，使它释放，断开齿轮变速系统，则电动机直接驱动传动丝杠，可得到快速移动，快速移动的方向仍由________决定。

7. X62W 型万能铣床的操作方法是（　　）。

A. 全用按钮　　B. 全用手柄　　C. 既有按钮又有手柄

8. 主轴电动机要求正反转，不用接触器控制而用组合开关控制，是因为（　　）。

A. 节省元器件　　B. 正反转不频繁　　C. 操作方便

9. 工作台没有采取制动措施，是因为（　　）。

A. 惯性小　　B. 速度不高且用丝杠传动　　C. 有机械制动

10. 工作台进给必须在主轴启动后才允许进给，是为了（　　）。

A. 安全的需要　　B. 加工工艺的需要　　C. 电路安装的需要

11. 若主轴未启动，工作台（　　）。

A. 不能有任何进给　　B. 可以进给　　C. 可以快速进给

12. 当用圆工作台加工时，两个操作手柄均置于零位，组合开关 SA2 置于圆工作台位置，则有（　　）。

A. SA2－1、SA2－3 断而 SA2－2 合　　B. SA2－1、SA2－3 合而 SA2－2 断

C. SA2－1、SA2－2 断而 SA2－3 合

13. 进给控制电路中接触器 KM1 和 KM2 的两个辅助触点并联的作用是什么？

14. 控制电路中组合开关的触点 SA1－2 的功能是什么？

15. 详述工作台向右进给时电路的工作过程。

课题十　T68 型卧式镗床电气检修

T68 型卧式镗床是一种多用途金属加工机床，不但能进行钻孔、镗孔、扩孔，还能铣削平面、端面和内外圆，加工精度高，属于精密加工机床。

任务 1　认识 T68 型卧式镗床

学习目标

1. 了解 T68 型卧式镗床的基本结构，熟悉 T68 型卧式镗床的基本操作方法。
2. 能看懂 T68 型卧式镗床电路图。
3. 掌握 T68 型卧式镗床电路的工作原理。

任务引入

T68 型卧式镗床主轴电动机采用正反转双速电动机控制，停车采用反接制动，并有点动调整功能。作为机床维修人员，要想快速、准确地排除 T68 型卧式镗床的电气故障，首先就要了解 T68 型卧式镗床的主要结构、运动形式，掌握正确试车操作方法，学会识读 T68 型卧式镗床的电气控制电路图。

相关知识

一、T68 型卧式镗床的型号规格

T68 型卧式镗床及含义如下：

```
        T   6   8
镗床 ———┘   │   └——— 镗轴直径85 mm
            └——————— 卧式
```

二、T68 型卧式镗床主要结构

T68 型卧式镗床的外形结构如图 10—1 所示。它主要由床身、前立柱、主轴箱（镗头架）、工作台、上下溜板、后立柱和尾架等部分组成。刀具可安装在主轴上，也可安装在花盘的刀具溜板上。

三、T68 型卧式镗床运动形式

工作时，主轴轴向旋转，并做一定的轴向进给，花盘也可旋转，刀具溜板做垂直于轴向的进给。工件放置在工作台上，做轴向和垂直于轴向的移动，也可绕垂直的轴线转动。尾架

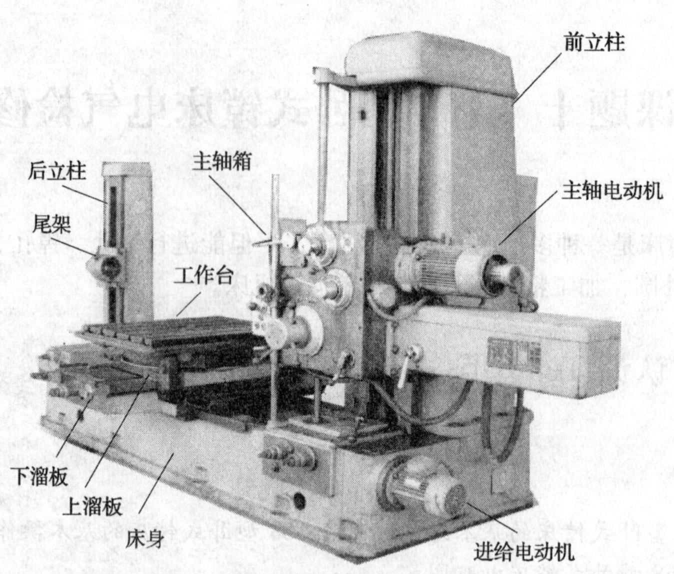

图 10—1 T68 型卧式镗床外形图

和主轴箱同时升降，两者处于同一水平线上，便于固定镗杆。

四、T68 型卧式镗床电气控制的特点

1. 镗床的主运动和进给运动共用一台双速电动机 M1。低速时，可直接启动；高速时，采用先低速而后自动转为高速运行的二级控制，以减小启动电流。

2. 主电动机 M1 能正反向运行，并可正反向点动及反接制动。在点动、制动以及变速过程的脉动时，电路均串入限流电阻 R，以减小启动和制动电流。

3. 主轴和进给变速均可在运动中进行。主轴变速时，电动机的脉动旋转通过位置开关 SQ1、SQ2 控制，进给变速通过位置开关 SQ3、SQ4 以及变速继电器 KS 共同完成。

4. 为缩短机床加工的辅助工作时间，主轴箱、工作台由电动机 M2 驱动快速移动，它们之间的进给有机械和电气联锁保护。

五、T68 型卧式镗床电路工作原理

T68 型卧式镗床电气控制电路图如图 10—2 所示。

1. 控制电路中的位置开关

控制电路位置开关在机床上的安装位置如图 10—2 所示。

SQ 是主电动机高、低速控制位置开关，它与主轴变速盘联动。T68 型卧式镗床主轴共有 18 种转速，采用双速电动机和机械滑移齿轮变速机构来实现，由主轴变速盘操作。主轴电动机的高、低速转换由位置开关 SQ 自动完成。位置开关 SQ 安装在主轴变速盘旁，当变速盘置于某些速度挡位时，变速机构压下 SQ，SQ 的常开触点闭合，使主轴电动机高速运转；而当变速盘置于另外一些速度挡位时，变速机构不压合位置开关 SQ，主轴电动机低速运转。

SQ1、SQ2 是主轴变速位置开关，它们与主轴变速盘手柄联动，主轴变速时要将该手柄拉出，此时 SQ1、SQ2 被放松而复位，变速完毕后，推回变速手柄时，SQ1、SQ2 被压下。

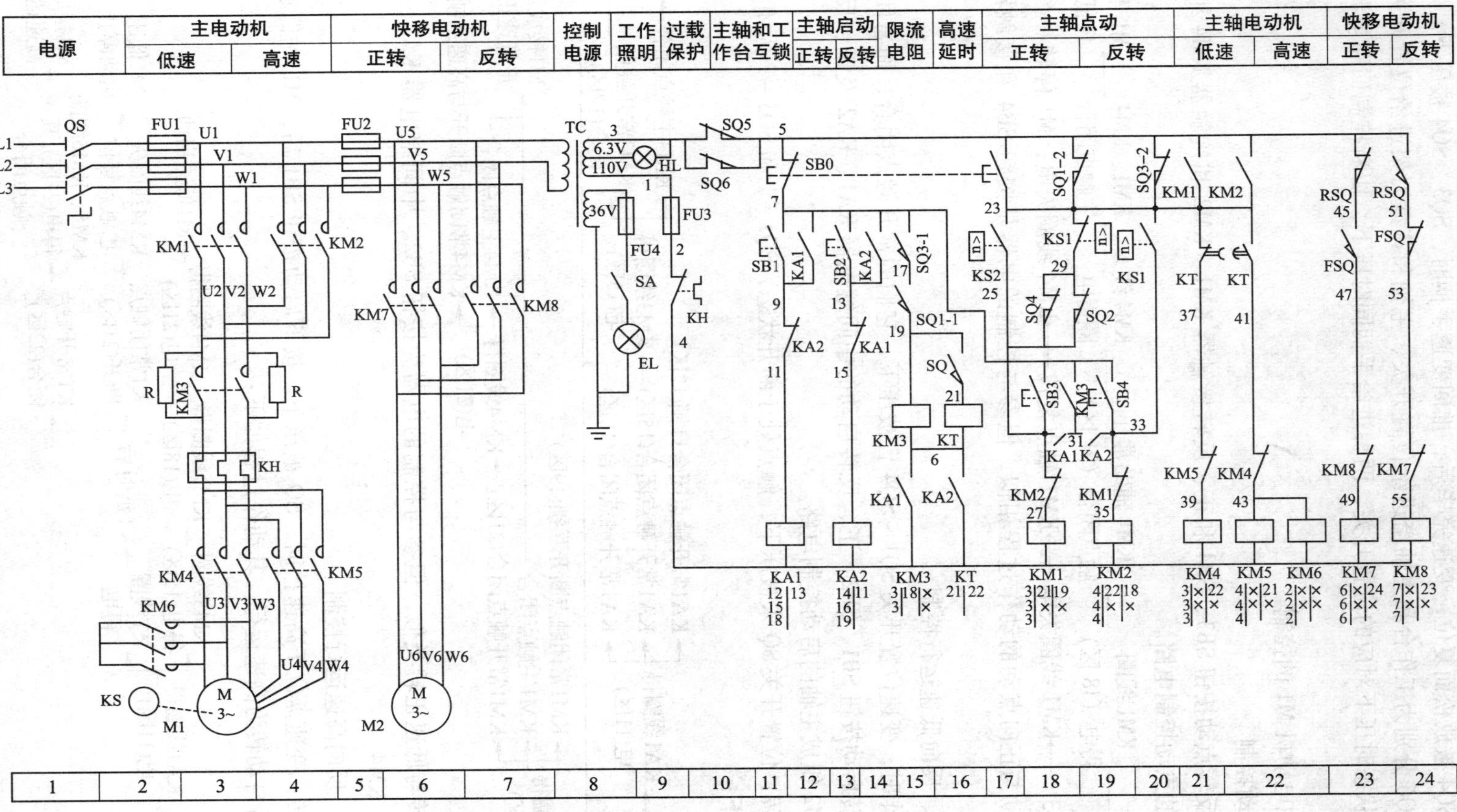

图10—2 T68型卧式镗床电气控制电路图

SQ3、SQ4 是进给变速位置开关，它们与进给变速手柄联动，进给变速时要将手柄拉出，这时 SQ3、SQ4 被放松而复位，变速完毕后，推回变速手柄时，SQ3、SQ4 被压下。

SQ5、SQ6 分别为工作台和主轴箱进给位置开关、主轴和花盘刀架进给位置开关，当处于某一工作状态时压下对应的位置开关，两种进给手柄同时压下，切断控制回路电源，实现联锁保护。

2．主轴电动机 M1 的控制

（1）点动控制

由正、反转点动按钮 SB3、SB4 和正、反转接触器 KM1、KM2 和接触器 KM4 组成在低速挡接线下的点动控制电路。

按下正向点动按钮 SB3 ⟶ KM1 线圈得电（18 区）⟶ KM1 辅助常开触点闭合（21 区）⟶ KM4 线圈得电 ⟶ KM1、KM4 主触点闭合 ⟶ M1 串入电阻 R 低速正转

松开 SB3 ⟶ KM1 线圈失电 ⟶ KM1 触点复位 ⟶ KM4 线圈失电，M1 停转

反向点动与正向点动的动作过程相似，但参与控制的电器是按钮 SB4 和接触器 KM2、KM4。

（2）正、反向低速运行控制

正常工作时，变速位置开关 SQ1～SQ4 皆被压下，它们的常开触点闭合，而常闭触点断开。正、反转启动按钮 SB1、SB2，正、反转启动的中间继电器 KA1、KA2 及正、反转接触器 KM1、KM2 组成主轴的启动控制电路。

低速正转：位置开关 SQ 未被压下，触点处于断开状态，SQ1－1 和 SQ3－1 为闭合状态。动作过程如下：

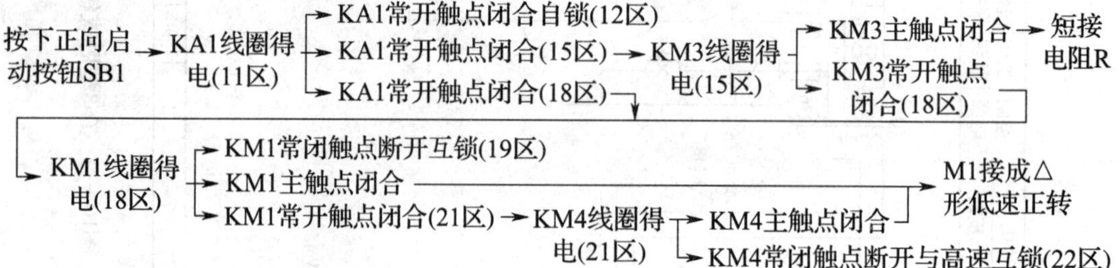

低速反转与低速正转类似，但参与控制的电器为按钮 SB2、中间继电器 KA2、接触器 KM2、KM3、KM4。

（3）正、反向高速运行控制

高速正转：变速盘位于高速挡时，SQ 被压下。按下启动按钮 SB1 后，M1 先低速启动，经 KT 延时后自动转为高速运行。其动作过程如下：

按下正向启动按钮SB1 → KA1线圈得电(11区) → KM3线圈得电(15区) → KM1线圈得电(18区) → KM4线圈得电(21区) → M1低速启动

KA1线圈得电(11区) → KT线圈得电 → KT延时后 → KT常闭触点断开(21区) → KM4线圈失电,触点复位 → M1低速启动停止

KT延时后 → KT常开触点闭合(22区) → KM5、KM6线圈得电(22区),其主触点闭合 → M1接成YY形高速运行

高速反转与高速正转类似，参与控制的元器件为按钮 SB2，中间继电器 KA2，速度继电器 KT，接触器 KM2、KM3、KM4、KM5、KM6。

（4）反接制动控制

由停车按钮 SB0，速度继电器 KS 和正、反转接触器 KM1、KM2 组成主轴的反接制动停车控制电路。当主轴正转速度高于 120 r/min 时，速度继电器的正转常开触点 KS1（23 - 33）闭合，而正转常闭触点 KS1（23—29）断开，为停车时反接制动做好准备；主轴反转速度高于 120 r/min 时，反转常开触点 KS2（23—25）闭合，为电动机停车时反接制动做好准备。当电动机转速低于 100 r/min 时，速度继电器触点复位。KS1 常闭触点（23—29）主要用于变速脉动运转控制。

设主电动机在停车前为高速正转，即 KA1、KT、KM1、KM3、KM5、KM6 得电吸合，速度继电器常开触点 KS1（23—33）闭合。按下停止按钮 SB0，KA1、KT、KM3、KM1、KM5 和 KM6 相继失电释放，触点复位，切断了主电动机电源；与此同时，经 KS1（23—33）触点，接通了反转接触器 KM2 的电源；KM2 得电动作后，其常开触点（5—23）闭合，接通自锁电路，KM4 得电，在松开停止按钮 SB0 后，KM2 和 KM4 能保持得电；三相电源经 KM2 主触点、限流电阻 R 和 KM4 主触点加于电动机 M1，进行反接制动。当电动机的转速降低到速度继电器的复位转速时，其正转常开触点 KS1（23—33）断开，KM2 和 KM4 相继断电，切断电动机电源，电动机制动结束。

反向旋转时的制动过程与正向旋转相似，但参与控制的元器件是速度继电器的反转常开触点 KS2、接触器 KM1 和 KM4。

3. 变速控制

主轴与进给变速可以在停车时进行，也可以在运转中进行，变速时控制电路使主电动机脉动运转（断续冲动），以利于齿轮的啮合，变速后可自行恢复到变速前的运行状态。

（1）主轴变速控制

主轴变速是用主轴变速盘操纵的，由位置开关 SQ1、SQ2 控制。变速时应拉开主轴变速盘手柄，于是该手柄的联动机构放松了变速位置开关 SQ1、SQ2。这时，与变速手柄有机械联系的行程开关 SQ1 因不受压而复位，SQ1 - 1（17—19）断开，KM3、KM1 相继断电释放，主电动机脱离电源，自动停止转动（这就是主电动机可在运行中调速的原因）。然后旋转变速操作盘，选好速度后，将变速操作手柄推回原位。若因齿轮顶住，手柄推合不上时，行程开关 SQ1、SQ2 不受压，通过速度继电器的正转常闭触点 KS1（23—29）接通瞬时点动控制电路，使 KM1 得电动作，其通电电路为：电源线(5)⟶SQ1 - 2 常闭触点(5—23)⟶KS1 常闭触点(23—29)⟶SQ2 常闭触点(29—25)⟶KM2 常闭触点(25—27)⟶KM1 线圈⟶电源线（4）。同时，KM4 也得电动作，主轴电动机串入限流电阻 R，在低速下启动。电动机一旦转动，KS1 的正转常闭触点（23—29）转为断开，而正转常开触点（23—33）转为闭合，使 KM1 失电释放，KM2 得电动作，主电动机被反接制动；当电动机转速在制动下降到速度继电器的复位转速时，其正转常开触点又转为断开，正转常闭触点又转为闭合，从而又接通瞬时点动电路，重复上述过程。这样，主轴电动机被间歇地启动和制动而低速旋转，直到齿轮啮合好，手柄推上后，压下行程开关 SQ1 和 SQ2，将上述瞬时点动电路切断；同时，由于 SQ1 - 1（17—19）触点闭合，使 KM3、KM1 相继得电动作，主电动机在新的转速下重新启动运转。

（2）进给变速控制

进给变速的操作和控制与主轴变速基本相同，只是进给变速时，所用的位置开关是 SQ3 和 SQ4。

4．快速移动电动机 M2 的控制

镗床各进给部件的快速移动，由快速手柄操纵和快速移动电动机 M2 驱动。当快速手柄扳到正向快速位时，压下位置开关 FSQ，接触器 KM7 得电动作，快速移动电动机 M2 正转，通过不同的齿轮、齿条、丝杠的不同连接来完成各运动方向的快速移动。当快速手柄扳到反向快速位时，压下位置开关 RSQ，接触器 KM8 得电动作，M2 反转，驱动各运动部件反向快速移动。

5．控制电路的联锁与保护

为防止镗床或刀具的损坏，主轴箱和工作台的自动进给在电路上必须相互联锁，即不能同时接通。为此，采用限位开关 SQ5 和 SQ6 来控制。当两种进给同时发生时，SQ5 和 SQ6 都被压下，切断了控制回路电源，达到联锁保护的目的。

熔断器 FU1 作为整个电路的短路保护，FU2 作为电动机 M2 支路的短路保护，热继电器 KH 为主轴电动机 M1 提供过载保护，因 M2 只做短时运动，不设过载保护。

T68 型卧式镗床元器件明细见表 10—1。

表 10—1　　T68 型卧式镗床元器件明细表

代号	元件名称	型号	规格	数量
M1	主轴双速电动机	$JDO_251-4/2$	5.5/7.5 kW	1
M2	快速移动电动机	JDO_231-4	2.2 kW	1
QS	电源总开关	HZ10－60/3	60 A，380 V	1
SA	机床照明开关	HZ10－10/3J	10 A，380 V	1
KM1、KM2	主轴正反转交流接触器	CJ20－40	40 A，线圈电压 110 V	2
KM3	主轴制动交流接触器	CJ20－20	20A，线圈电压 110 V	1
KM4～KM6	主轴高低速交流接触器	CJ20－20	20A，线圈电压 110 V	3
KM7、KM8	快速移动正反转交流接触器	CJ20－20	20A，线圈电压 110 V	2
KA1、KA2	接通主轴正反转中间继电器	JZ4－44	110 V	2
KT	时间继电器	JS7－2	110 V	1
KS	速度继电器	JY－1		1
KH	热继电器	JR16－20/3D	整定电流 14.5 A	1
FU1	熔断器	RL1－60	20 A，熔体 40 A	3
FU2	熔断器	RL1－15A	15 A，熔体 15 A	3
FU3	熔断器	RL1－15A	15 A，熔体 4 A	1
FU4	熔断器	RL1－15A	15 A，熔体 2 A	1
SB0～SB4	按钮	LA2		5
TC	控制变压器	BK－100	100 V·A，380 V/110 V/24 V	1
SQ6	主轴与工作台互锁位置开关	LX3－11K	开启式	1
SQ5	主轴与工作台互锁位置开关	LX1－11J	防溅式	1
SQ4	进给变速时齿轮啮合冲动位置开关	LX1－11K	开启式	1
SQ3	进给变速时自动停车与启动位置开关	LX1－11K	开启式	1

续表

代号	元件名称	型号	规格	数量
SQ2	主轴变速时齿轮啮合冲动位置开关	LX1 - 11K	开启式	1
SQ1	主轴变速时自动停车与启动位置开关	LX1 - 11K	开启式	1
SQ	接通主轴电动机高速挡位置开关	LX5 - 11		1
FSQ、RSQ	快速移动正反转位置开关	LX1 - 11K	开启式	1
R	主轴电动机反接制动电阻	ZB1 - 0.9	0.9 Ω	1

六、T68 型卧式镗床器件位置图

T68 型卧式镗床元器件位置如图 10—3 所示，电气控制柜元器件布置如图 10—4 所示。

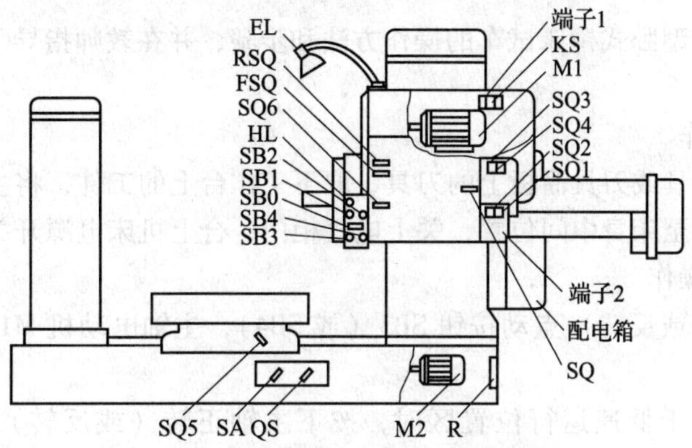

图 10—3　T68 型卧式镗床元器件位置图

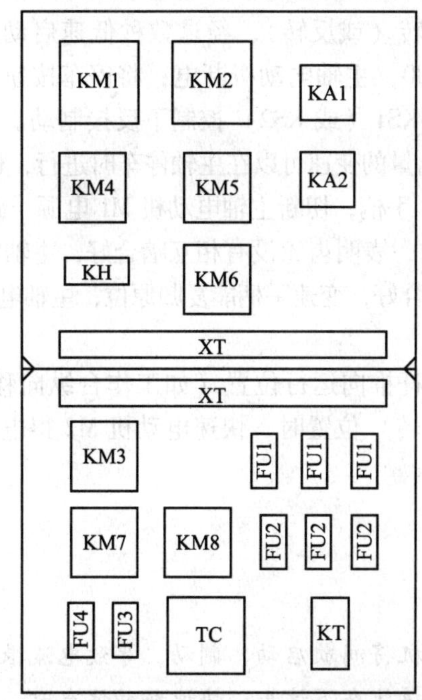

图 10—4　T68 型卧式镗床电气控制柜元器件布置图

任务实施

一、认识 T68 型卧式镗床的主要结构和操作部件

通过观摩 T68 型卧式镗床实物与图 10—1 所示的镗床外形图，认识 T68 型卧式镗床的主要结构和操作部件。

二、熟悉 T68 型卧式镗床的电气设备名称、型号规格、代号及位置

首先切断设备总电源，然后在教师指导下，根据表 10—1 所列元器件明细和图 10—3、图 10—4，熟悉 T68 型卧式镗床的结构、元器件在镗床中的位置。

三、观摩操作

观察教师对 T68 型卧式镗床试车的操作方法和步骤，并在教师指导下对 T68 型卧式镗床进行操作。

1．开机准备工作

取下主轴上的刀具或刀具溜板上的刀具，取下工作台上的工件，将主轴箱调至前立柱中间位置，将工作台调至床身中间位置，关上电气柜门，合上机床电源开关 QS。

2．主轴电动机操作

按下主轴正转（或反转）点动按钮 SB3（或 SB4），主轴电动机 M1 串入电阻 R 低速点动运行。

当主轴变速盘处于低速运行位置区时，按下主轴正转（或反转）启动按钮 SB1（或 SB2），主轴电动机 M1 低速正转（或反转）。按下停车按钮 SB0，主轴电动机断电停止。

当主轴变速盘处于高速运行位置区时，按下主轴正转（或反转）启动按钮 SB1（或 SB2），主轴电动机 M1 低速正转（或反转），经过数秒低速启动后，主轴电动机自动跳到高速运转。轻轻按下停车按钮 SB0，主轴电动机断电；将停车按钮 SB0 按到底，主轴电动机串入限流电阻 R，在速度继电器 KS1（或 KS2）控制下反接制动。

主轴的旋转速度和主轴进给量的变速可以在主轴停车时进行，也可在主轴运转时进行。变速时拉开主轴变速（或进给变速）手柄，切断主轴电动机 M1 电源；旋转选好新的速度后，推回变速手柄；若变速手柄推不回原位，表明齿轮没有相互啮合好，主轴电动机 M1 将间歇启动、制动低速旋转（冲动），直到齿轮啮合好，变速手柄能复归原位；主轴电动机回到调速前状态。

3．快速移动电动机操作

先将某一机械方向操作杠杆推向运行位置（如工作台纵向移动、主轴箱上下移动），将快速移动手柄扳到正转（或反转）位置时，快速电动机 M2 得电，通过机械装置完成各个方向的快速移动。

在变速过程中，主轴电动机将间歇启动、制动，导致电流很大，限流电阻发热，对电动机冲击也较大，应避免长时在该状态下试车；快速移动试车时，要注意行程区间，试车不要移动到极限位置。

四、识读 T68 型卧式镗床电路图

识读电路图、元器件位置图，在教师的指导下，结合对机床的实际操作，进一步理解机床各部分的功能及工作原理。

任务测评

对任务实施完成情况进行检查，并将结果填入表 10—2。

表 10—2　　评分标准

<table>
<tr><th>项目内容</th><th>序号</th><th colspan="2">评分标准</th><th>配分</th><th>得分</th></tr>
<tr><td rowspan="3">机床认识</td><td>1</td><td colspan="2">不能对照机床实物或挂图说出机床主要部件名称，每处扣 2 分</td><td>6</td><td></td></tr>
<tr><td>2</td><td colspan="2">不能指出机床主要电气元件位置、不能识别元器件，每处扣 2 分</td><td>6</td><td></td></tr>
<tr><td>3</td><td colspan="2">（1）主轴点动、主轴低速运行、主轴高速运行、主轴变速试车，每种方式试车有误扣 4 分
（2）快速移动试车操作有误扣 2 分</td><td>18</td><td></td></tr>
<tr><td rowspan="6">识读机床电路图</td><td>4</td><td colspan="2">机床主电路各电动机的工作特点表述不清，每处扣 2 分</td><td>10</td><td></td></tr>
<tr><td>5</td><td colspan="2">保护电路、信号与照明电路、电源电压等级表述不清，每处扣 5 分</td><td>10</td><td></td></tr>
<tr><td rowspan="4">6</td><td>主轴启动电路</td><td rowspan="4">（1）识读方法、步骤不清楚，每处扣 3 分
（2）识读错误，每处扣 5 分</td><td>15</td><td></td></tr>
<tr><td>主轴制动电路</td><td>15</td><td></td></tr>
<tr><td>主轴变速电路</td><td>15</td><td></td></tr>
<tr><td>快速移动电路</td><td>5</td><td></td></tr>
<tr><td>备注</td><td colspan="3">本项目可采用自查和互查方式进行</td><td>成绩</td><td></td></tr>
<tr><td>开始时间</td><td></td><td>结束时间</td><td></td><td>实际时间</td><td></td></tr>
</table>

任务 2　检修 T68 型卧式镗床

学习目标

1. 掌握 T68 型卧式镗床电路典型故障的分析方法以及故障的检测流程。
2. 能按照正确的检测步骤，排除 T68 型卧式镗床电路的典型电气故障。

任务引入

T68 型卧式镗床的主轴电动机有多种工作方式，机械操作与电气控制结合紧密。其使用过程中，由于电气设备老化或操作不当等原因，不可避免地会出现电气故障，例如，按下启动按钮，主轴电动机不工作；主轴正向启动正常，反向不能启动；主轴停车后会产生短时反向旋转等，影响生产的正常运转。作为机床维修人员，应能迅速、准确地分析并检修、排除 T68 型卧式镗床的常见电气故障，保障设备正常运行。

相关知识

T68 型卧式镗床典型故障分析

1. 合上电源开关 QS，按下正转启动按钮 SB1 或反转启动按钮 SB2，主轴电动机 M1 均不工作

按下主轴电动机的启动按钮 SB1、SB2，电动机 M1 不运转，故障的原因可能有：电源故障、主轴箱和工作台的自动进给手柄均在工作位置、变速位置开关 SQ1－1 或 SQ3－1 接触不良、KA1 和 KA2 线圈及其常开触点故障、接触器 KM1～KM4 线圈及其相应触点故障、主轴电动机 M1 故障等。引起故障的部位很多，检测时可通过相关试车、观察继电器吸合情况、听继电器吸合声音、听电动机运转声音等方法来缩小故障区域，快速检测并排除故障，检测流程如图 10—5 所示。

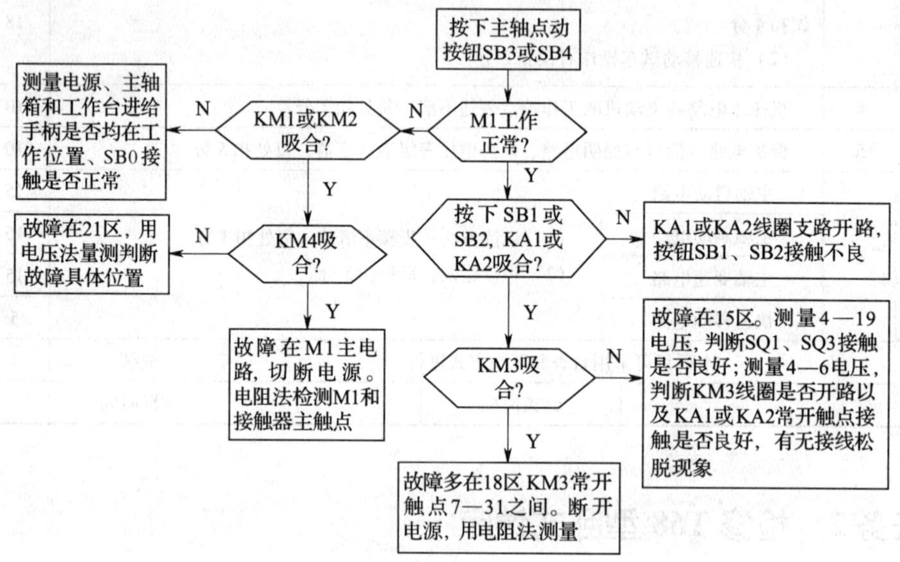

图 10—5 T68 型卧式镗床典型故障分析 1

主轴电动机不工作的故障可通过扳动快移电动机的操作手柄，看快速移动电动机 M2 是否工作来判断总电源及控制回路电源的公共通道是否有故障，但工作台上有工件或已调好加工位置时应谨慎操作。

2. 主轴正向启动正常，但不能反向启动

主轴电动机正转工作正常，表明电源正常，主电路也基本上是好的，故障可能的原因有：反向启动按钮 SB2 接触不良，中间继电器 KA2 线圈断线或其常开触点（6—4）、（31—33）接触不良，反转接触器 KM2 线圈断线或主触点接触不良等。KA2 线圈 13 区、KA2 常开

触点（6—4）部分采用电压分阶测量法检测；KA2 常开触点（31—33），切断电源后采用电阻分段测量法检测。

3．主轴变速盘处于高速挡位置，按下主轴启动按钮 SB1，主轴启动后低速运行，但不向高速挡转移而自动停止

电动机能低速启动，说明接触器 KM3、KM1、KM4 工作正常；低速启动后，不向高速挡转移而自动停止，说明时间继电器 KT 已工作，其延时断开常闭触点（23—37）能自动切断 KM4 的电源，但不能接通接触器 KM5、KM6 的电源。因此，故障主要在 22 区以及接触器 KM5、KM6 主回路。检修流程如图 10—6 所示。

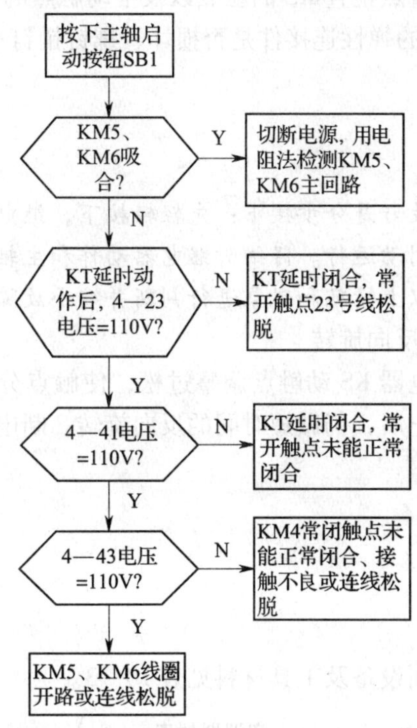

图 10—6　T68 型卧式镗床典型故障分析 3

4．按下启动按钮，主轴电动机 M1 不工作，几秒后 M1 突然启动运转

此时主轴变速盘应处于高速位置，SQ 被压下，时间继电器 KT 线圈得电。故障多在 21 区 KM4 线圈支路出现断点，导致 KM4 线圈不能吸合，时间继电器 KT 经延时使主轴电动机自动跳到高速状态下启动运行。另外，KM4 主触点接触不良也同样会造成主轴电动机在低速挡不能正常启动现象。以 5 号线为参考点，采用电压分阶测量法对 21 区 KM4 线圈支路进行测量。

试车时，当按下主轴启动按钮时，电动机不运行，应按下停止按钮，再去检查，以防出现类似故障而发生安全事故。

5. 主轴变速手柄拉出后，主轴电动机无冲动过程，发生顶齿现象，使变速手柄不能顺利推回原位

该故障发生在变速冲动支路（23 ⟶KS1 常闭触点⟶29 ⟶SQ2 常闭触点⟶25），SQ1、SQ2 由于紧固不牢，位置发生偏移，使触点接触不良而没有变速冲动动作。切断电源，拉出主轴变速手柄，用电阻分段测量法测量变速冲动支路。

6. 按下停车按钮，主轴不能迅速停车，没有反接制动过程

该故障的主要原因是速度继电器 KS 的两个常开触点 KS1（23—33）或 KS2（23—25）不能按旋转方向正常闭合、停止按钮 SB0 的常开触点接触不良或连线松脱，导致停车时无制动作用。停车后切断电源，重点检查 KS 的触点以及推动触点的胶木摆杆是否断裂，KS 的轴伸圆销有否扭弯、磨损，KS 的弹性连接件是否损坏、螺钉销钉有否松动或打滑现象。

检修试车时，停止按钮最好是分步按下：先轻轻按下，继电器失电，电动机断电；然后将停止按钮按到底，电动机制动运行。仔细听继电器动作和主轴电动机制动时的声音，观看主轴运转速度的变化，根据以上情况和现象进行判断并缩小故障区域。

7. 主轴停车后产生短时反向旋转

该故障的原因是速度继电器 KS 动触点调整过松，使触点分断过迟，以致在反接制动的惯性作用下，主轴电动机停止后，仍做短时间的反向旋转。断电后将 KS 触点弹簧适当调紧，可排除故障。

任务实施

一、任务准备

实施本任务所需要的实训设备及工具材料见表 10—3。

表 10—3　　实训器材表

工具	测电笔、电工刀、尖嘴钳、斜口钳、剥线钳、螺钉旋具、活扳手等
仪表	万用表、兆欧表、钳形电流表
机床	T68 型卧式镗床或 T68 型卧式镗床模拟电气控制台

二、T68 型卧式镗床典型故障的排除

1. 理清 T68 型卧式镗床各电气元件的位置、线路走向。

2. 对典型故障分析中涉及的故障现象设置已知故障点，试车、检测并排除。

3. 针对以下故障现象在 T68 型卧式镗床上设置故障点。

（1）主轴电动机只有点动运行，而不能连续运转。

（2）主轴电动机反向启动运转正常，而不能正向启动运转。

（3）主轴电动机只有低速运转状态，而无高速运转状态。

（4）扳动正向快速或反向快速手柄，快速移动电动机不工作。

(5) 进给变速手柄拉出后，无变速冲动过程。

(6) 主轴电动机处于正转运行状态，按下停车按钮，主轴电动机不停车，应如何处置（只分析讲述）。

4. 故障检测前先通过试车说出故障现象，分析故障大致范围，讲清拟采用的故障检测手段、检测流程，正确无误后方能在教师监护下进行检测训练。

5. 找出故障点以后切断电源，仔细修复，不得扩大故障或产生新的故障；修复后通电试车。

任务测评

对 T68 型卧式镗床电气控制线路检修任务实施完成情况进行检查，并将结果填入表 10—4。

表 10—4　　评 分 标 准

<table>
<tr><th>项目内容</th><th>序号</th><th colspan="4">评 分 标 准</th><th>配分</th><th>得分</th></tr>
<tr><td rowspan="3">故障分析</td><td>1</td><td colspan="4">不能根据试车的状况说出故障现象，扣 5～10 分</td><td>10</td><td></td></tr>
<tr><td>2</td><td colspan="4">不能标出最小故障范围，每个故障扣 5 分</td><td>10</td><td></td></tr>
<tr><td>3</td><td colspan="4">不能标出故障线段或错标在故障回路以外，每个故障点扣 5 分</td><td>10</td><td></td></tr>
<tr><td rowspan="5">排除故障</td><td>4</td><td colspan="4">停电不验电，扣 5 分</td><td>5</td><td></td></tr>
<tr><td>5</td><td colspan="4">测量仪表使用不正确，每次扣 5 分</td><td>5</td><td></td></tr>
<tr><td>6</td><td colspan="4">排除故障方法、步骤不正确，扣 10 分</td><td>10</td><td></td></tr>
<tr><td>7</td><td colspan="4">损坏电气元件，扣 10 分</td><td>10</td><td></td></tr>
<tr><td>8</td><td colspan="4">不能排除故障，扩大故障范围或产生新的故障，每个故障扣 20 分</td><td>40</td><td></td></tr>
<tr><td>安全文明生产</td><td colspan="6">违反安全文明生产规程，未清理场地扣 10～70 分</td><td></td></tr>
<tr><td>定额工时
30 min</td><td colspan="6">不允许超时检查故障，但在修复故障时每超时 1 min 扣 1 分</td><td></td></tr>
<tr><td>备注</td><td colspan="4">除定额工时外，各项内容的最高扣分不得超过配分数</td><td>成绩</td><td colspan="2"></td></tr>
<tr><td>开始时间</td><td colspan="2"></td><td>结束时间</td><td></td><td>实际时间</td><td colspan="2"></td></tr>
</table>

思考与练习

1. 主轴电动机在低速运行时接成________形，由接触器________控制；高速运行时接成________形，由接触器________和________控制。

2. T68 型卧式镗床可以在运转过程中变速，变速时将变速手柄拉出，压断位置开关________，电动机断电并制动。选择好转速后，将手柄推入，位置开关________被释放，在此过程中，手柄通过弹簧将位置开关瞬时闭合又断开，然后再闭合，这样可以产生一个低速启动的冲动，易于齿轮啮合。

3. T68 型镗床快速电动机驱动的有________、________、________和________。

4．一台快速电动机驱动多种部件的快速移动，均由________操作，每个手柄均可压着位置开关________或________，使电动机 M2 正转或反转，至于功率传向何处，完全由操作手柄控制。

5．主轴电动机采用双速电动机是为了（　　）。

A．因为调速范围大，精简机械传动　　B．加大切削功率

C．驱动镗杆和平旋盘，每一个转速驱动一个切削内容

6．主轴电动机的快慢速由位置开关 SQ 决定，若调速手柄未压着 SQ，则电动机将处于（　　）；若调速手柄压着 SQ，则电动机将处于（　　）。

A．三角形接法，低速运转　　B．双星形接法，高速运转

C．双星形接法，低速运转

7．主电动机高速运转前必须先低速启动的原因是（　　）。

A．减少机械冲击力　　B．电动机功率较大，减小启动电流

C．提高电动机的输出功率

8．位置开关 SQ4 用于（　　）。

A．变速冲动　　B．启动　　C．联锁保护

9．位置开关 SQ5 和 SQ6 并联使用是用于（　　）。

A．冲动　　B．增大触点通电能力　　C．安全联锁保护

10．试述主轴电动机高速启动运行的过程。

11．交流接触器 KM3 在电路中起何作用？

课题十一　T612 型卧式镗床电气检修

T612 型卧式镗床是一种多用途精密金属加工机床，主要用于加工精确的孔和孔间距离要求较为精确的零件。它的镗刀主轴水平放置，不但能进行钻孔、镗孔、扩孔，还能铣削平面、端面和内外圆，加工精度高。

任务 1　认识 T612 型卧式镗床

学习目标

1. 了解 T612 型卧式镗床的基本结构，熟悉 T68 型卧式镗床的基本操作方法。
2. 能看懂 T612 型卧式镗床电路图。
3. 掌握 T612 型卧式镗床电路的工作原理。

任务引入

T612 型卧式镗床较 T68 型卧式镗床镗轴直径大，机床由 4 台电动机驱动控制。本任务是学习 T612 型卧式镗床的主要结构、运动形式，以及正确试车操作方法，学会识读 T612 型卧式镗床的电气控制电路图，为 T612 型卧式镗床常见故障的检修奠定基础。

相关知识

一、T612 型卧式镗床的型号规格

T612 型卧式镗床型号的含义如下：

T　6　12

镗床 —— T

6 —— 卧式

12 —— 镗轴直径120 mm

二、T612 型卧式镗床主要结构

T612 型卧式镗床的外形结构如图 11—1 所示。它主要由床身、前立柱、主轴箱（镗头架）、工作台、后立柱和尾架等部分组成。T612 型卧式镗床的前立柱固定在床身上，在前立柱上装有可上下移动的镗头架；切削刀具固定在镗轴或平旋盘上。

三、T612 型卧式镗床运动形式

工作时，镗轴可以一面旋转，一面带动刀具做轴向进给运动；后立柱可沿工作台导轨做水平移动；工作台安置在床身导轨上，由下滑座、上滑座及可转动的工作台组成，工作台可

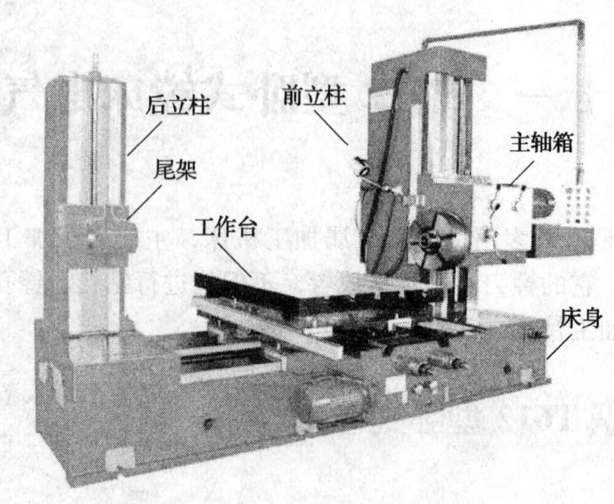

图 11—1　T612 型卧式镗床外形图

在平行于（纵向）或垂直于（横向）镗轴轴线的方向移动，并可绕工作台中心回转。

四、T612 型卧式镗床电气控制的特点

1. 机床主运动和进给运动共用一台电动机 M1 来驱动，采用机械滑移齿轮有级变速系统。

2. 主轴电动机 M1 可以正、反转及正、反转点动控制，停车时采用反接制动。为限制电动机的启动和制动电流，在点动和制动时，定子绕组串入了限流电阻 R1。

3. 为保证变速后齿轮进入良好的啮合状态，在主轴变速和进给变速时，通过拉、推变速手柄的冲击动作，分别使主轴变速位置开关 SQ9 和进给量变速位置开关 SQ10 动作，从而使主轴电动机 M1 做瞬时冲动旋转。

4. 油泵电动机 M2 随主轴启动电动机 M1 一起工作，并在主轴电动机之前启动。

5. 机床各运动部件的快速移动用一台电动机 M3 驱动，为缩短停车时间，停车时采取反接制动，并串入限流电阻 R2，限制制动电流。

6. 回转工作台的旋转用电动机 M4 驱动，可顺时针或逆时针方向旋转。

7. 机床除回转工作台以外的所有控制均采用两地控制，其控制按钮分别安装在主轴操纵台和移动控制箱上。

五、T612 型卧式镗床电路工作原理

T612 型卧式镗床电路原理如图 11—2 所示。

1. 主电路

T612 型卧式镗床主电路采用 380 V 三相交流电源，控制回路、照明灯、指示灯则由控制变压器 TC 降压供电，电压分别为 127 V、36 V、6. 3 V。

M1 为主轴电动机，带动主轴、平旋盘的旋转和进给，由接触器 KM1、KM2 控制，KM3 短接制动限流电阻 R1，KH1 为主轴电动机提供过载保护；M2 为油泵电动机，由接触器 KM4 控制，KH2 为油泵电动机提供过载保护；M3 为快速移动电动机，由接触器 KM5、KM6 控制，KM7 用来短接反接制动电阻 R2；M4 为工作台回转电动机，由接触器 KM9、KM10 控制。

低压断路器 QF1、QF2、QF3 分别做机床的电源总开关、油泵电动机 M2 及控制回路电源的开关、快速移动电动机 M3 和工作台回转电动机 M4 的开关，并兼有短路保护和过载保护的功能。当 QF1、QF2 合上时，控制变压器 TC 一次绕组接通电源，操纵台上的信号指示灯 HL1 亮。

2. 主轴电动机 M1 的控制

（1）主轴正、反转控制

由正、反转启动按钮 SB1（或 SB2）、SB3（或 SB4），正、反转启动中间继电器 KA1、KA2，正、反转接触器 KM1、KM2 组成主轴启动控制电路。主轴正向启动流程如下：

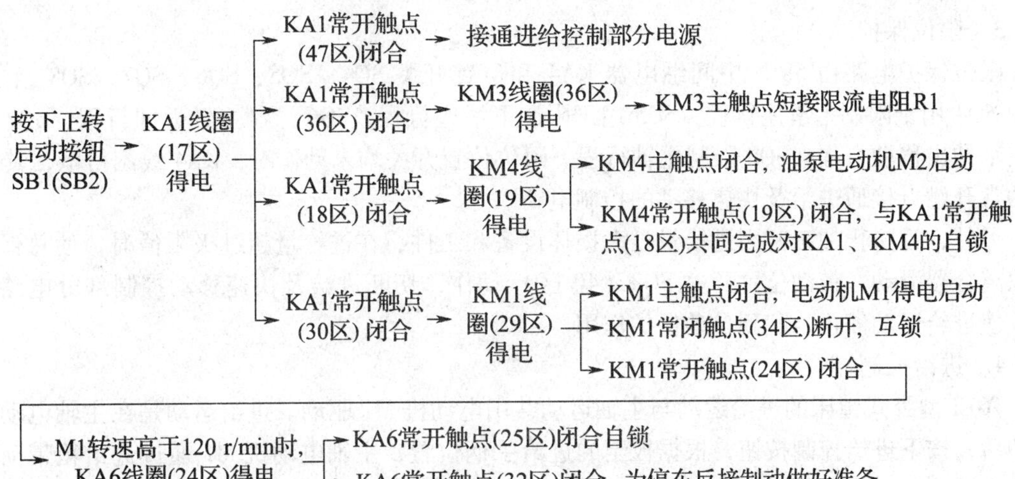

按下启动按钮 SB1 或 SB2，油泵电动机 M2 与主轴电动机 M1 同时工作，并且主轴电动机通过油泵电动机的控制接触器 KM4 完成自锁，保证了机床工作时的润滑。

反向启动过程与正向启动基本相同，参与控制的电器是反向启动按钮 SB3（或 SB4）、中间继电器 KA2、反转接触器 KM2 和接触器 KM3。

（2）主轴停车反接制动控制

由主轴停车按钮 SB17（或 SB18），速度继电器 KS1－1，中间继电器 KA6、KA7，接触器 KM1、KM2、KM3 等组成主轴的反接制动控制电路。

设主轴电动机 M1 停车前为正向转动，KA1、KM4、KM1、KM3 得电吸合，速度继电器 KS1－1 的正转常开触点闭合，中间继电器 KA6 得电并自锁，为反接制动做好准备。按下主轴停止按钮 SB17 或 SB18，主轴电动机 M1 停车制动流程如下：

按下主轴停车按钮SB17(SB18) → KA1、KM4、KM1、KM3线圈失电,触点复位 → KA6常开触点(32区)的闭合使KM2线圈得电 → KM2主触点闭合, M1串入限流电阻R1进行反接制动 → M1转速低于100 r/min, KS1-1常开触点(24区)断开 → KA6、KM2线圈相继失电, 触点复位 → 主轴电动机M1制动结束

反向旋转时的制动过程与正向转动的制动过程基本一致，参与控制的电器是速度继电器

KS1－2 的反转常开触点（26 区）、中间继电器 KA7 和接触器 KM1。

（3）主轴点动控制

由正、反转点动按钮 SB5（或 SB6）、SB7（或 SB8）以及正、反转接触器 KM1、KM2 组成主轴的正、反转点动控制电路。

按下正向点动按钮 SB5（或 SB6），正转接触器 KM1 得电，主轴电动机 M1 串入限流电阻 R1 低速正向旋转。松开 SB5（或 SB6），电动机通过速度继电器 KS1－1 的正转常开触点、中间继电器 KA6、反转接触器 KM2 制动停车。

反向点动与正向点动的动作过程相似，参与控制的电器是按钮 SB7（或 SB8）和接触器 KM2。

3．限位保护

限位保护电路由 58 区中间继电器 KA4 和位置开关 SQ4、SQ5、SQ6、SQ7、SQ8 组成。其中 SQ4 用于限制上滑座行程，SQ5 用于限制下滑座行程，SQ6 限制主轴返回行程，SQ7 限制主轴伸出移动行程，SQ8 限制主轴行程。限位位置开关均未动作时，KA4 线圈得电，其 40 区的常开触点接通进给及快速移动的控制电路。

另外，为防止加工时因进给量过大损坏设备和工件，在进给量超过极限值时，使总保险摩擦离合器滑动，带动位置开关 SQ3（40 区）动作，切断进给及快速移动控制部分电路电源，使进给运动停止，起到自动保护作用。

4．进给控制

T612 型卧式镗床的进给运动与主轴运动共用电动机 M1 驱动。进给运动是在主轴电动机启动后，按下进给控制按钮，根据扳至的进给手柄位置，主轴电动机 M1 通过进给箱带动相应的主轴箱、工作台等做进给运动。

进给运动方式有自动进给和点动进给，由自动进给按钮 SB13（或 SB14）、点动进给按钮 SB15（或 SB16）、继电器 KA3、接触器 KM8 和牵引电磁铁 YA1、YA2 组成进给控制电路。

按下自动进给按钮 SB13（或 SB14），继电器 KA3 线圈（48 区）得电并自锁，KA3 的常开触点（52 区）闭合，接通接触器 KM8 线圈的电源，使牵引电磁铁 YA1、YA2 得电吸合，进给信号灯 HL3 亮，表明自动进给开始。KA3 线圈的通电路径为：

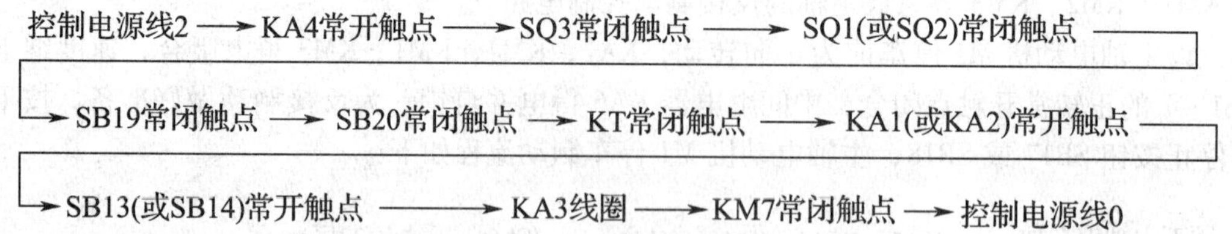

按下点动进给按钮 SB15（或 SB16）时，接触器 KM8 直接得电吸合，但不能自锁，牵引电磁铁 YA1、YA2 吸合，点动进给开始；松开 SB15（或 SB16）时，KM8、YA1、YA2 相继断电，点动进给停止。

位置开关 SQ1 和 SQ2 组成工作台横向进给或主轴箱进给与主轴或平旋盘进给的互锁电路。当两种进给的操纵手柄同时合上时，SQ1 和 SQ2 都被压下，常闭触点断开，切断进给和快速控制电路电源，保证两种进给不会同时发生，避免了机床和刀具的损坏。

5. 主轴变速与进给量变换的控制

主轴及进给的各种速度可通过变速操纵盘进行调节，它不但可在停车时进行变速，在运行中也可变速。变速时，主轴电动机 M1 获得瞬时冲动，以利于齿轮啮合。

假设主轴电动机 M1 目前工作于正向运转状态，主轴直接变速动作流程如下：

拉出主轴变速手柄 → 位置开关SQ9压下 → SQ9-1(36区)断开 → KM1、KM3线圈失电,触点复位 → M1断电
→ SQ9-2(38区)闭合 → KT线圈得电 → KT常闭触点(47区)断开,切断进给控制电路电源
→ KT瞬间断开,延时闭合常闭触点(36区)断开

由于惯性,KS1-1闭合 → KA6维持得电状态 → KM2线圈得电 → M1串入限流电阻R1对电动机反接制动 → 转速低于100 r/min后KS1-1断开 → KA6、KM2线圈相继失电 → 主轴电动机M1停转

旋转变速操纵盘 → 选择好所需转速后将变速手柄推合上 → 位置开关SQ9复位 → SQ9-1(36区)闭合 → KM1线圈得电 → M1串电阻R1运转
→ SQ9-2(38区)断开 → KT线圈失电 → 1~2s延时后,KT常闭触点(36区)恢复闭合 → KM3线圈得电,主触点闭合,短接电阻R1 → 主轴电动机在新选定的转速下正向运行

如果齿轮啮合不好，则应将变速手柄拉出，再次推入，使位置开关 SQ9 - 1 触点做瞬时闭合，主轴电动机 M1 做瞬时旋转，直到齿轮啮合良好。

进给量变换的工作过程与主轴变速基本相同。不同之处是拉出的是进给变速手柄，受压动作的是进给量变换位置开关 SQ10。

变速时，时间继电器 KT 得电，KT 的瞬动常闭触点（47 区）切断进给控制电路电源，保证主轴变速和进给量变换时，不会发生进给运动。

6. 快速移动电动机 M3 的控制

可动机构的快速移动通过电动机 M3 来驱动。由正向快速移动按钮 SB9（或 SB10），反向快速移动按钮 SB11（或 SB12），正、反转接触器 KM5、KM6，限流电阻 R2 及其控制接触器 KM7，速度继电器 KS2，中间继电器 KA8、KA9 等组成快速移动及快速移动制动控制电路。

反向快速移动的工作过程与正向快速移动的工作过程相似，参与控制的电器是按钮SB11（或SB12），接触器KM6、KM5、KM7，速度继电器KS2－2的反转常开触点（56区），中间继电器KA5、KA9。

T612型卧式镗床可动部件的快速移动和机床的进给运动不允许同时发生，电路上通过接触器KM8的常闭触点（43区）和KM7的常闭触点（48区）实现互锁。

7. 工作台回转电动机M4的控制

工作台回转电动机M4由回转正、反转点动控制按钮SB21、SB22和正、反转接触器KM9、KM10进行控制。当按下按钮SB21或SB22时，接触器KM9线圈（59区）或KM10线圈（60区）得电吸合，电动机M4带动工作台正向或反向回转。

T612型卧式镗床主要元器件明细见表11—1。

表11—1　　T612型卧式镗床主要元器件明细表

代号	元件名称	型号	规格	用途	数量
M1	电动机	JQ61－4	10 kW，1 450 r/min	驱动主运动和进给运动	1
M2	电动机	JO12－4	0.2 kW，1 400 r/min	驱动油泵	1
M3	电动机	JH051－4	4.5 kW，1 420 r/min	快速移动	1
M4	电动机	JH042－4	2.8 kW，1 420 r/min	工作台回转	1
YA1，YA2	电磁铁	MQ1－5141	380 V	进给控制	2

续表

代号	元件名称	型号	规格	用途	数量
QF1	断路器	DZ1－100/300	额定电流60 A	电源总开关	1
QF2	断路器	DZ4－25/330	额定电流25 A	油泵电动机及控制电源开关	1
QF3	断路器	DZ4－25/330	额定电流16 A	快移电动机及 工作台回转电动机电源开关	1
KM1	交流接触器	CJ10－75A	127 V	主轴正转控制	1
KM2	交流接触器	CJ10－40A	127 V	主轴反转控制	1
KM3	交流接触器	CJ10－10A	127 V	R1短接控制	1
KM4	交流接触器	CJ10－10A	127 V	油泵电动机启动	1
KM5	交流接触器	CJ10－75A	127 V	快移电动机正转	1
KM6	交流接触器	CJ10－40A	127 V	快移电动机反转	1
KM7	交流接触器	CJ10－10A	127 V	R2短接控制	1
KM8	交流接触器	CJ10－10A	127 V	YA1、YA2电源控制	1
KM9	交流接触器	CJ10－75A	127 V	工作台正向回转	1
KM10	交流接触器	CJ10－40A	127 V	工作台反向回转	1
KA1	交流接触器	CJ10－10A	127 V	主轴正向启动中间控制	1
KA2	交流接触器	CJ10－10A	127 V	主轴反向启动中间控制	1
KA3	交流接触器	CJ10－10A	127 V	自动进给中间控制	1
KA4	中间继电器	JZ7	127 V	限位保护中间控制	1
KA5，KA8，KA9	中间继电器	JZ7	127 V	快移反接制动中间控制	3
KA6，KA7	中间继电器	JZ7	127 V	主轴反接制动中间控制	2
KT	时间继电器	JS7－4	127 V，0.4～60 s	主轴变速与进给量变换时 限流电阻R1接入控制	1
KS1	速度继电器	JY1		主轴反接制动	1
KS2	速度继电器	JY1		快移反接制动	1
TC	控制变压器	BK－400	380/127 V，36 V，6 V	控制、照明、指示灯电源	1
R1	电阻箱	ZX1－1/105	每组电阻1.26 Ω	主轴电动机制动、点动限流	3组
R2	电阻箱	ZX4－1/1	每组电阻5.6 Ω	快移电动机制动限流	3组
SQ1	位置开关	LX3－11K		工作台横向进给或主轴箱进给	1
SQ2	位置开关	LX3－111－1		主轴或平旋盘进给	1
SQ3	位置开关	LX2－111		进给量极限控制	1
SQ4	位置开关	LX3－111－1		上滑座移动行程限制	1
SQ5	位置开关	LX3－11H		下滑座移动行程限制	1
SQ6	位置开关	LX3－11H		主轴返回行程限制	1
SQ7	位置开关	LX3－11H		主轴伸出移动行程限制	1
SQ8	位置开关	LX3－11H		主轴行程限制	1
SQ9	位置开关	LX2－131		主轴变速	1
SQ10	位置开关	LX2－111		进给量变换	1

续表

代号	元件名称	型号	规格	用途	数量
SB1，SB2	按钮	LA2	黑色	主轴正向启动	2
SB3，SB4	按钮	LA2	黑色	主轴反向启动	2
SB5，SB6	按钮	LA2	黑色	主轴正向点动	2
SB7，SB8	按钮	LA2	黑色	主轴反向点动	2
SB9，SB10	按钮	LA2	黑色	正向快移	2
SB11，SB12	按钮	LA2	黑色	反向快移	2
SB13，SB14	按钮	LA2	黑色	自动进给	2
SB15，SB16	按钮	LA2	黑色	点动进给	2
SB17，SB18	按钮	LA2	黑色	主轴停车	2
SB19，SB20	按钮	LA2	红色	进给停止	2
SB21	按钮	LA2	红色	工作台正向回转	1
SB22	按钮	LA2	红色	工作台反向回转	1
KH1	热继电器	JR16－20	热元件额定电流 16～25 A	主轴电动机过载保护	1
KH2	热继电器	JR16－20	热元件额定电流 0.4～0.64 A	油泵电动机过载保护	1

任务实施

一、认识 T612 型卧式镗床的主要结构和操作部件

通过观摩 T612 型卧式镗床实物与图 11—1 所示的镗床外形图，认识 T612 型卧式镗床的主要结构和操作部件。

二、熟悉 T612 型卧式镗床的电气设备名称、型号规格、代号及位置

首先切断设备总电源，然后在教师指导下，根据表 11—1 所列元器件明细，核对电气元件以及元件在机床中的位置。

三、观摩操作

观察教师对 T612 型卧式镗床试车的操作方法和步骤，并在教师指导下对 T612 型卧式镗床进行试车操作。

1. 开机准备工作

取下主轴上的刀具，取下工作台上的工件，将主轴箱调至前立柱中间位置，将工作台调至床身中间位置，关上电气柜门，合上机床电源开关 QF1、QF2、QF3。

2. 主轴电动机操作

按下主轴正转启动按钮 SB1（或 SB2），油泵电动机 M2 运转，主轴电动机 M1 启动正转。按下主轴停止按钮 SB17（或 SB18），主轴电动机串入限流电阻 R1，由速度继电器 KS1 控制实施反接制动。按下主轴反转启动按钮 SB3（或 SB4），动作过程类似。

按下主轴正转点动按钮 SB5（或 SB6），主轴电动机 M1 串入限流电阻 R1，点动运行。按下主轴反转点动按钮 SB7（或 SB8），动作过程类似。

3. 进给操作

T612 型卧式镗床进给运动与主轴旋转运动公用电动机 M1 驱动，启动主轴运行后，将工作台横向进给或主轴箱进给手柄拨在进给位置，按下自动进给按钮 SB13（或 SB14），牵引电磁铁 YA1、YA2 接通进给装置，自动进给运行，同时进给指示灯亮。按下进给停止按钮 SB19（或 SB20），进给停止。

将主轴或平旋盘进给手柄拨在进给位置，自动进给工作过程类似。

主轴启动后，按下点动进给按钮 SB15（或 SB16），按进给手柄工作方向，实现点动进给。

工作台横向进给或主轴箱进给手柄与主轴或平旋盘进给手柄只能有一种在工作位置，否则由保护电路（SQ1、SQ2）实现保护，无进给运动。

4. 变速操作

主轴的旋转速度和主轴进给量的变速可以在主轴停车时进行，也可在主轴运转时进行。拉出变速手柄，主轴电动机 M1 串入限流电阻 R1，反接制动停转（假设主轴为运转过程中变速，先必须停车）；旋转选好新的速度后，推回变速手柄，主轴串电阻 R1 启动，短暂延时后，短接限流电阻，过渡到正常运行。

若变速手柄因齿轮啮合不好推不回原位，将变速手柄拉出，再次推入，位置开关 SQ9 会在推入、拉开过程中短暂接通，进而控制主轴电动机瞬间通电，做冲动运行，直到齿轮啮合好，变速手柄能推回原位。

5. 快速电动机操作

按下正向快速点动按钮 SB9（或 SB10），快速移动电动机 M3 得电运转，按操作手柄方向，带动工作机械快速移动。松开快速点动按钮 SB9（或 SB10），在速度继电器 KS2 控制下，串入限流电阻 R2 进行反接制动。

按下反向快速点动按钮 SB11（或 SB12），动作过程类似。

6. 工作台回转操作

按下工作台正向回转点动按钮 SB21（或反向回转点动按钮 SB22），回转电动机 M4 正转（或反转），带动工作台做正向（或反向）回转运动。

四、识读 T612 型卧式镗床电路图

识读电路原理图，在教师的指导下，结合对机床的实际操作，进一步理解机床各部分的功能及工作原理。

任务测评

对任务实施完成情况进行检查，并将结果填入表 11—2。

表 11—2　　评分标准

<table>
<tr><th>项目内容</th><th>序号</th><th colspan="2">评分标准</th><th>配分</th><th>得分</th></tr>
<tr><td rowspan="3">机床认识</td><td>1</td><td colspan="2">不能对照机床实物或挂图说出机床主要部件名称，每处扣 2 分</td><td>6</td><td rowspan="14"></td></tr>
<tr><td>2</td><td colspan="2">不能指出机床主要电气元件位置、不能识别元器件，每处扣 2 分</td><td>6</td></tr>
<tr><td>3</td><td colspan="2">主轴点动、主轴正反转运行、进给控制、变速控制、快速移动、工作台回转试车，每种方式试车有误扣 3 分</td><td>18</td></tr>
<tr><td rowspan="11">识读机床电路图</td><td>4</td><td colspan="2">机床主电路各电动机的工作特点表述不清，每处扣 2 分</td><td>10</td></tr>
<tr><td>5</td><td colspan="2">保护电路、信号与照明电路、电源电压等级表述不清，每处扣 5 分</td><td>10</td></tr>
<tr><td rowspan="9">6</td><td>主轴启动电路</td><td rowspan="9">（1）识读方法、步骤不清楚，每处扣 2 分
（2）识读错误，每处扣 4 分</td><td>6</td></tr>
<tr><td>主轴点动电路</td><td>6</td></tr>
<tr><td>主轴制动电路</td><td>6</td></tr>
<tr><td>主轴变速电路</td><td>6</td></tr>
<tr><td>进给控制电路</td><td>6</td></tr>
<tr><td>快速移动电路</td><td>6</td></tr>
<tr><td>工作台回转电路</td><td>6</td></tr>
<tr><td>限位保护电路</td><td>4</td></tr>
<tr><td>油泵电路</td><td>4</td></tr>
<tr><td>备注</td><td colspan="3">本项目可采用自查和互查方式进行</td><td>成绩</td><td></td></tr>
<tr><td>开始时间</td><td></td><td>结束时间</td><td></td><td>实际时间</td><td></td></tr>
</table>

任务 2　检修 T612 型卧式镗床

学习目标

1. 掌握 T612 型卧式镗床电路典型故障的分析方法以及故障的检测流程。
2. 能按照正确的检测步骤，排除 T612 型卧式镗床电路的典型电气故障。

任务引入

T612 型卧式镗床主轴电动机有正反转运行控制、正反向点动控制、停车反接制动控制、机械变速冲动控制、进给控制，是本机床控制电路的重点和难点，而且 T612 型卧式镗床的机械操作与电气控制结合紧密。因此，检修时要注意 T612 型卧式镗床的这些特点。下面将通过对 T612 型卧式镗床典型故障的检修流程分析来学习 T612 型卧式镗床常见电气故障的检修方法。

相关知识

T612 型卧式镗床典型故障分析

1. 主轴电动机 M1 能正向启动运行，但不能反向启动运行

主轴电动机 M1 正向启动运行正常，说明主轴电动机正方向启动控制电路以及公共电路正常，故障在反方向有关的控制电路中，检测流程如图 11—3 所示。

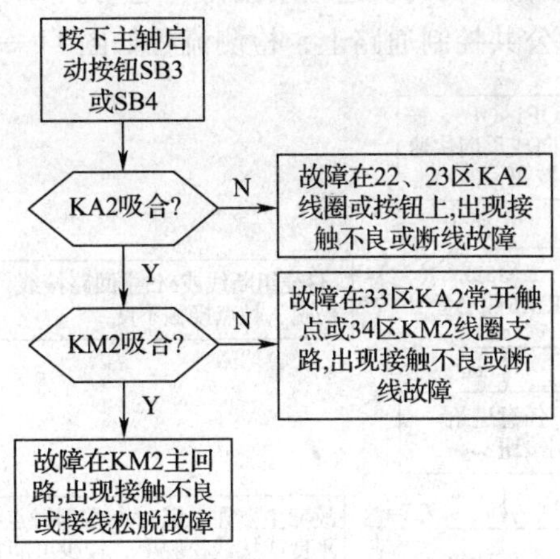

图 11—3　检测流程

可通过检验反向点动是否正常来缩小故障区域。若反向点动正常，故障只在 KA2 线圈或 33 区 KA2 常开触点上；若不正常，故障多在 33 区 KM2 线圈支路或 KM2 主回路上。

2. 主轴电动机启动无力，工作一段时间自动停车

该故障的原因多是主轴电动机工作时没有切除限流电阻 R1，使主轴电动机长时间处于降压运行状态。在额定负载情况下，电动机绕组电流增大，绕组温度升高，使得热继电器 KH1 保护动作，电动机自动停车。故障主要是 36 区 KA1 常开触点或 37 区 KA2 常开触点、时间继电器 KT 的延时闭合常闭触点（36 区）接触不良或接线松脱，接触器 KM3 线圈断线或主触点接触不良，导致在正常工作状态下不能将限流电阻 R1 切除。

3. 主轴电动机停车时无制动作用

如果主轴电动机在正、反向运转时均不能制动，故障通常是 KS1 中推动触点的胶木摆杆断裂，转子虽能随电动机转动，但不能推动触点闭合。另外，速度继电器轴伸圆销扭弯、磨损或弹性连接件损坏、螺钉销钉松动或打滑，也会使速度继电器转子不能正常运转，速度继电器的常开触点不能正常闭合，接通反接制动的电路，从而使主轴电动机停车没有制动作用。

如果是正向运转时不能制动，故障是 24 区 KA6 线圈支路存在断点，使 KA6 不能正常吸合；KA6 能正常吸合则故障在 33 区 KA6 常开触点接触不良或接线松脱上。如果是反向运转时不能制动，故障在 26 区 KA7 线圈支路或在 31 区 KA7 常开触点上。

4. 主轴变速手柄或进给变速手柄拉出时，主轴电动机不停车

该故障为受主轴变速手柄操纵的位置开关 SQ9，或受进给变速手柄操纵位置开关 SQ10 不能压合引起的。通常是 SQ9、SQ10 紧固不牢、位置偏移，使得变速手柄拉出时不能受压，不能切断接触器 KM1 或 KM2 线圈电源，出现上述的故障现象。

5．按下正向快速移动按钮和反向快速移动按钮，电动机 M3 均不工作

该故障主要在快速移动公共控制通路上，检测流程如图 11—4 所示。

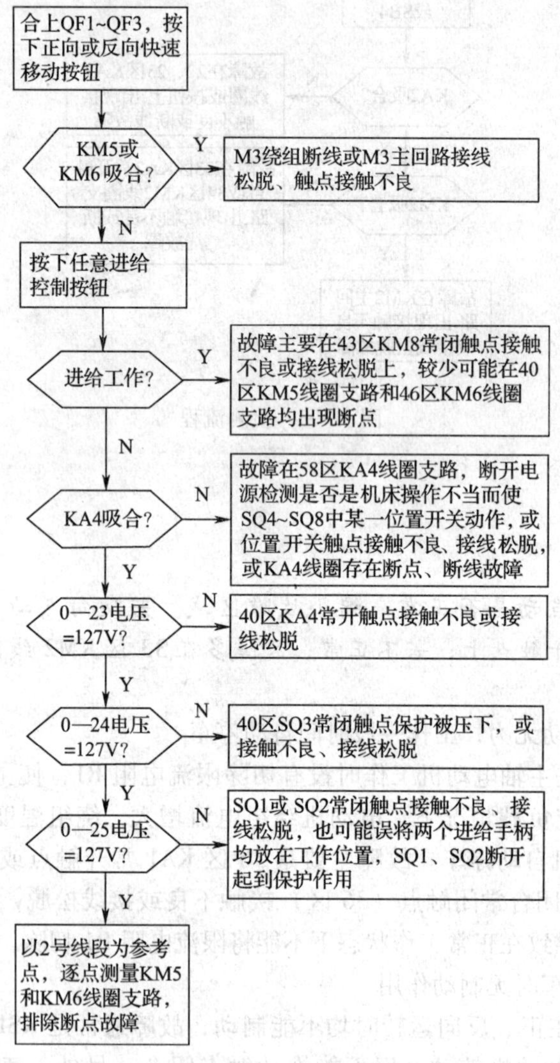

图 11—4　检测流程

6．松开快速移动按钮，没有制动停车过程

正、反向快速移动完毕都无制动作用，故障可能的位置有：KS2 中推动触点的胶木摆杆断裂，或者转子旋转的联动装置损坏，导致其常开触点不能闭合；53 区 KA5 线圈存在断点，KA5 不吸合；43 区“25 ⟶SB12 - 2 常闭触点⟶SB10 - 2 常闭触点⟶SB11 - 2 常闭触点⟶SB9 - 2 常闭触点⟶KA5 常开触点—36”之间有触点接触不良或接线松脱故障。

如果只是一个方向无制动作用，故障在与该方向制动有关的元器件上。例如，反向快速移动完毕有制动作用，而正向快速移动后无制动过程。故障位置可能在 54 区 KA8 线圈支路（KS2 - 1 常开触点、KA8 线圈）或 55 区 KA8 自锁常开触点间存在断点，导致 KA8 不能吸合；若 KA8 线圈能够吸合，故障在 44 区 KA8 常开触点上。

7. 机床能点动进给，不能自动进给

点动进给正常，说明进给控制的公共电路以及接触器KM8，电磁铁YA1、YA2是好的，故障发生在产生自动进给的专用电路上。通常是继电器KA3线圈（48区）断线、49区或52区KA3常开触点接触不良、接线松脱，自动进给按钮SB13（或SB14）接触不良等引起的。

8. 机床快速移动部分工作正常，点动进给和自动进给均不能进行

点动进给和自动进给均不工作，控制电路故障应在47～52区进给控制部分，主电路故障在9区进给控制电磁铁部分。启动主轴电动机，检测流程如图11—5所示。

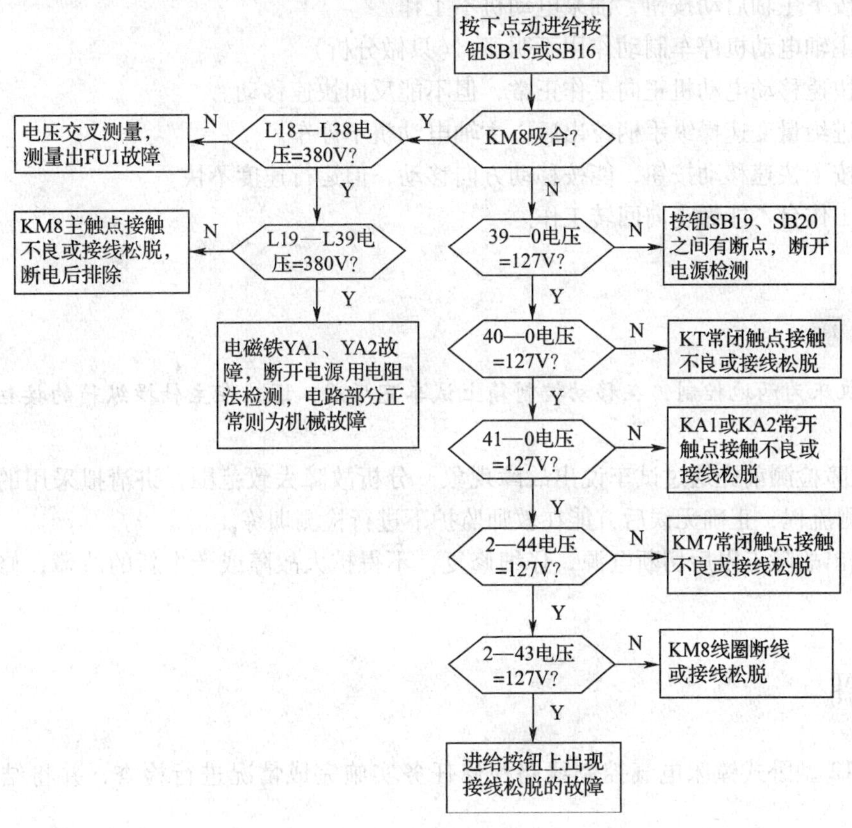

图11—5 检测流程

任务实施

一、任务准备

实施本任务所需要的实训设备及工具材料见表11—3。

表11—3 实训器材

工具	测电笔、电工刀、尖嘴钳、斜口钳、剥线钳、螺钉旋具、活扳手等
仪表	万用表、兆欧表、钳形电流表
机床	T612型卧式镗床或T612型卧式镗床模拟电气控制台

二、T612 型卧式镗床典型故障的排除

1．理清 T612 型卧式镗床各电气元件的位置、线路走向。

2．对典型故障分析中涉及的故障现象设置已知故障点，试车、检测并排除。

3．针对以下故障现象在 T612 型卧式镗床上设置故障点。

（1）不论按下主轴电动机的正向启动按钮还是反向启动按钮，主轴电动机只能点动运行。

（2）主轴电动机反向点动运行正常，但不能反向启动运转。

（3）按下主轴启动按钮，油泵电动机不工作。

（4）主轴电动机停车制动作用不明显。（只做分析）

（5）快速移动电动机正向工作正常，但不能反向快速移动。

（6）进给量变速操纵手柄拉出后，主轴电动机不停车。

（7）按下快速移动按钮，能按移动方向移动，但运行速度不快。

（8）工作台不能做正向回转工作。

由于机床为两地控制，在移动控制箱上试车完毕后，还应在主轴操纵箱的按钮上试车检查。

4．故障检测前先通过试车说出故障现象，分析故障大致范围，讲清拟采用的故障检测手段、检测流程，正确无误后方能在教师监护下进行检测训练。

5．找出故障点以后切断电源，仔细修复，不得扩大故障或产生新的故障；修复后通电试车。

任务测评

对 T612 型卧式镗床电气控制线路检修任务实施完成情况进行检查，并将结果填入表 11—4。

表 11—4　　评 分 标 准

项目内容	序号	评 分 标 准	配分	得分
故障分析	1	不能根据试车的状况说出故障现象，扣 5 ~ 10 分	10	
	2	不能标出最小故障范围，每个故障扣 5 分	10	
	3	不能标出故障线段或错标在故障回路以外，每个故障点扣 5 分	10	
排除故障	4	停电不验电，扣 5 分	5	
	5	测量仪表使用不正确，每次扣 5 分	5	
	6	排除故障方法、步骤不正确，扣 10 分	10	
	7	损坏电气元件，扣 10 分	10	
	8	不能排除故障，扩大故障范围或产生新的故障，每个故障扣 20 分	40	

续表

项目内容	序号	评分标准			配分	得分
安全文明生产	违反安全文明生产规程，未清理场地扣 10～70 分					
定额工时 30 min	不允许超时检查故障，但在修复故障时每超时 1 min 扣 1 分					
备注	除定额工时外，各项内容的最高扣分不得超过配分数				成绩	
开始时间		结束时间			实际时间	

思考与练习

1. T612 型卧式镗床进给采用________电动机控制，平旋盘的转动采用________电动机控制。

2. 主轴电动机的停车采用________方式，快速移动电动机的停车采用________方式。

3. 与 KM1 常开触点并联的 KA6 常开触点（25 区）在电路工作过程中起________作用，32 区 KA6 的常开触点起________作用。

4. 42 区 KA9 常开触点的作用是________，57 区 KA9 常开触点的作用是________，41 区 KA9 常闭触点的作用是________。

5. 机床可动部件的快速移动和进给运动不允许同时发生，电路上通过________和________触点实现互锁。

6. T612 型卧式镗床主轴变速和进给量变换时，不允许进给运动工作，采用________触点进行保护控制。

7. 分析自动进给的工作步骤与电路的工作过程。

8. 分析快速移动电动机反向移动电路的工作原理。

9. 主轴电动机正、反向均不能启动工作，试写出检测步骤。

10. 主轴电动机能正向启动运行，但不能正向点动运行，试分析故障原因。

11. 主轴电动机处于正转运行状态，按下停车按钮，主轴电动机不停车，试分析应如何处置，并分析故障原因。

12. 快速移动电动机正向停车时有制动作用，但反向停车时没有停车制动作用，试分析故障原因，并写出检测流程。

课题十二　20/5t 桥式起重机电气检修

桥式起重机又称为天车、行车或吊车，用于吊起或下放重物并使重物在短距离内移动。起重机按结构分有桥式、塔式、门式、旋转式和缆索式等，20/5t 桥式起重机是一种电动双梁式吊车，广泛用于车间内重物的起吊搬运。

任务 1　认识 20/5t 桥式起重机

学习目标

1. 了解 20/5t 桥式起重机的基本结构，熟悉 20/5t 桥式起重机的基本操作方法。
2. 能看懂 20/5t 桥式起重机电路图。
3. 掌握 20/5t 桥式起重机电路的工作原理。

任务引入

20/5t 桥式起重机由 5 台绕线式异步电动机驱动，主钩能起吊 20 t 重物，副钩能起吊 5 t 重物。本任务是学习 20/5t 桥式起重机主要结构、运动形式，以及正确试车操作方法，学会识读 20/5t 桥式起重机的电气控制电路图，为 20/5t 桥式起重机的检修奠定基础。

相关知识

一、20/5t 桥式起重机的型号规格

20/5t 桥式起重机型号的含义如下：

```
         20 / 5   t
主钩20吨 ─┘   │   └── 吨
              └────── 副钩5吨
```

二、20/5t 桥式起重机主要结构

桥式起重机由大车、小车、提升机构（主钩、副钩及传动变速机构）等部分组成，外形如图 12—1 所示。

三、20/5t 桥式起重机运动形式

桥式起重机的主要运动有大车的纵向运动，小车的横向运动及主钩、副钩的升降运动。

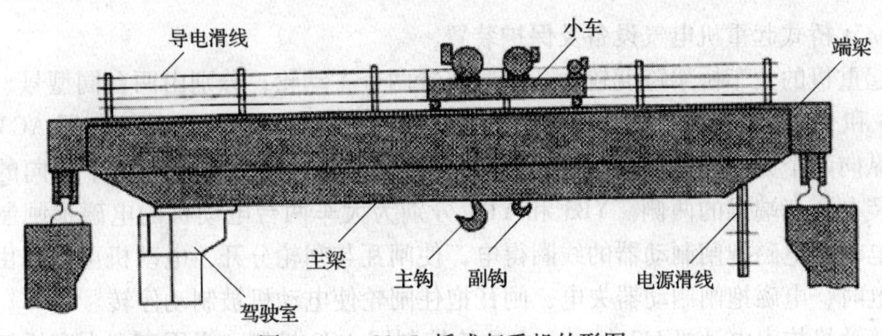

图 12—1 20/5t 桥式起重机外形图

桥式起重机的桥架称为大车，大车可以沿车间两侧立柱上的轨道做纵向（前后）移动；大车上设有小车专用轨道，供小车沿轨道做横向（左、右）移动；主钩和副钩都装在小车上，副钩用来提升 5 t 以下较轻物件，主钩用来提升不大于 20 t 的重物；副钩在其额定负载范围内可协同主钩完成吊运工作，但不允许主、副钩同时提升两个物件；当两个吊钩同时使用时，起吊总重最大不能超过主钩额定重量。

四、20/5t 桥式起重机电气控制的特点

1. 三相电源是从沿着平行于大车轨道方向敷设在车间厂房一侧的三根主滑触线上，通过滑动集电刷引入的；小车上电气设备的供电以及电气设备之间的连接是通过在桥架的一侧装设的 21 根小车导电滑线并经滑动集电刷引入的。

21 根小车导电滑线的作用是：用于主钩部分 10 根，其中三根连接主钩电动机 M5 的定子绕组（5 U、5 V、5 W）接线端，三根连接转子绕组与转子附加电阻 5R，主钩电磁抱闸制动器 YB5、YB6 接交流电磁控制柜两根，主钩上升位置开关 SQ5 接交流电磁控制柜与主令控制器两根；用于副钩部分 6 根，其中三根连接副钩电动机 M1 的转子绕组与转子附加电阻 1 R，两根连接定子绕组（1 U、1 W）接线端与凸轮控制器 AC1，另一根将副钩上升位置开关 SQ6 接在交流保护柜上；用于小车部分 5 根，其中三根连接小车电动机 M2 的转子绕组与转子附加电阻 2R，两根连接 M2 定子绕组（2 U、2 W）接线端与凸轮控制器 AC2。

滑触线通常采用角钢、圆钢、V 形钢或工字钢等刚性导体制成。

2. 桥式起重机选用绕线式异步电动机以适应在重载下频繁启动、制动、反转、变速等操作，绕线式电动机转子回路串电阻工作可得到较大的启动转矩，并可减小启动电流，具有一定的调速范围。

3. 主钩与副钩要有合理的升降速度，空载、轻载要求速度快，以减少辅助工时；重载要求速度慢，转速可降低为额定转速的 50% ~60%；提升开始或重物下降至预定位置附近时采用低速，在 30% 额定速度附近分成几挡，方便灵活操作。

4. 吊钩提升的第一级作为预备级，启动转矩不能太大，一般限制在额定转矩的 50% 以内，这是为了消除传动间隙和张紧钢丝绳，以避免过大的机械冲击。

5. 当下放负载时，负载力矩为位能性反抗力矩，电动机可运转在电动状态、负载倒拉反接状态或再生发电制动状态。

6. 有完备的零位、短路、过载和终端保护。

五、20/5t 桥式起重机电路工作原理

20/5t 桥式起重机的电路原理如图 12—2 所示。

1. 20/5t 桥式起重机电气设备及保护装置

桥式起重机的大车桥架跨度较大，两侧装置两个主动轮，分别由两台同型号、同规格的电动机 M3 和 M4 驱动，两台电动机的定子并联在同一电源上，由凸轮控制器 AC3 控制，沿大车轨道纵向两个方向同速运动。位置开关 SQ3 和 SQ4 作为大车前后两个方向的终端限位保护，安装在大车端梁的两侧。YB3 和 YB4 分别为大车两台电动机的电磁抱闸制动器，当电动机通电时，电磁抱闸制动器的线圈得电，使闸瓦与闸轮分开，电动机可以自由旋转；当电动机断电时，电磁抱闸制动器失电，闸瓦抱住闸轮使电动机被制动停转。

小车移动机构由电动机 M2 驱动，由凸轮控制器 AC2 控制，沿固定在大车桥架上的小车轨道横向两个方向运动。YB2 为小车电磁抱闸制动器，位置开关 SQ1、SQ2 为小车终端限位提供保护，安装在小车轨道的两端。

副钩升降由电动机 M1 驱动，由凸轮控制器 AC1 控制。YB1 为副钩电磁抱闸制动器，位置开关 SQ6 为副钩提供上升限位保护。

主钩升降由电动机 M5 驱动，主令控制器 AC4 配合交流电磁控制柜（PQR）完成对主钩电动机 M5 的控制。YB5、YB6 为主钩三相电磁抱闸制动器，位置开关 SQ5 为主钩上升限位保护。

起重机的保护环节由交流保护控制柜（GQR）和交流电磁控制柜（PQR）来实现，各控制电路用熔断器 FU1、FU2 作为短路保护。总电源及各台电动机分别采用过电流继电器 KA0、KA1、KA2、KA3、KA4、KA5 实现过载和过流保护，过电流继电器的整定值一般整定在被保护的电动机额定电流的 2.25 ~ 2.5 倍。总电流过载保护的过电流继电器 KA0 串接在公用线的 W12 相中，它的线圈将流过所有电动机定子电流的和，它的整定值一般整定为全部电动机额定电流总和的 1.5 倍。

为了保障维修人员的安全，在驾驶室舱门盖上装有安全开关 SQ7；在横梁两侧栏杆门上分别装有安全开关 SQ8、SQ9；为了在发生紧急情况时操作人员能立即切断电源，防止事故扩大，在保护控制柜上装有一只单刀单掷的紧急开关 QS4。上述各开关在电路中均使用常开触点，与副钩、小车、大车的过电流继电器及总过流继电器的常闭触点相串联，这样，当驾驶室舱门或横梁栏杆门开启时，主接触器 KM 线圈不能得电运行，或在运行中也会断电释放，使起重机的全部电动机都不能启动运转，保证了人身安全。

电源总开关 QS1、熔断器 FU1 与 FU2、主接触器 KM、紧急开关 QS4 以及过电流继电器 KA0 ~ KA5 都安装在保护控制柜中。保护控制柜、凸轮控制器及主令控制器均安装在驾驶室内，以便于司机操作。交流电磁控制柜、绕线转子异步电动机转子串联的电阻箱安装在大车桥架上。起重机的接地保护接于大车轨道上。

2. 主接触器 KM 的控制

在启动接触器 KM 之前，应将副钩、小车、大车凸轮控制器的手柄置于“0”位，零位联锁触点 AC1 - 7、AC2 - 7、AC3 - 7（9 区）处于闭合状态；关好横梁栏杆门（SQ8、SQ9 闭合）及驾驶舱门盖（SQ7 闭合），合上紧急开关 QS4。在各过电流继电器没有保护动作（KA0 ~ KA4 常闭触点处于闭合状态）的情况下，按下启动按钮 SB，接触器 KM 线圈得电，主触点闭合（2 区），两副常开辅助触点（7 区、9 区）闭合自锁。KM 线圈得电路径如下：

FU1→1→SB→11→AC1 -7→12→AC2 -7→13→AC3 -7→14

→SQ9→18→SQ8→17→SQ7→16→QS4→15→KA0→19

→KA1→20→KA2→21→KA3→22→KA4→23→KM→24→FU1

KM 线圈闭合自锁路径如下：

W13→SQ6→8→AC1-5
FU1→1→KM→AC1-6→3→(AC2-6→SQ1 / AC2-5→SQ2)→5→(SQ3→AC3-6 / SQ4→AC3-5)→7→KM

→SQ9→18→SQ8→17→SQ7→16→QS4→15→KA0~KA4→23→KM→24→FU1

KM 吸合，将两相电源（U12、V12）引入各凸轮控制器，另一相电源经总过电流继电器 KA0（W13）后直接引入各电动机定子接线端。此时由于各凸轮控制器手柄均在零位，电动机不会运转。

3. 副钩控制电路

副钩凸轮控制器 AC1 共有 11 个位置，中间位置是零位，左、右两边各有 5 个位置，用来控制电动机 M1 在不同转速下的正、反转，即用来控制副钩的升、降。AC1 共用了 12 副触点，其中 4 对常开主触点控制 M1 定子绕组的电源，并换接电源相序以实现 M1 的正反转；5 对常开辅助触点控制 M1 转子电阻 1R 的切换；三对常闭辅助触点作为联锁触点，其中 AC1 -5 和 AC1 -6 为 M1 正反转联锁触点，AC1 -7 为零位联锁触点。

（1）副钩上升控制

在主接触器 KM 线圈得电吸合的情况下，转动凸轮控制器 AC1 的手轮至向上“1”挡，AC1 的主触点 V13 -1W 和 U13 -1U 闭合，触点 AC1 -5 闭合，AC1 -6 和 AC1 -7 断开，电动机 M1 接通三相电源正转，同时电磁抱闸制动器线圈 YB1 得电，闸瓦与闸轮分开，M1 转子回路中串接的全部外接电阻器 1R 启动，M1 以最低转速、较大的启动力矩带动副钩上升。

转动 AC1 手轮，依次到向上的“2”~“5”挡位时，AC1 的 5 对常开辅助触点（2 区）依次闭合，短接电阻 1R5 ~1R1，电动机 M1 的提升转速逐渐升高，直到预定转速。

由于 AC1 拨至向上挡位，AC1 -6 触点断开，KM 线圈自锁回路电源通路只能通过串入副钩上升限位开关 SQ6（8 区）支路，副钩上升到调整的限位位置时 SQ6 被挡铁分断，KM 线圈失电，切断 M1 电源；同时 YB1 失电，电磁抱闸制动器在反作用弹簧的作用下对电动机 M1 进行制动，实现终端限位保护。

（2）副钩下降控制

凸轮控制器 AC1 的手轮转至向下挡位时，触点 V13 -1U 和 U13 -1W 闭合，改变接入电动机 M1 的电源的相序，M1 反转，带动副钩下降。依次转动手轮，AC1 的 5 对常开辅助触点（2 区）依次闭合，短接电阻 1R5 ~1R1，电动机 M1 的下降转速逐渐升高，直到预定转速。

将手轮依次回拨时，电动机转子回路串入的电阻增加，转速逐渐下降。将手轮转至“0”位时，AC1 的主触点切断电动机 M1 电源，同时电磁抱闸制动器 YB1 也断电，M1 被迅速制动停转。

终端限位位置应手动调整、试验，避免发生顶撞事故。

4. 小车控制电路

小车的控制与副钩的控制相似，转动凸轮控制器 AC2 手轮，可控制小车在小车轨道上左右运行。

小车的左右两端装有终端限位保护，限位位置、方向应手动调整和检验，确保正确可靠；小车轨道较短，应控制小车速度，尤其是在吊钩处于下放位置或吊有重物的状态下，以防缆绳甩动发生危险。

5. 大车控制电路

大车的控制与副钩和小车的控制相似。由于大车由两台电动机驱动，因此，采用同时控制两台电动机的凸轮控制器 AC3，它比小车凸轮控制器多 5 副触点，以供短接第二台大车电动机的转子外接电阻。大车两台电动机的定子绕组是并联的，用 AC3 的 4 副触点进行控制。

两台大车电磁抱闸制动器的抱闸力度应调成一致，短接的电阻也应保持一致，确保两台大车运行速度、运行方向一致；大修、更换电动机或凸轮控制器时应先调试好两台电动机转向，再将电动机与离合器相连，避免产生相反的扭力矩而发生危险。

6. 主钩控制电路

主钩电动机是桥式起重机容量最大的一台电动机，一般采用主令控制器配合电磁控制柜进行控制，即用主令控制器控制接触器，再由接触器控制电动机。主令控制器类似凸轮控制器，不过它的触点小，操作较灵活，可操作频率高，其触点开合表如图 12—3d 所示。为提高主钩电动机运行的稳定性，在切除转子外接电阻时，采取三相平衡切除，使三相转子电流平衡。

（1）主钩启动准备

合上电源开关 QS1（1 区）、QS2（12 区）、QS3（16 区），接通主电路和控制电路电源，将主令控制器 AC4 手柄置于零位，触点 S1（18 区）处于闭合状态，电压继电器 KV 线圈（18 区）得电吸合，其常开触点（19 区）闭合自锁，为主钩电动机 M5 启动控制做好准备。KV 为电路提供失压与欠压保护以及主令控制器的零位保护。

（2）主钩上升控制

主钩上升与副钩凸轮控制器的上升动作基本相似，但它是由主令控制器 AC4 通过接触器控制的。控制流程如下：

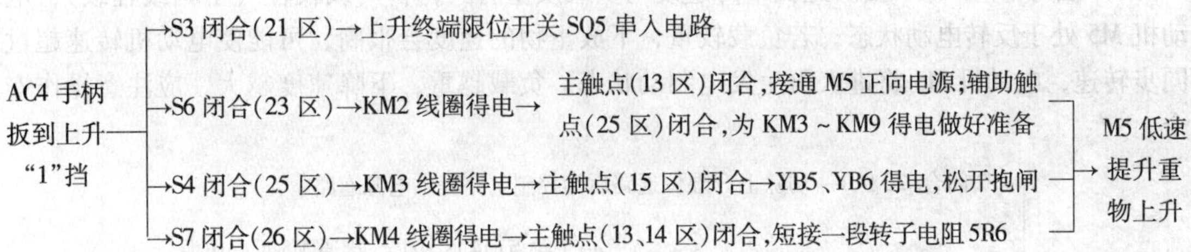

若将 AC4 手柄逐级扳向"2""3""4""5""6"挡，主令控制器的常开触点 S8、S9、S10、S11、S12 逐次闭合，依次使交流接触器 KM5 ~ KM9 线圈得电，接触器的主触点对称短接相应段主钩电动机转子回路电阻 5R5 ~ 5R1，使主钩上升速度逐步增加。

(3) 主钩下降控制

主钩下降有 6 挡位置。"J""1""2"挡为制动下降位置，防止在吊有重载下降时速度过快，电动机处于倒拉反接制动运行状态；"3""4""5"挡为强力下降位置，主要用于轻负载时快速强力下降。主令控制器在下降位置时，6 个挡次的工作情况如下：

1) 制动下降"J"挡。制动下降"J"挡是下降准备挡，虽然电动机 M5 加上正相序电压，由于电磁抱闸未打开，电动机不能启动旋转。该挡停留时间不宜过长，以免电动机烧坏。

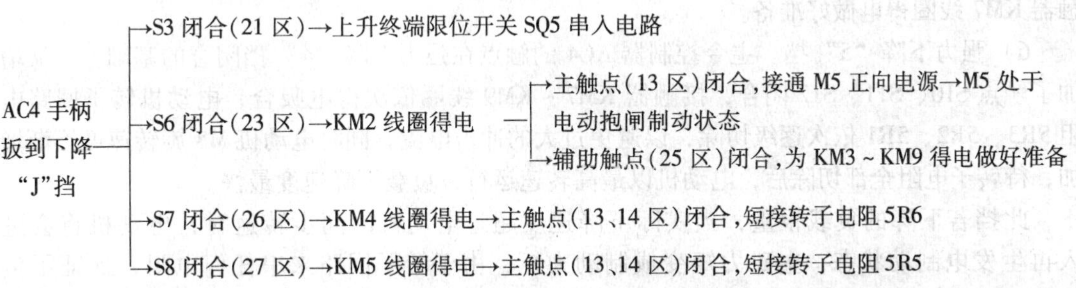

2) 制动下降"1"挡。主令控制器 AC4 的手柄扳到制动下降"1"挡，触点 S3、S4、S6、S7 闭合，和主钩上升"1"挡触点闭合一样。此时电磁抱闸器松开，电动机可运转于正向电动状态（提升重物）或倒拉反接制动状态（低速下放重物）。当重物产生的负载倒拉力矩大于电动机产生的正向电磁转矩时，电动机 M5 运转在负载倒拉反接制动状态，低速下放重物；反之，则重物不但不能下降反而被提升，这时必须把 AC4 的手柄迅速扳到制动下降"2"挡。

接触器 KM3 通电吸合后，与 KM2 和 KM1 辅助常开触点（25 区、26 区）并联的 KM3 的自锁触点（27 区）闭合自锁，以保证主令控制器 AC4 从制动下降"2"挡向强力下降"3"挡转换时，KM3 线圈仍通电吸合，电磁抱闸制动器 YB5 和 YB6 保持得电状态，防止换挡时出现高速制动而产生强烈的机械冲击。

3) 制动下降"2"挡。主令控制器触点 S3、S4、S6 闭合，触点 S7 分断，接触器 KM4 线圈断电释放，外接电阻器全部接入转子回路，使电动机产生的正向电磁转矩减小，重负载下降速度比"1"挡时加快。

4）强力下降“3”挡。此挡下降速度与负载质量有关，若负载较轻（空钩或轻载），电动机 M5 处于反转电动状态；若负载较重，下放重物的速度会很高，可能使电动机转速超过同步转速，电动机 M5 将进入再生发电制动状态。负载越重，下降速度越大，应注意操作安全。

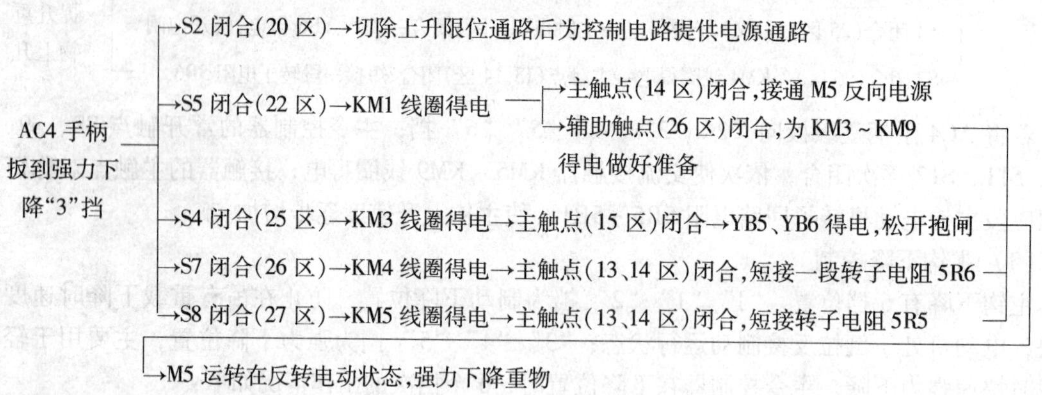

5）强力下降“4”挡。主令控制器 AC4 的触点在强力下降“3”挡闭合的基础上，触点 S9 又闭合，使接触器 KM6（29 区）线圈得电吸合，电动机转子回路电阻 5R4 被切除，电动机 M5 进一步加速反向旋转，下降速度加快。另外 KM6 辅助常开触点（30 区）闭合，为接触器 KM7 线圈得电做好准备。

6）强力下降“5”挡。主令控制器 AC4 的触点在强力下降“4”挡闭合的基础上，又增加了触点 S10、S11、S12 闭合，接触器 KM7 ~ KM9 线圈依次得电吸合，电动机转子回路电阻 5R3、5R2、5R1 依次逐级切除，以避免过大的冲击电流，同时电动机 M5 旋转速度逐渐增加，待转子电阻全部切除后，电动机以最高转速运行，负载下降速度最快。

此挡若下降的负载很重，当实际下降速度超过电动机的同步转速时，电动机将会进入再生发电制动状态，电磁力矩变成制动力矩，由于转子回路未串任何电阻，保证了负载的下降速度不致太快，且在同一负载下“5”挡下降速度要比“4”挡和“3”挡速度低。

再生发电制动后，如果需要降低下降速度，就需要把主令控制器手柄扳回到制动下降位置“1”挡或“2”挡，进行反接制动下降。这时必然要通过强力下降“4”挡和“3”挡，由于“4”挡、“3”挡转子回路串联的电阻增加，根据绕线式电动机的机械特性可知，此时正在高速下降的负载速度不但得不到控制，反而使下降速度增加，很可能造成恶性事故。为了避免在主令控制器转换过程中或操作人员不小心，误把手柄停在了强力下降“3”挡或“4”挡，导致发生过高的下降速度，在接触器 KM9 电路中用辅助常开触点 KM9（33 区）自锁，同时在该支路中再串联一个常开辅助触点 KM1（28 区），这样可以保证主令控制器手柄由强力下降位置向制动下降位置转换时，接触器 KM9 线圈始终得电，切除所有转子回路电阻。另外，在主令控制器 AC4 触点分合表（见图 12—3d）中可以看到，强力下降位置“4”挡、“3”挡上有“0”的符号，表示手柄由强力下降“5”挡向制动下降“2”挡回转时，触点 S12 保持接通，只有手柄扳至制动下降位置后，接触器 KM9 线圈才断电。

以上联锁装置保证了在手柄由强力下降位置"5"向制动下降位置转换时，电动机转子回路电阻全部切除，下降速度不会进一步增高。主钩电动机在不同挡位时的机械特性如图 12—3 所示。

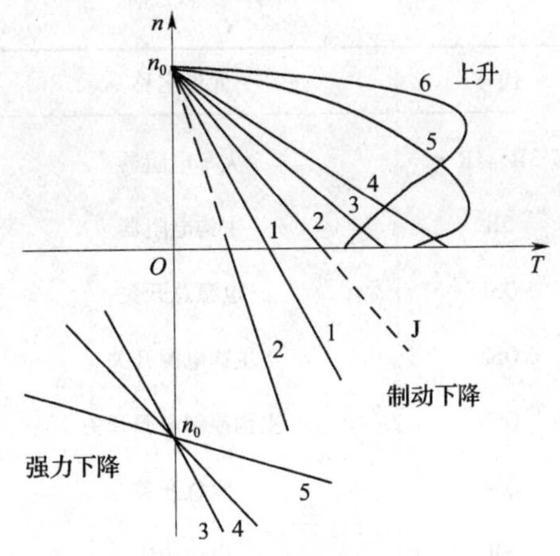

图 12—3　主钩电动机不同挡位时的机械特性

串接在接触器 KM2 支路中的 KM2 常开触点（23 区）与 KM9 常闭触点（24 区）并联，主要作用是当接触器 KM1 线圈断电释放后，只有在 KM9 线圈断电释放的情况下，接触器 KM2 线圈才允许得电并自锁，保证了只有在转子电路中串接一定外接电阻的前提下，才能进行反接制动，以防止反接制动时造成直接启动而产生过大的冲击电流。

提示

桥式起重机在实际工作中，操作人员应根据负载的具体情况合理选择不同挡位。

20/5t 桥式起重机元器件明细见表 12—1。

表 12—1　　20/5t 桥式起重机元器件明细表

代号	元件名称	型号	规格	数量
M1	副钩电动机	YZR－200L－8	15 kW	1
M2	小车电动机	YZR－132MB－6	3.7 kW	1
M3、M4	大车电动机	YZR－160MB－6	7.5 kW	2
M5	主钩电动机	YZR－315M－10	75 kW	1
AC1	副钩凸轮控制器	KTJI－50/1		1
AC2	小车凸轮控制器	KTJI－50/1		1
AC3	大车凸轮控制器	KTJI－50/5		1
AC4	主钩主令控制器	LK1－12/90		1
YB1	副钩电磁抱闸制动器	MZD1－300	单相 AC380 V	1
YB2	小车电磁抱闸制动器	MZD1－100	单相 AC380 V	1
YB3、YB4	大车电磁抱闸制动器	MZD1－200	单相 AC380 V	2
YB5、YB6	主钩电磁抱闸制动器	MZS1－45H	三相 AC380 V	2
1R	副钩电阻器	2K1－41－8/2		1
2R	小车电阻器	2K1－12－6/1		1

续表

代号	元件名称	型号	规格	数量
3R、4R	大车电阻器	4K1－22－6/1		2
5R	主钩电阻器	4P5－63－10/9		1
QS1	电源总开关	HD－9－400/3		1
QS2	主钩电源开关	HD11－200/2		1
QS3	主钩控制电源开关	DZ5－50		1
QS4	紧急开关	A－3161		1
SB	启动按钮	LA19－11		1
KM	主交流接触器	CJ20－300/3	300 A，线圈电压 380 V	1
KA0	总过电流继电器	JL4－150/1		1
KA1	副钩过电流继电器	JL4－40		1
KA2～KA4	大车、小车过电流继电器	JL4－15		1
KA5	主钩过电流继电器	JL4－150		1
KM1～KM2	主钩正反转交流接触器	CJ20－250/3	250 A，线圈电压 380 V	2
KM3	主钩抱闸接触器	CJ20－75/2	45 A，线圈电压 380 V	1
KM4、KM5	反接电阻切除接触器	CJ20－75/3	75 A，线圈电压 380 V	2
KM6～KM9	调速电阻切除接触器	CJ20－75/3	75 A，线圈电压 380 V	4
KV	欠电压继电器	JT4－10P		1
FU1	电源控制电路熔断器	RL1－15/5	15 A，熔体 5 A	2
FU2	主钩控制电路熔断器	RL1－15/10	15 A，熔体 10 A	2
SQ1～SQ4	大、小车限位位置开关	LK4－11		4
SQ5	主钩上升限位位置开关	LK4－31		1
SQ6	副钩上升限位位置开关	LK4－31		1
SQ7	舱门安全开关	LX2－11H		1
SQ8、SQ9	横梁栏杆门安全开关	LX2－111		2

六、20/5t 桥式起重机器件位置图

20/5t 桥式起重机各部件分布如图 12—4 所示。

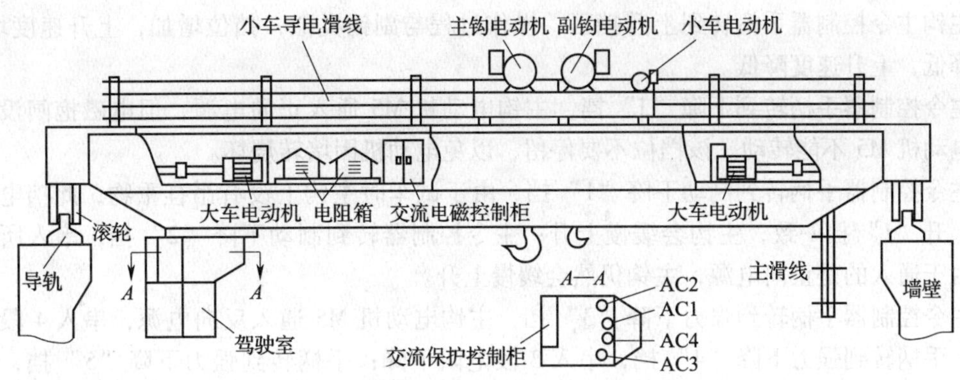

图 12—4　20/5t 桥式起重机各部件分布图

任务实施

一、认识 20/5t 桥式起重机的主要结构和操作部件

通过观摩 20/5t 桥式起重机实物与图 12—1 所示的桥式起重机外形图，认识 20/5t 桥式起重机的主要结构和操作部件。

二、熟悉 20/5t 桥式起重机的电气设备名称、型号规格、代号及位置

首先切断设备总电源，然后在教师指导下，根据表 12—1 所示元器件明细表、图 12—4 所示各部件分布图，弄清各限位开关、安全开关安装位置，以及各电气设备的安装位置，熟悉保护控制柜、交流电磁控制柜中电气元件位置，熟悉线路走向。

三、观摩操作

观察教师对 20/5t 桥式起重机试车的操作方法，并在教师指导下对 20/5t 桥式起重机进行试车操作。

1. 开机准备工作

关好横梁两侧栏杆门、驾驶室顶部舱门，吊钩上不悬挂物品，将所有凸轮控制器手轮转到“0”位，关上控制柜门。吊车上人员扶好栏杆、站稳位置，一切安全前提下，合上电源总开关，合上紧急开关 QS4，按下启动按钮 SB，接触器 KM 接通起重机电源。

2. 副钩操作

副钩凸轮控制器 AC1 有下降 5 挡，上升 5 挡，1 个停车“0”位挡。AC1 手轮转到下降“1”挡，副钩电动机 M1 的机械抱闸装置打开，串入全部电阻低速下降；手轮转到下降“2”挡，切除一段电阻，下降速度增快；手轮依次转到下降“3”“4”“5”挡，电阻被逐段切除，下降速度逐步增加。回拨手轮，下降速度降低，转到“0”位，切断 M1 电源，同时机械抱闸装置抱闸，电动机立即停车。

副钩凸轮控制器 AC1 手轮转到上升挡区间，操作过程类似。

3. 主钩操作

主钩主令控制器 AC4 有下降 6 挡，上升 6 挡，1 个停车“0”位挡。将电源开关 QS2、

QS3 合上。

主钩主令控制器手柄转到上升挡区，操作过程与副钩类似，挡位增加，上升速度增加，挡位降低，上升速度降低。

主令控制器手柄转到下降“J”挡，主钩电动机 M5 通入正向电源，但电磁抱闸没有通电，电动机 M5 不能转动。该挡位不要停留，以免电动机因堵转烧坏。

主令控制器手柄转到制动下降“1”挡，由于试车时主钩上没有吊挂重物，此挡电路状态与上升“1”挡一致，主钩会缓慢上升；主令控制器转到制动下降“2”挡，串入所有电阻，由于通入的是正向电源，主钩仍然会缓慢上升。

主令控制器手柄转到强力下降“3”挡，主钩电动机 M5 通入反向电源，串入 4 段电阻下降；手柄转到强力下降“4”挡，串入 3 段电阻下降；手柄转到强力下降“5”挡，短接所有电阻快速下降。

从强力下降“5”挡往回拨手柄的过程中，在强力下降“4”挡、“3”挡，下降速度不会降低。这是主令控制器采用了防止过重物品在下降过程中，可能出现再生发电制动状态而特意设计的功能。回拨过程不要停留。

4．小车操作

主钩、副钩装在小车上，小车由电动机 M2 驱动，可以在横梁上部轨道上做横向移动。小车控制与副钩相似，转动凸轮控制器 AC2 手轮，控制小车在轨道上左、右运行。

5．大车操作

大车由两台同型号、规格的电动机 M3、M4 驱动，大车可在车间两侧立柱轨道上做纵向移动，操作要求和方法与小车类似，转动凸轮控制器 AC3 手轮，控制大车在轨道上前、后运行。

操纵桥式起重机属于高空作业，观摩和检修时必须确保安全，防止坠落事故发生；在起重机移动时不准走动，停车时走动也应手扶栏杆，防止意外；在起重机上应防止高空坠物造成伤人事故；参观和检修时必须使起重机停止工作并切断电源；吊钩上升时，应和横梁保持一定距离，防止产生顶撞事故；吊钩收到上部时，才能移动小车或大车，防止移动过程中缆绳晃动，发生甩挂事故；凸轮控制器挡位要逐挡转换，尽量不要将凸轮控制器手轮停在高速区试车，试车时注意观察，避免事故。

四、识读 20/5t 桥式起重机电路图

识读电路原理图，在教师的指导下，结合对起重机的实际操作，进一步理解起重机各部分的功能及工作原理。

任务测评

对任务实施完成情况进行检查，并将结果填入表 12—2。

表 12—2　　评分标准

<table>
<tr><th>项目内容</th><th>序号</th><th colspan="2">评分标准</th><th>配分</th><th>得分</th></tr>
<tr><td rowspan="3">机床认识</td><td>1</td><td colspan="2">不能对照起重机实物或挂图说出起重机主要部件名称，每处扣 2 分</td><td>6</td><td></td></tr>
<tr><td>2</td><td colspan="2">不能指出起重机主要电气元件位置、不能识别元器件，每处扣 2 分</td><td>6</td><td></td></tr>
<tr><td>3</td><td colspan="2">副钩、主钩、小车、大车试车，每种方式试车有误扣 4 分；试车前未关好栏杆门、舱门，未检查手轮是否在“0”位，扣 2 分</td><td>18</td><td></td></tr>
<tr><td rowspan="6">识读起重机电路图</td><td>4</td><td colspan="2">起重机主电路各电动机的工作特点表述不清，每处扣 2 分</td><td>10</td><td></td></tr>
<tr><td>5</td><td colspan="2">保护电路作用表述不清，每处扣 5 分</td><td>10</td><td></td></tr>
<tr><td rowspan="4">6</td><td>主钩电路</td><td rowspan="4">（1）识读方法、步骤不清楚，每处扣 5 分
（2）识读错误，每处扣 10 分</td><td>20</td><td rowspan="4"></td></tr>
<tr><td>副钩电路</td><td>10</td></tr>
<tr><td>小车电路</td><td>10</td></tr>
<tr><td>大车电路</td><td>10</td></tr>
<tr><td>备注</td><td colspan="3">本项目可采用自查和互查方式进行</td><td>成绩</td><td></td></tr>
<tr><td>开始时间</td><td></td><td>结束时间</td><td></td><td>实际时间</td><td></td></tr>
</table>

任务 2　检修 20/5t 桥式起重机

学习目标

1. 掌握 20/5t 桥式起重机电路典型故障的分析方法以及故障的检测流程。
2. 能按照正确的检测步骤，排除 20/5t 桥式起重机电路的典型电气故障。

任务引入

20/5t 桥式起重机副钩、小车、大车均采用凸轮控制器控制，方法类似；主钩采用主令控制器控制。检修时要注意 20/5t 桥式起重机的这些特点。下面将通过对 20/5t 桥式起重机典型故障的检修流程分析来学习 20/5t 桥式起重机电路常见电气故障的检修方法。

相关知识

20/5t 桥式起重机典型故障分析

1. 合上电源总开关 QS1 并按下启动按钮 SB 后，主接触器 KM 不吸合

该故障的原因可能是：线路无电压，熔断器 FU1 熔断，紧急开关 QS4 或安全门开关 SQ7、SQ8、SQ9 未合上，主接触器 KM 线圈断路，凸轮控制器手柄没在零位，或凸轮控制器零位触点 AC1－7、AC2－7、AC3－7 分断，过电流继电器 KA0～KA4 动作后未复位。检测流程如图 12—5 所示。

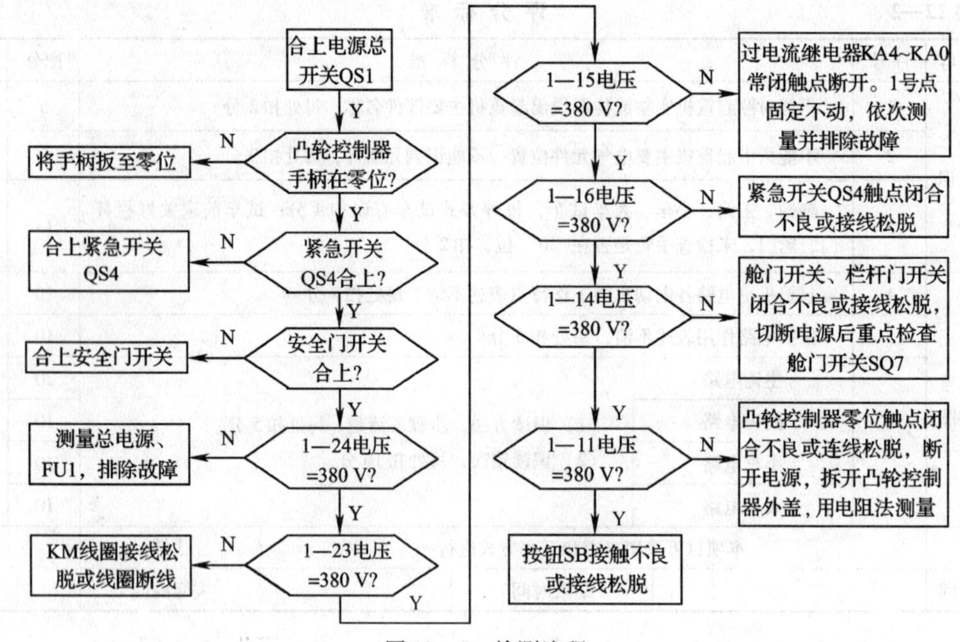

图 12—5　检测流程

该故障发生概率较高，排除时先目测检查，然后在保护控制柜中和出线端子上测量、判断。确定故障大致位置后，切断电源，再用电阻法测量、查找故障具体部位。

2．按下启动按钮后，交流接触器 KM 不能自锁

该故障为在 7 ~ 9 区中的 1 ~ 14 号线之间出现断点，而多出现在 7 ~ 14 号之间的 KM 自锁触点上，断开总电源，用电阻法测量。

3．副钩能下降但不能上升

检测判断流程如图 12—6 所示。

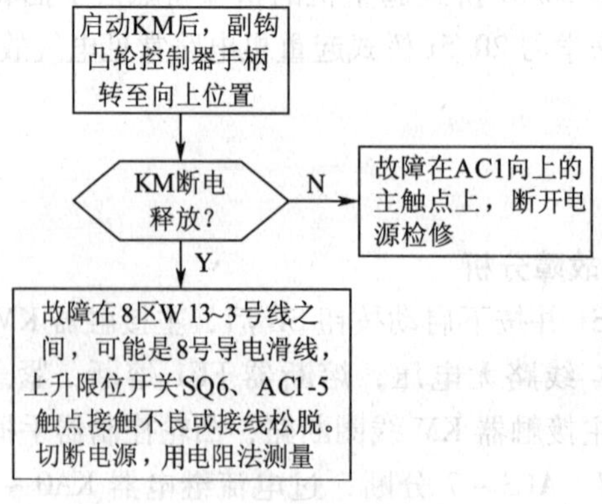

图 12—6　检测流程

对于小车、大车向一个方向工作正常，而向另一个方向不能工作的故障，判断方法类似。在检修试车时不能朝一个运行方向试车行程太大，以免又产生终端限位故障。

4. 制动抱闸器噪声大

该故障的原因可能是：交流电磁铁短路环开路；动、静铁心端面有油污；铁心松动或有卡滞现象；铁心端面不平、变形；电磁铁过载。

主钩电磁抱闸制动器的线圈有三角形连接和星形连接两种，更换时不能接错，线圈头尾错误、接法错误可能使线圈过热烧毁或造成吸力不足使制动器不能打开的故障。

5. 主钩既不能上升又不能下降

该故障的原因有多方面，可从主钩电动机运转状态、电磁抱闸器吸合声音、继电器动作状态等方面来判断。交流电磁保护柜装于桥架上，观察交流电磁保护柜中继电器的动作状况，测量需与吊车司机配合进行，注意高空操作安全。测量尽量在驾驶室端子排上进行。主要检测流程如图12—7所示。

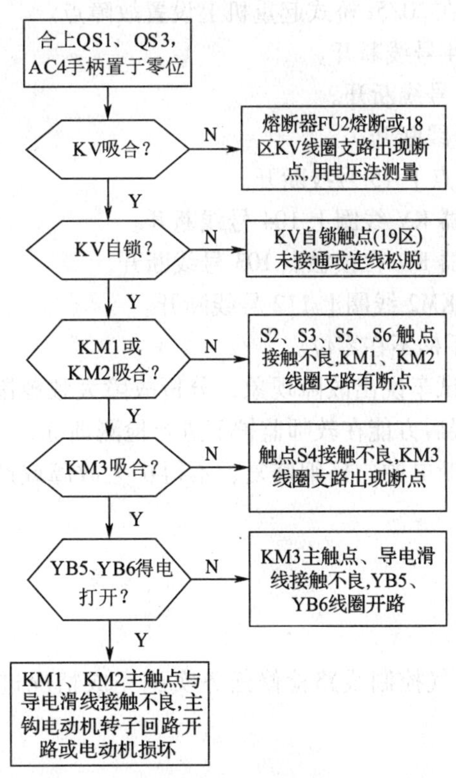

图12—7 检测流程

6．接触器 KM 吸合后，过电流继电器 KA0 ~ KA4 立即动作

该故障现象表明有接地短路故障存在，引起过电流保护继电器动作。故障可能的原因有：凸轮控制器 AC1 ~ AC3 电路接地；电动机 M1 ~ M4 绕组接地；电磁抱闸 YB1 ~ YB4 线圈接地。一般采用分段、分区和分别试验的方法，查找出故障具体点。

任务实施

一、任务准备

实施本任务所需要的实训设备及工具材料见表 12—3。

表 12—3　实训器材表

工具	测电笔、电工刀、尖嘴钳、斜口钳、剥线钳、螺钉旋具、活扳手等
仪表	万用表、兆欧表、钳形电流表
机床	20/5t 桥式起重机或 20/5t 桥式起重机模拟电气控制台

二、20/5t 桥式起重机典型故障的排除

1．理清 20/5t 桥式起重机各电气元件的位置、线路走向。

2．对典型故障分析中涉及的故障现象设置已知故障点，试车、检测并排除。

3．针对以下故障现象在 20/5t 桥式起重机上设置故障点。

（1）KM 自锁触点上 14 号线断开。

（2）KM 自锁触点上 2 号线断开。

（3）7 区端子条上 6 号线断开。

（4）11 区 KA0 常闭触点上 15 号线断开。

（5）18 区欠电压继电器 KV 线圈上 104 号线断开。

（6）19 区欠电压继电器 KV 自锁触点 103 号线断开。

（7）23 区交流接触器 KM2 线圈上 112 号线断开。

（8）某个凸轮控制器手柄不在零位。

4．故障检测前先通过试车说出故障现象，分析故障大致范围，讲清拟采用的故障检测手段、检测流程，正确无误后方能在教师监护下进行检测训练。

5．找出故障点以后切断电源，仔细修复，不得扩大故障或产生新的故障；修复后通电试车。

任务测评

对 20/5t 桥式起重机电气控制线路检修任务实施完成情况进行检查，并将结果填入表 12—4。

表 12—4　　评分标准

项目内容	序号	评分标准	配分	得分
故障分析	1	不能根据试车的状况说出故障现象，扣 5 ~ 10 分	10	
	2	不能标出最小故障范围，每个故障扣 5 分	10	
	3	不能标出故障线段或错标在故障回路以外，每个故障点扣 5 分	10	
排除故障	4	停电不验电，扣 5 分	5	
	5	测量仪表使用不正确，每次扣 5 分	5	
	6	排除故障方法、步骤不正确，扣 10 分	10	
	7	损坏电气元件，扣 10 分	10	
	8	不能排除故障，扩大故障范围或产生新的故障，每个故障扣 20 分	40	
安全文明生产	违反安全文明生产规程，未清理场地扣 10 ~ 70 分			
定额工时 30 min	不允许超时检查故障，但在修复故障时每超时 1 min 扣 1 分			
备注	除定额工时外，各项内容的最高扣分不得超过配分数		成绩	
开始时间		结束时间		实际时间	

思考与练习

1. 桥式起重机每台电动机的过电流保护采用________，制动措施采用________，这样可以得到安全运行的状态。

2. 桥式起重机的启动只有____________处于零位，________、________、________关上，所有过电流继电器均未保护动作时，才可启动吊车。

3. 若小车前行到终点，挡块碰上位置开关________后，控制电路被切断，电动机断电，电磁抱闸释放，电动机轴被抱住，小车停下。若要往回退，必须将凸轮控制器手柄置于________位，方可重新启动。

4. 主钩控制电路，其准备工作是将手柄置于零位，触点________接通，控制电路通过________继电器________的常闭触点使欠电压继电器 KV 通电吸合并自锁。用欠电压继电器，是为了防止主钩载重大，电压过低造成吊力不足，引起事故。

5. 主钩上升，当手柄在上升位置时，接通电源的开关触点是 S6，它控制接触器________，接通正序电源；触点 S3 与上升位置开关相串，接通控制电源，当上升到上限位置时，位置开关________被压开，可以得到上升限位保护。上升“1”挡时，触点 S4 接通接触器 KM3，使电磁抱闸器 YB5、YB6 吸合，将抱闸松开，电动机可以转动，触点 S7 将接触器 KM4 通电吸合，可以短接一部分________，以最低转速上升。

6. 当手柄置于下降侧的位置“J”时，触点________、________、________和________闭合，接触器 KM2、KM4 和 KM5 通电吸合，电动机接受正序电压，电动机正转。但因________未闭合，接触器 KM3 未得电，电磁抱闸制动器 YB5、YB6 未通电，机械抱闸仍然紧紧抱住电动机轴，电动机处于机械制动状态。由于只有 KM4 和 KM5 得电吸合，最初两段转子电阻被切除，具有一定的上升转矩。这种操作用于____________，因为货物很重，防止抱闸抱不紧而打滑，用一定的上升力帮助抱闸克服过重货物产生的下降力。

7. 手柄置于下降位置“3”“4”“5”挡时，将使下降接触器 KM1 通电吸合，电动机的转向是下降方向，属于强力下降。手柄置于“3”挡时，触点________、________、________、________和________闭合，使接触器________、________、________和________通电吸合，抱闸松开，切除两段转子电阻，以一定速度下降。当手柄置于“4”挡时，由于接触器________又通电吸合，再切除一段转子电阻，下降速度更快。当手柄置于“5”挡时，全部电阻切除，下降速度最快。

8. 当负载很轻时，不能用制动下降挡的“1”“2”挡，否则负载反而________，因而当负载很轻时，应该用________来吊运。

9. 大车、小车和副钩用凸轮控制器控制，而主钩用主令控制器控制接触器，再由接触器控制电动机，其原因是（　　）。

A. 主令控制器控制方便　　B. 主令接触器的触点容量大

C. 主令控制器触点容量小，但可以控制接触器，其容量已足够

10. 主钩上升过程共分 6 挡，可以得到各种不同的上升速度。而下降过程较复杂，在“J”挡时，切除两段转子电阻，抱闸仍然抱紧，电动机处于上升状态，这种工作状态用于（　　）。

A. 吊了重物停留在空中　　B. 重物下降　　C. 重物上升

11. 主钩处于下降“1”挡时，主钩电动机仍处于正序电压，电动机处于上升状态，但抱闸打开，电动机可以转动，与“J”挡相比又接入一段电阻，使负载重力大于上升力，物体下降，电动机处于（　　），用于（　　）。

A. 制动状态　B. 再生制动状态　C. 重物低速下降　D. 重物提升

12. 主钩手柄在制动下降位置“2”挡时，转子电阻全部投入转子电路，电磁转矩更小，这种状态用于（　　）。

A. 重物加速下降　　B. 重物减速下降　　C. 重物提升

13. 当主钩控制手柄置于强力下降“3”“4”“5”挡时，接触器 KM1 通电吸合，不同位置分别切除转子电阻而得到不同的速度，这些位置用于（　　）。

A. 重物强行下降　　B. 重物上升　　C. 重物慢速下降

14. 起重设备采用机械抱闸的优点是什么？

15. 桥式起重机为什么多选用绕线转子异步电动机驱动？

16. 桥式起重机在启动前各控制手柄为什么都要置于零位？

17. 简述在主钩控制电路中接触器 KM9 的自锁触点与 KM1 的辅助常开触点串接使用的原因。

18. 简述接触器 KM2 线圈支路中（23 区），KM2 常开触点与 KM9 的辅助常闭触点并联的作用。

19. 在 20/5t 桥式起重机的电路图中，若合上电源开关 QS1 并按下启动按钮 SB 后，主接触器 KM 不吸合，可能的故障原因有哪些？

课题十三　B2012A 型龙门刨床电气检修

B2012A 型龙门刨床是机械化、自动化程度很高的大型金属切削机床，它能同时夹持多个工件和多面多刀加工各种平面、斜面、槽，适用于加工大型而狭长的工件，如机床床身、横梁、导轨和箱体等，还可以进行低速磨削加工。龙门刨床配上专用铣磨头电动机后，除可进行刨削加工外还可进行磨削或铣削加工，也称为龙门铣磨刨床。

任务 1　认识 B2012A 型龙门刨床

学习目标

1. 了解 B2012A 型龙门刨床的基本结构，熟悉 B2012A 型龙门刨床的基本操作方法。
2. 能看懂 B2012A 型龙门刨床电路图。
3. 掌握 B2012A 型龙门刨床电路的工作原理。

任务引入

龙门刨床的电气控制系统复杂，自动化控制程度较高，它的主驱动系统有电动机扩大机—发电机—电动机（AR－G－M）直流调速系统（简称 G－M 系统）、晶闸管直流调速系统、变频调速系统、开关磁阻电动机调速系统（SRD）等，维修、维护难度较大，要想快速、准确地排除 B2012A 型龙门刨床的电气故障，必须先熟悉 G－M 驱动的 B2012A 型龙门刨床的主要结构、运动形式，以及正确试车操作方法，学会识读 B2012A 型龙门刨床的电气控制电路图，为检修龙门刨床常见故障奠定基础。

相关知识

一、B2012A 型龙门刨床的型号规格

B2012A 型龙门刨床型号的含义如下：

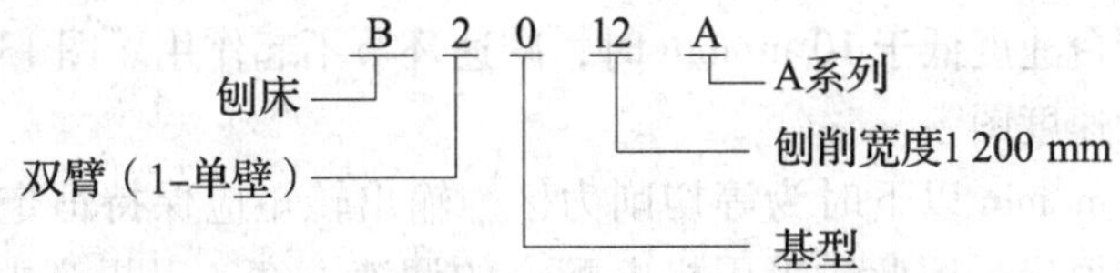

二、B2012A 型龙门刨床主要结构

龙门刨床的外形如图 13—1 所示。龙门刨床有左右两个立柱，上面托有可上下移动的横梁，在横梁上装有可以横向移动并垂直进给的左右两个垂直刀架，左右两个立柱上分别装有可以上下移动并可横向进给的左侧刀架和右侧刀架，工作台（刨台）放在床身导轨上，做往复运动。

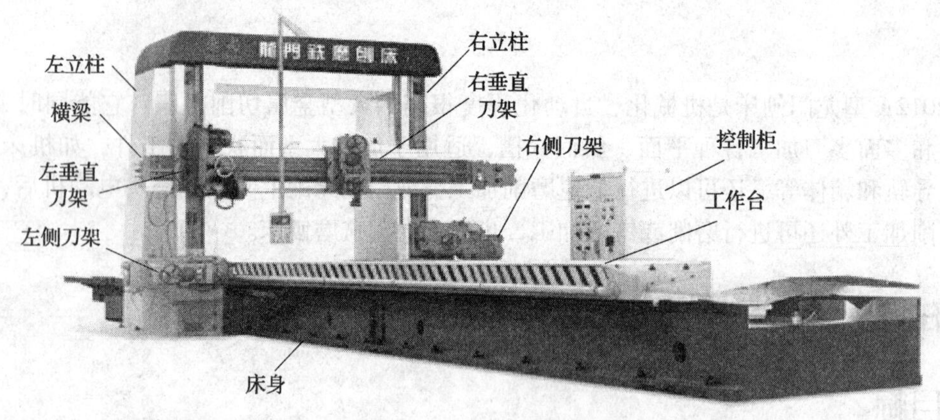

图 13—1　龙门刨床外形图

三、B2012A 型龙门刨床运动形式

龙门刨床主运动是工作台的往复运动；进给运动是刀架的前进切削运动，包括垂直进给与水平进给运动；工作台后退时不做切削，只让工作台返回，准备第二次切削；辅助运动有横梁的夹紧与放松、横梁的升降运动、刀架的快速移动以及抬刀、放刀等运动。

四、B2012A 型龙门刨床电气控制特点

1. 调速范围

B2012A 型龙门刨床的最低刨削速度是 4. 5 m/min，最高刨削速度是 90 m/min，调速范围为 1∶20。为了提高电动机的工作效率，龙门刨床采取两级齿轮变速箱变速的机电联合调速方法。即：45 m/min 以下为低速挡，45 m/min 以上为高速挡。

2. 静差率

龙门刨在刨削过程中，由于工件表面不平、工件的材质等因素，导致负载转矩可能发生变化。要求负载变动时，工作台速度的变化不超过允许范围，驱动电动机要有较硬的机械特性。龙门刨床的静差率一般要求为 0. 05 ~0. 1，B2012A 型为 0. 1。

3. 工作台往复循环中的速度变化

为避免刀具切入工件时的冲击而使刀具崩裂，工作台开始前进时速度较慢，以使刀具慢速切入工件，而后增加到规定速度。在工作台前进与后退行程的末尾，工作台能自动减速，以使刀具慢速离开工件，防止工件边缘剥落，同时可减小工作台反向时的超程和对电动机、机械的冲击。当工作台速度低于 10 m/min 时，减速环节不起作用。图 13—2 是 B2012A 型龙门刨床工作台的三种速度图。

4. 工作台在 25 m/min 以下时为等切削力区，输出转矩应保持恒定，在高出 25 m/min 时，输出功率应保持恒定。因此，采用机电配合的调速方案，以提高电动机功率的合理使用。

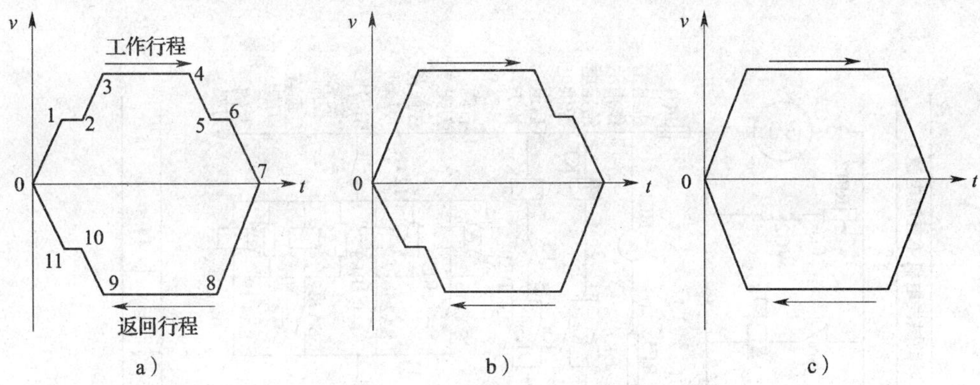

图 13—2　龙门刨床工作台速度图

a）有慢速切入、慢速退出　b）只有慢速退出　c）低于 10 m/min

0～1—正向启动　1～2—慢速切入　3～4—正常切削　5～6—慢速退出　6～7—工作台制动　7～8—反向启动　8～9—高速返回　10～11—后退减速缓冲　11～0—工作台制动

5．在磨削加工时，工作台速度降到 1 m/min。

6．有必要的联锁，保证各部件的动作协调，避免因机床的误动作而引起事故。龙门刨床的进给运动与辅助运动与工作台的往复运动有机配合，完成加工工艺流程。

五、B2012A 型龙门刨床电气控制方框图

B2012A 型龙门刨床电气控制电路分为两大部分，交流控制电路包含控制机组启动、刀架运动、横梁升降；直流控制电路包含工作台往返运动速度、抬刀运动。控制电路之间的关联如图 13—3 所示。

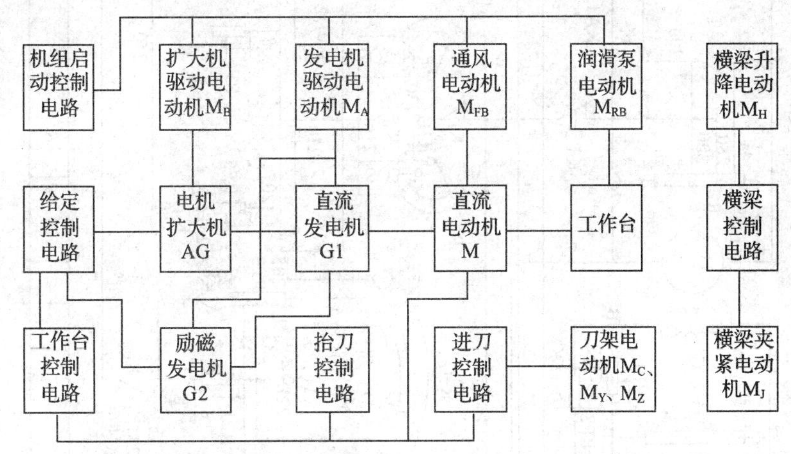

图 13—3　B2012A 型龙门刨床控制电路之间关联图

六、B2012A 型龙门刨床工作原理

B2012A 型龙门刨床采用电机扩大机作为励磁调节器的直流发电机—电动机系统（G－M），通过调节直流电动机电压来调节输出速度，并采用两级齿轮变速箱变速的机电联合调节方法，其主运动为刨台频繁的往复运动，对速度的控制有一定的要求，采用机械速比为 2∶1 和电气调速范围为 10∶1 的机电联合调速系统。

B2012A 型龙门刨床电气控制系统电路如图 13—4～图 13—7 所示。

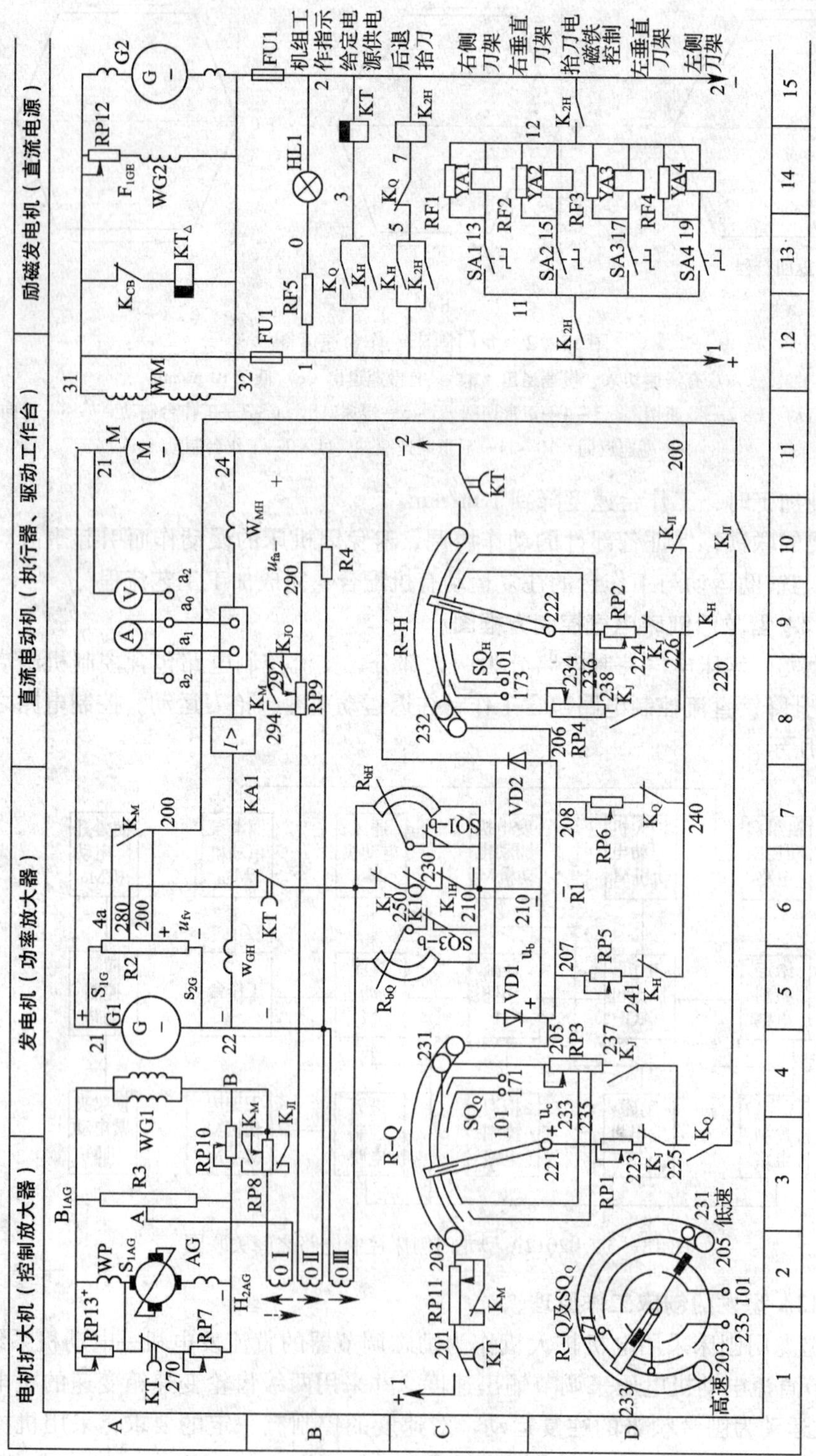

图13—4　龙门刨床主驱动控制电路及抬刀电路

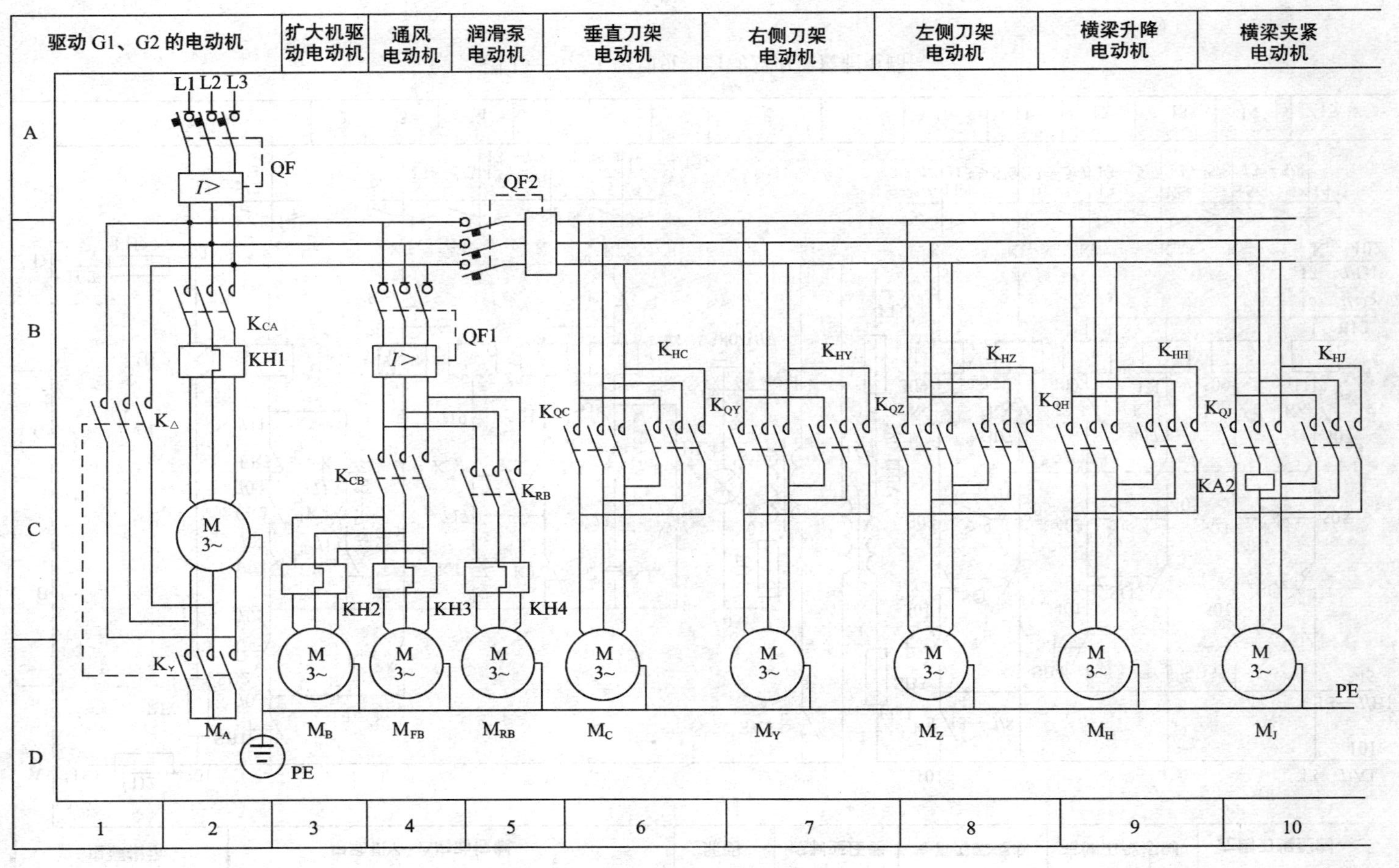

图 13—5 交流机组电路图

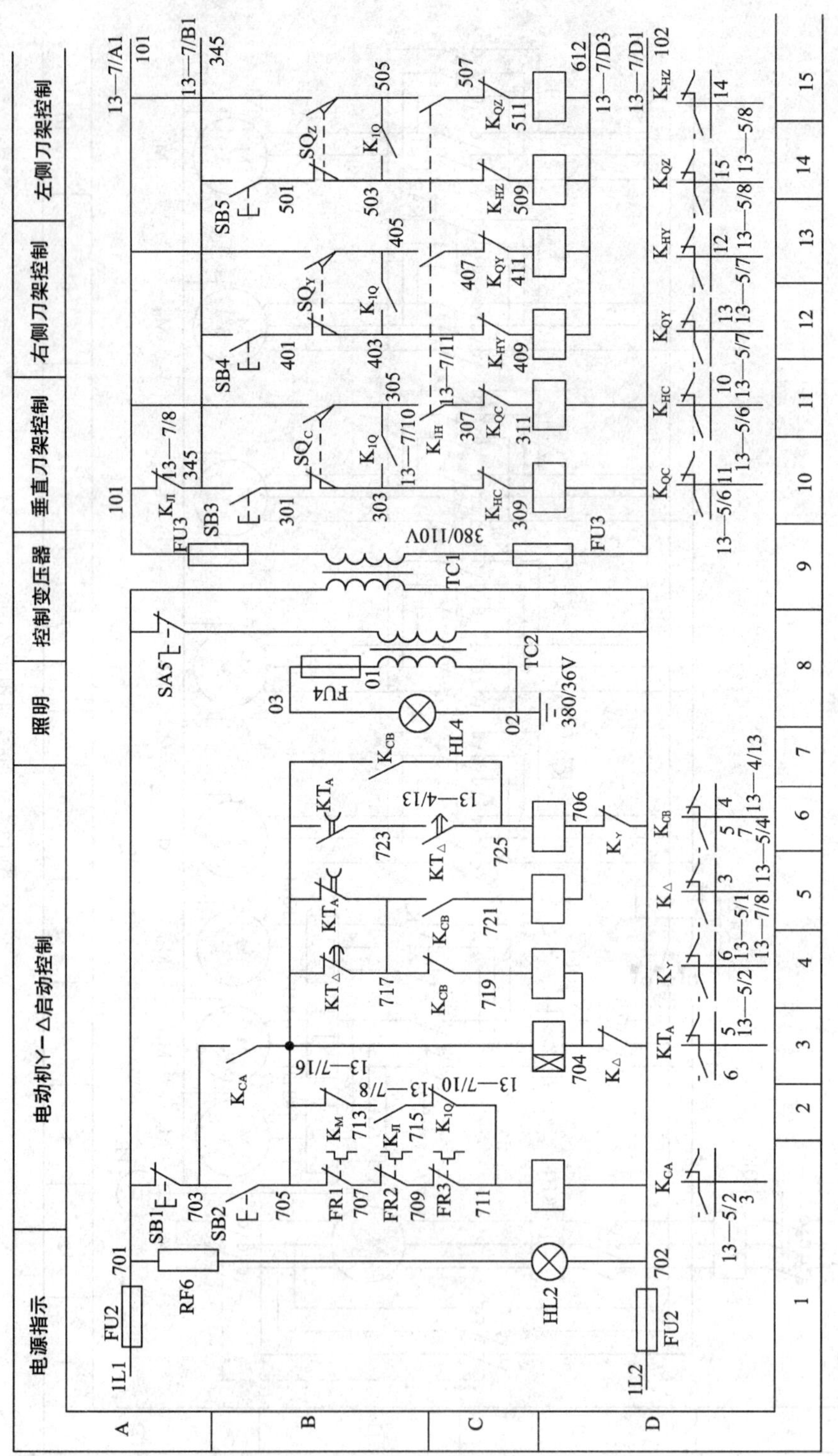

图 13—6　主驱动机组启动及刀架控制电路

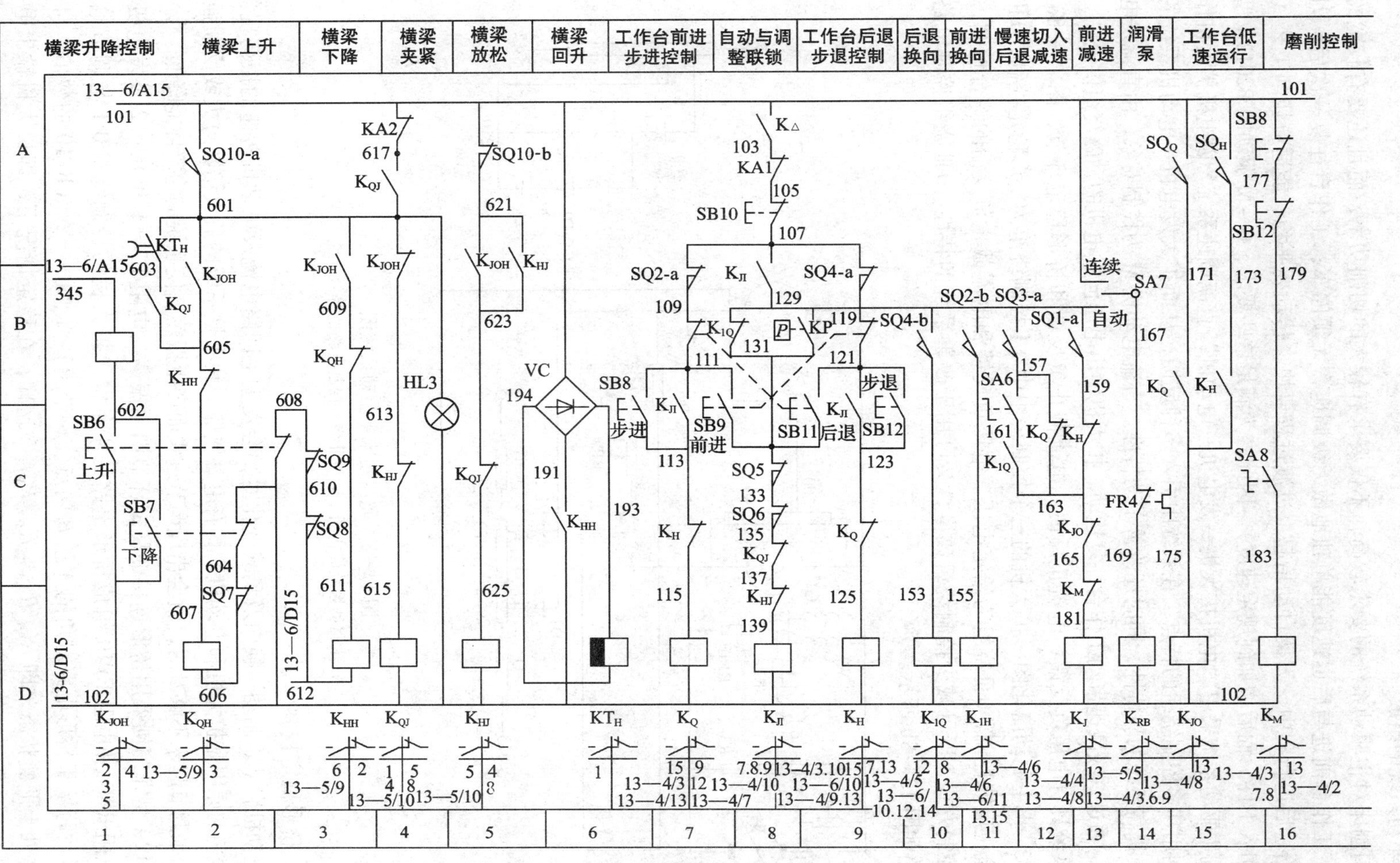

图 13—7 横梁及工作台控制电路

1．驱动系统的组成

龙门刨床对主驱动系统的要求较高，不仅要求有较大的切削功率，而且还要有较宽的调速范围；工作台前进与后退速度能单独地做无级调速，无须停车；工作台往复一次后，刀架自动进给，后退行程中，刀架自动抬起；过渡过程要快，传动要平稳；能适应切削工艺（刀具慢速切入工件，而后增加到规定速度）。因此，为满足这些要求，G－M 驱动的 B2012A 型龙门刨床的主驱动系统采用“电机扩大机—发电机—电动机”直流调速系统。以电机扩大机作调节器，利用其多控制绕组的特点，在系统中引入多种反馈，从而扩大发电机—电动机系统的调速范围，提高系统的静特性，同时还改善了动特性。直流电动机 M 为控制对象，由直流发电机 G1 供电，通过一级减速带动工作台往复运动。扩大机输出电压向发电机的励磁绕组供电。

该系统具有电压负反馈、电流正反馈、电流截止负反馈和桥形稳定环节，图 13—8a 所示为图 13—4 主驱动简化图。扩大机的三个控制绕组中 0Ⅰ控制绕组为桥形稳定控制，0Ⅱ绕组为电流正反馈控制，0Ⅲ绕组为给定电压、电压负反馈和电流截止负反馈的综合控制，这种综合控制方式，既可减少控制绕组数量，又可用于改善系统的特性。0Ⅲ绕组控制电路的等效电路如图 13—8b 所示。

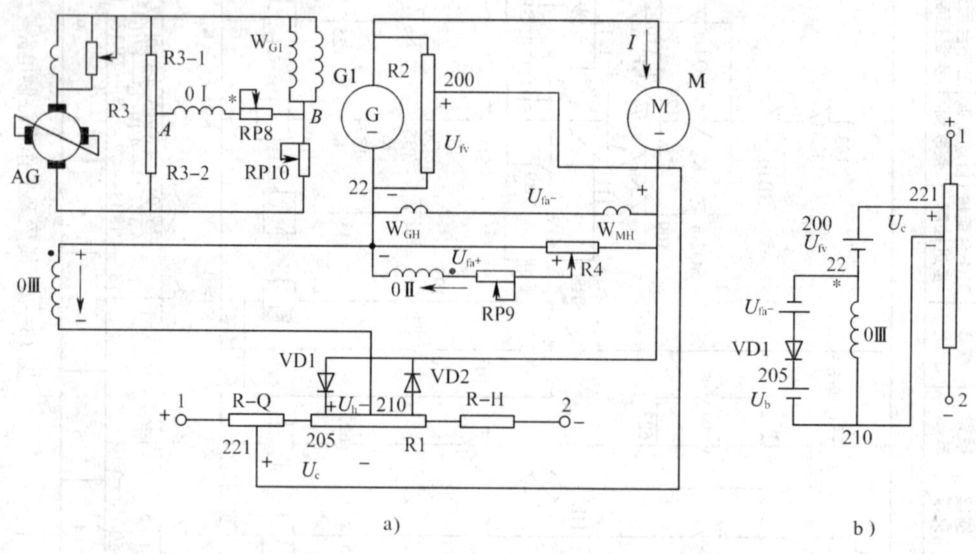

图 13—8　龙门刨床主驱动系统图

a）主驱动系统简化图　b）0Ⅲ绕组控制电路的等效电路

（1）桥形稳定控制

在电动机启动、制动、换向及负载变化时，会发生主回路电流及电动机转速的振荡现象。而产生振荡的原因是扩大机和电动机均具有电磁惯性，其次是系统的放大倍数过大或反馈强度过大。如果调节起来不够及时，就会出现调节过头而产生振荡，使系统的稳定性能降低。

B2012A 型龙门刨采用桥形连接的稳定环节消除振荡。电阻 R3－1 和 R3－2 及发电机励磁绕组电阻 RW_{G1} 和电阻 RP10 组成桥形电路的 4 条臂。扩大机的控制绕组 0Ⅰ与调节电阻 RP8 串联后跨接于桥形电路对角的 A 和 B 两点。调节 R3－1、R3－2 和 RP10 的数值，可使桥形电路处于平衡状态，即 $R_{3-1}\ R_{P10}=R_{3-2}\ R_{WG1}$。这样，在稳定情况下，即扩大机输出电压不变时，在对角线上的 A 和 B 两点处于等电位状态，控制绕组 0Ⅰ中没有电流通过，桥形稳定环节不起作用。

当扩大机输出电压发生变化时，例如在启动时，其电压迅速增大，流过电阻 R3－1 和 R3－2 的电流也随之突然增加，A 点的电位同时按比例升高。由于发电机的励磁绕组具有电感，通过 RW_{G1} 和 RP10 的电流不能突变。这样，在桥路的对角线上，A 点电位高于 B 点电位，控制绕组中将有电流 I_f 流过。由于 0 Ⅰ 绕组中流过电流产生的磁势方向与给定绕组磁势方向相反，产生去磁作用，从而抑制了扩大机输出电压的升高，缓和了扩大机输出电压的变化。扩大机输出电压变化越快，发电机励磁绕组的自感作用越强，这个稳定环节的阻尼作用就越大。可消除或减弱系统的振荡现象。

在选择桥形稳定环节的参数时，可以令流过 R3－1 和 R3－2 的电流比值在扩大机输出额定电压时为 1～1.5，R_{WG1}/R_{P10} 的比值最好取 0.4～0.5。

（2）电压负反馈与电流正反馈控制

电压反馈信号 U_{fV} 与给定电压 U_C 对 0Ⅲ的控制作用相反，$U_{0Ⅲ}=U_c-U_{fV}$。负载变化时，电压负反馈使发电机端电压接近不变，使转速接近不变，改善了系统的静、动态特性。但电压负反馈系统的静特性硬度差些，调速范围较窄，主要是不能补偿电动机电枢压降引起的转速降落。在电压负反馈的基础上再加入电流正反馈，组成电压负反馈与电流正反馈的调速系统，弥补电压负反馈的不足。

给定电压 U_c 与负反馈电压 U_{fv} 向控制绕组 0Ⅲ供电。利用主回路电流在发电机换向极绕组 W_{GH} 和电动机换向极绕组 W_{MH} 上的压降，从换向极两端并联的电位器 R4 上取出与主回路电流成正比的部分电压作为反馈信号，加到扩大机控制绕组 0Ⅱ上。根据图 13—8 中主回路电压极性、电流方向以及 0Ⅱ、0Ⅲ绕组的同名端（极性），可以看到 0Ⅱ与 0Ⅲ中产生的磁通方向相同，起到加强给定信号的作用，因此，是电流正反馈。改变 R4、RP9 即可改变电流正反馈的强度，其工作原理如下：

$T_L\uparrow\rightarrow n\downarrow\rightarrow I\uparrow\rightarrow U_{fa+}\uparrow\rightarrow I_{Ⅱ}\uparrow\rightarrow\Phi_{Ⅱ}\uparrow$（$\Phi_{Ⅱ}$ 与 Φ_C 同方向）$\rightarrow U_C\uparrow\rightarrow U_M\uparrow\rightarrow n\uparrow$，使电动机转速在负载运行时基本不变。

当负载电流增大时，电流正反馈使发电机端电压升高的同时，电压负反馈却阻碍发电机电压的升高。因而电压负反馈较强的系统，必须配以较强的电流正反馈，才能补偿电动机的转速降，以保证一定的静特性硬度。但电流正反馈过强，可能引起电枢电流和传动系统的严重冲击，使系统不能稳定工作。

（3）电流截止负反馈

当电动机因负载突然猛增或由于机械部分被卡住时，主回路的电枢电流将会增加到危险的程度，有烧毁电动机的可能，而且电动机的转矩也急骤增大，使系统的机械传动机构受到巨大的冲击，影响设备的精度，严重时将使机械部件损坏。所以，一方面在主回路中装设过电流继电器 KA1 进行保护，另一方面在电路设计上加入电流截止负反馈，使静特性能符合系统实际工作的需要。在正常工作范围内，使系统具有很硬的机械特性，而当电动机过载时，系统则具有很软的机械特性。

R_{GH}和R_{MH}为发电机和电动机换向极绕组的电阻，利用换向极绕组上的压降$U_{fa-}=I(R_{GH}+R_{MH})$，对系统起到电流截止负反馈作用。电压U_b为比较电压，极性与U_{fa-}相反，当电流较小时，$U_{fa-}<U_b$，二极管VD1因承受反向电压而截止，电流截止负反馈环节不起作用，此时系统的机械特性较硬；当负载增大后，主回路电流增大到某一值I_B时，电流反馈信号$U_{fa-}>U_b$，二极管VD1因受到正向电压而导通，在控制绕组0Ⅲ中流过一个去磁电流，$U_{0Ⅲ}=U_b-U_{fa-}$，电流截止负反馈环节起作用。电动机的负载越大，电流截止负反馈越强，去磁作用也越大，使电动机的转速迅速下降。当负载增大到使主回路的电流等于堵转电流时，电动机就被堵转而停止转动。电动机在反向运行时，主回路的电流相反，电流截止负反馈信号通过另一个二极管VD2加到控制绕组0Ⅲ上，工作原理同上。带电流截止负反馈的调速系统静特性如图13—9所示。

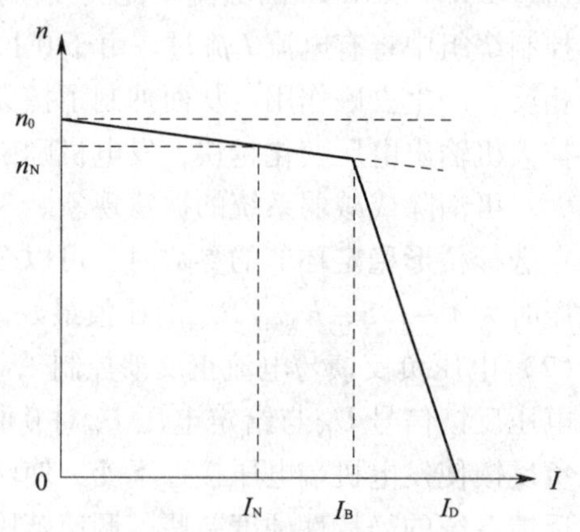

图13—9　带有电流截止负反馈的调速系统静特性

堵转时$n=0$，电流$I=I_D$。堵转电流应限制在允许的范围内，即$I_D\leqslant(2\sim2.5)I_N$，该特性称为“挖土机”特性。在工程上一般取$I_B>1.2I_N$，显然电流截止负反馈环节不仅在电动机处于负载过大时起作用，而且在启动、制动过程中起到限制启动、制动电流过大的作用。

2. 主驱动机组启动电路

交流电动机M_A驱动直流发电机G1、励磁机G2，构成主驱动机组。

（1）主驱动机组对电气控制的要求

1）采用Y－△降压启动，在Y形换△形过程中要有一短暂的延时，以保证两组继电器动作的电弧不致引起短路故障。

2）励磁机G2输出电压达到额定值，$KT_{\triangle}$线圈得电后，主驱动机组才能完成启动过程。

3）主驱动机组启动后，工作台直流电动机M才能投入运行。

4）交流电动机M_A、M_B、M_{FB}中任一台过载时，均能使工作台停在后退结束的位置。

（2）主驱动机组的控制电路

主驱动机组启动控制电路如图13—6所示。其工作原理如下：

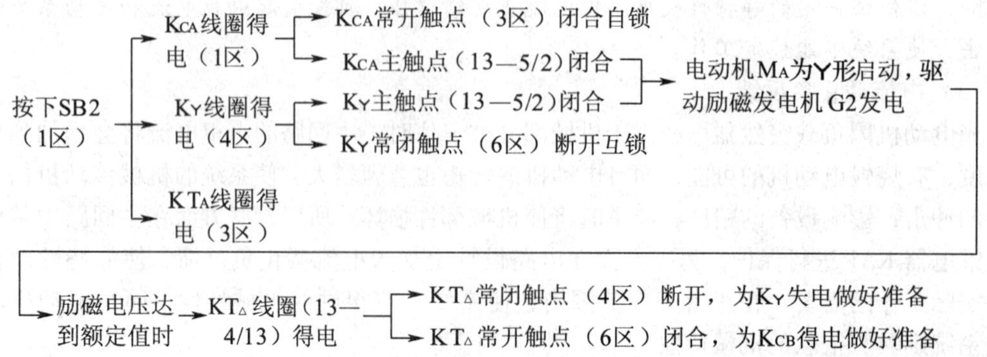

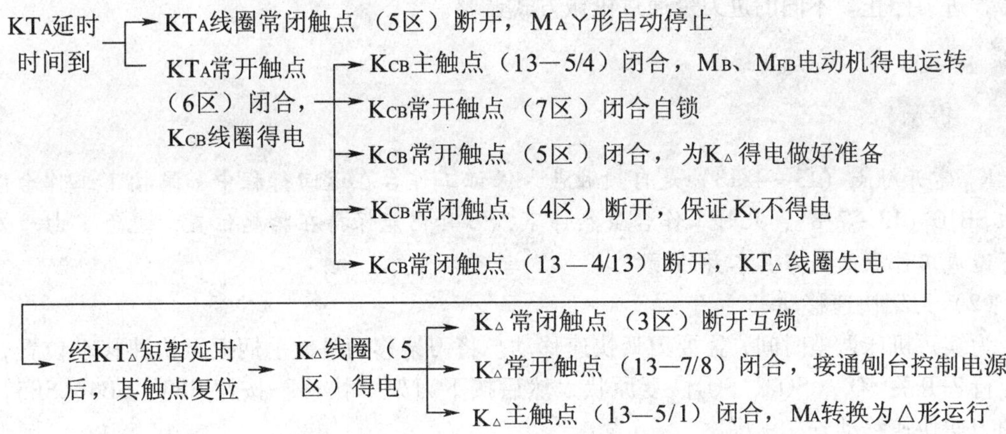

按下停止按钮 SB1，接触器 K_{CA}、$K_{\triangle}$、K_{CB}线圈失电，触点复位，切断交流电动机 M_A、M_B、M_{FB}电源，机床停止运行。

2 区 K_M常闭触点、K_{JI}常开触点、K_{1Q}常闭触点三个触点相串，与 KH1、KH2、KH3 常闭触点并联，功能是当工作台自动运行时，若 M_A或 M_B、M_{FB}中任一台过载，热继电器动作，工作台不停；只有当工作台后退换向时，K_{1Q}得电吸合后，其常闭触点断开才能使 K_{CA}失电，主驱动机组 M_A停止。在磨削加工时，因工作台速度低，这时如果出现过载，由于磨削控制接触器 K_M常闭触点断开，K_{CA}将立即断电，防止过载时间长而烧坏电动机。

3. 刀架控制电路

B2012A 型龙门刨床装有垂直刀架、右侧刀架和左侧刀架，分别由电动机 M_C、M_Y和 M_Z来驱动，其中两个垂直刀架共用一台电动机 M_C，通过传动机构分别传动。刀架控制电路能实现刀架的快速移动的自动进刀，刀架的快速移动与自动进刀、刀架运动方向由装在刀架箱上的机械手柄来选择。刀架控制电路如图 13—6 所示。

(1) 自动进刀

刀架的进给采用的是带紧胀环的进刀机构，依靠紧胀环转动角度的大小来控制每次的进刀量。每次进刀完成后，利用刀架驱动电动机反向旋转来使紧胀环复位，为第二次进刀做好准备。

当需要自动进刀时，将刀架移动机械手柄扳到自动进刀位置，使相应的位置开关 SQ_C、SQ_Y、SQ_Z压下。以垂直刀架为例，压下 SQ_C，当工作台加工行程结束，刀具离开工件，撞块使位置开关 SQ2 动作，SQ2 - b（13 - 7/11）闭合→K_{1H}线圈（13 - 7/11）得电→K_{HC}线圈（13 - 6/11）得电→电动机 M_C反转，刀架电机 M_C反转带动超越离合器上的拨叉盘复位，为进刀做好准备；SQ2 - a（13 - 7/7）断开→K_Q线圈（13 - 7/7）失电→K_H线圈（13 - 7/9）得电→K_{2H}线圈（13 - 4/14）得电，接通抬刀电磁铁，刀架自动抬起。同时，工作台制动并迅速返回，返回 SQ2 复位→K_{1H}失电→K_{HC}失电→电动机 M_C停转。返回至终点时，碰撞位置开关 SQ4，SQ4 - b（13 - 7/10）闭合→K_{1Q}线圈（13 - 7/10）得电→K_{QC}线圈（13 - 6/10）得电→电动机 M_C正转，刀架电机 M_C带动拨叉盘旋转，刀架进刀；SQ4 - a（13 - 7/9）断开→K_H线圈（13 - 7/9）失电→K_Q线圈（13 - 7/7）得电→K_{2H}线圈（13 - 4/14）失电，抬刀电磁铁失电，刀架落下，以便切削加工。当工作台重新前进时，SQ4 复位刀架电动机 M_C

停转，进刀停止。不同的进刀量通过机械方式调整。

K_{2H}常开触点（13－4/13）是自锁触点，保证工作台在返回行程中如果按下工作台停止按钮SB10（13－7/8），此时工作台虽然停下，刀具仍能保持在抬起位置，避免了由于刀具落下造成工件表面与刀具本身的损坏。

（2）刀架快速移动

为缩短机床调整时间，需要刀架快速移动。将刀架移动机械手柄扳至快速移动位置，使相应行程开关SQ_C、SQ_Y、SQ_Z恢复原状，然后按下刀架“快移”按钮SB3、SB4、SB5，相应的刀架快速移动。

只有当工作台停车时，K_{JI}常闭触点（13－6/10）复位，刀架才能快速移动，这是刀架快移与自动进给的联锁。

4．横梁控制电路

横梁上升时按照放松→上升→夹紧的次序工作；横梁下降时按照放松 →下降→ 回升 →夹紧的次序工作，多了一个“回升”环节。由电动机M_J控制横梁的夹紧与放松，由电动机M_H控制横梁的升降，横梁夹紧的程度采用电流检测的方法进行控制。控制电路如图13—7所示。

（1）横梁上升

按下SB6（1区）→ K_{JOH}线圈（1区）得电→K_{HJ}线圈（5区）得电 →电动机M_J反转→横梁放松 →放松到位压下位置开关SQ10，SQ10－b（5区）断开 →K_{HJ}线圈失电→电动机M_J停转 →放松完毕；同时SQ10－a（2区）闭合→K_{QH}线圈（2区）得电 →电动机M_H正转→横梁上升。

上升到位松开SB6→ K_{JOH}线圈失电→K_{QH}线圈失电 →电动机M_H停转 →上升停止→ K_{QJ}线圈（4区）得电 →电动机M_J正转→横梁夹紧→SQ10复位→ 当夹紧电流上升到使电流继电器KA_2线圈（13－5/10）动作→K_{QJ}线圈失电 →电动机M_J停转 →横梁夹紧结束。

5区的K_{JOH}常开触点和K_{HJ}常开触点并联，作用是操作者在横梁放松尚未完毕时，松开按钮，也能保证横梁放松完毕后再自行夹紧。

（2）横梁下降

按下SB7（1区）→ K_{JOH}线圈（1区）得电→K_{HJ}线圈（5区）得电 →电动机M_J反转 →横梁放松 →放松到位压下位置开关SQ10，SQ10－b（5区）断开→K_{HJ}线圈失电→电动机M_J停转 →放松过程完毕；同时SQ10－a闭合→K_{HH}线圈（3区）得电 →电动机M_H反转→横梁下降；K_{HH}线圈得电后，同时KT_H线圈（6区）得电，其断电延时断开常开触点（1区）闭合，为回升做好准备。

下降到位松开SB7→ K_{JOH}线圈失电→K_{HH}线圈失电→电动机M_H停转→下降停止→K_{QJ}线

圈（4 区）得电 →电动机 M_J正转→横梁夹紧→SQ10 复位，K_{QJ}线圈得电后→K_{QH}线圈（2 区）得电 →电动机 M_H正转 →横梁作回升动作；由于 K_{HH}线圈的失电→KT_H线圈失电 →经 KT_H短暂的断电延时（0.1～0.4 s）→ K_{QH}线圈失电→电动机 M_H停转→回升停止→当夹紧电流上升到使 KA2 动作→K_{QJ}线圈失电 →电动机 M_J停转 →横梁夹紧结束。

横梁升降操作均为点动控制，只有在工作台停止运动 K_{JI}线圈不得电情况下，通过 K_{JI}常闭触点（13－6/10）实现工作台和横梁升降的联锁控制；横梁上升由位置开关 SQ7（2 区）提供限位保护；横梁下降时为防止横梁与左、右侧刀架相碰，设有限位位置开关 SQ8、SQ9（3 区）。

横梁下降所设置的回升环节，是为了消除带动横梁的丝杠与螺母之间的间隙，以防横梁歪斜，保证横梁对工作台的平行度不超过允许误差范围。

5．工作台控制电路

（1）工作台对电控系统的要求

1）调整工作时，工作台能以较低速度“步进”或“步退”。

2）能按速度图的要求完成自动往复循环。

3）工作台停止时应有制动，防止“爬行”。

4）磨削时低速运行。

5）有必需的联锁保护。

（2）工作台的“步进”或“步退”

当主驱动电动机 M_A启动完毕，接触器 $K_\triangle$得电，$K_\triangle$常开触点（13－7/8）闭合，为工作台控制电路的工作做好准备，控制电路如图 13—7 所示。步进工作流程如下：

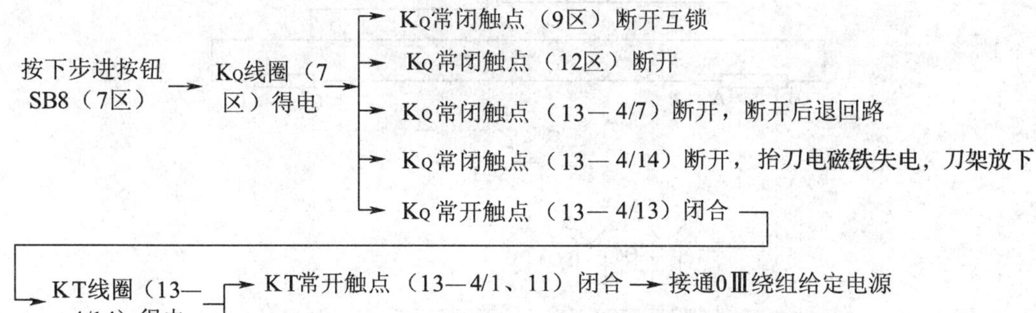

这时扩大机 0Ⅲ控制绕组的给定励磁回路的一部分电路如图 13—10 所示，0Ⅲ绕组上的给定电压为端子 207 和 210 之间电阻上的分压。这段电压较小，又有 RP5 限流，使扩大机输出电压较低 →发电机 G1 励磁电压低→发电机 G1 输出电压低→直流电动机 M 电枢电压低→工作台低速“步进”。这样的低速对调整机床是合适的。松开步进按钮 SB8，中间继电器 K_Q、时间继电器 KT 线圈失电，断开扩大机 0Ⅲ控制绕组电源，工作台步进停止。

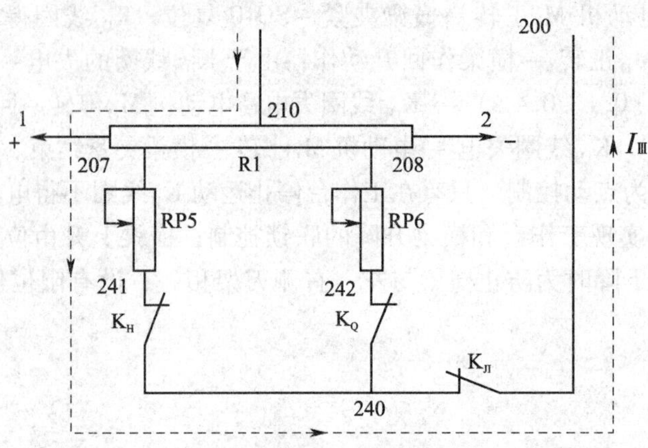

图 13—10　步进、步退时给定励磁的部分电路

需步退调整时，按下按钮 SB12（9 区），中间继电器 K_H 线圈（9 区）得电，接通步退回路，扩大机 0Ⅲ控制绕组上的给定电压为电阻 R1 上 208 和 210 之间的分压，可见此时加在扩大机 0Ⅲ控制绕组上的电压极性变反，工作台步退运行。

（3）工作台自动循环

在 B2012A 型龙门刨床的床身上装有 6 只位置开关：前进减速 SQ1、前进换向 SQ2、后退减速 SQ3、后退换向 SQ4、前进终端限位 SQ5 和后退终端限位 SQ6。工作台侧面装有 A、B、C 和 D 四个撞块，撞块 A 可与 SQ1 相碰，撞块 B 可与 SQ2、SQ5 相碰，撞块 C 可与 SQ3 相碰，撞块 D 可与 SQ4、SQ6 相碰，位置开关布置示意图如图 13—11 所示。减速与换向位置开关工作情况见表 13—1。

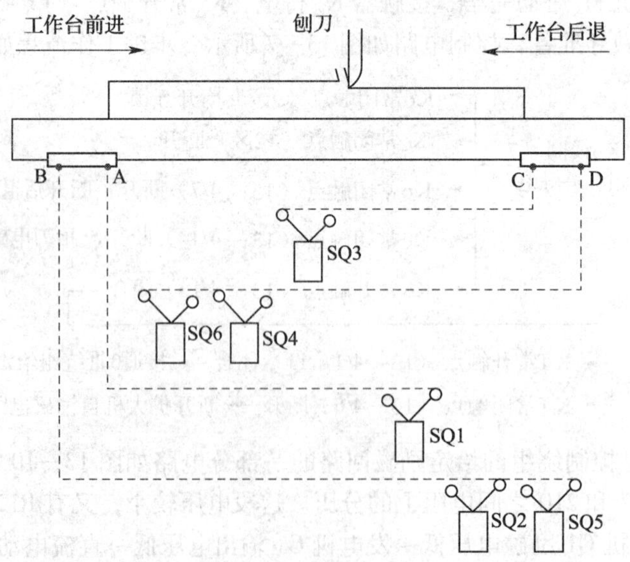

图 13—11　位置开关布置示意图

表 13—1　　减速与换向时行程开关状态表

触点 \ 状态		前进行程 开始→末尾					退回行程 开始→末尾				
前进减速行程开关	SQ1 - a	-	-	-	+	+	+	-	-	-	-
	SQ1 - b	+	+	+	-	-	-	+	+	+	+
前进换向行程开关	SQ2 - a	+	+	+	+	-	+	+	+	+	+
	SQ2 - b	-	-	-	-	+	-	-	-	-	-
后退减速行程开关	SQ3 - a	+	+	-	-	-	-	-	-	+	+
	SQ3 - b	-	-	+	+	+	+	+	+	-	-
后退换向行程开关	SQ4 - a	-	+	+	+	+	+	+	+	+	-
	SQ4 - b	+	-	-	-	-	-	-	-	-	+

注："+"表示触点接通；"-"表示触点断开。

当主驱动机组 M_A 启动完毕，横梁已经夹紧，油泵已经工作，并且机床润滑油供给情况正常时，工作台自动往返工作的控制电路处于准备状态。

设工作台停在返回行程终了的位置上，位置开关 SQ1、SQ2 未受压，位置开关 SQ3、SQ4 被压下，这时 SQ1 - b（13 - 4/6）、SQ2 - a（13 - 7/7）、SQ3 - a（13 - 7/12）和 SQ4 - b（13 - 7/10）触点是闭合的，SQ1 - a（13 - 7/13）、SQ2 - b（13 - 7/11）、SQ3 - b（13 - 4/5）和 SQ4 - a（13 - 7/9）触点是断开的。

当工作台需慢速切入、慢速退出时，将转换开关 SA6 转到慢速切入位置，SA6 常开触点（13 - 7/12）闭合，根据工作台的工作循环速度要求（见图 13—2a），工作台自动循环工作分为以下阶段：正向启动慢速切入→工作进程→慢速退出→反向启动并快速退回→反向减速。从图 13—7 所示可以看到，按下"前进"按钮 SB9，工作台自动工作流程如下：

1）启动，慢速切入工件。

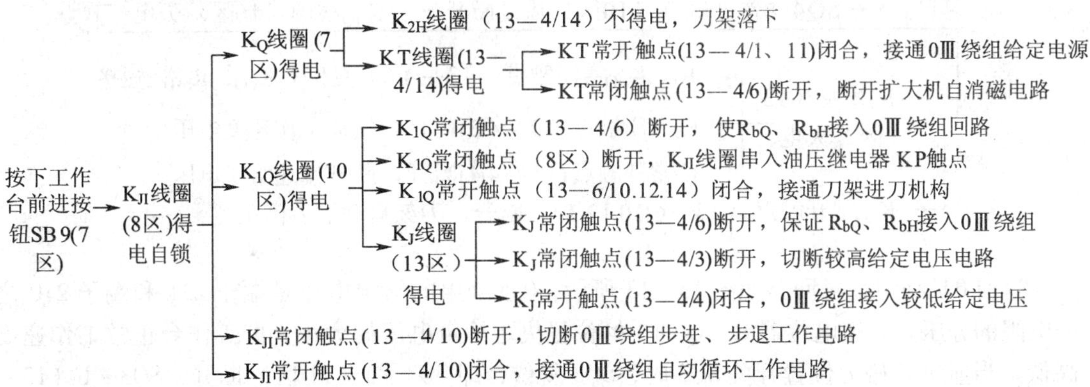

这时 0Ⅲ绕组励磁电路如图 13—12 所示，端子 231 和 210 之间的电压为 0Ⅲ绕组上的电压。该电压较小，工作台在慢速下运行，使刀具切入工件。

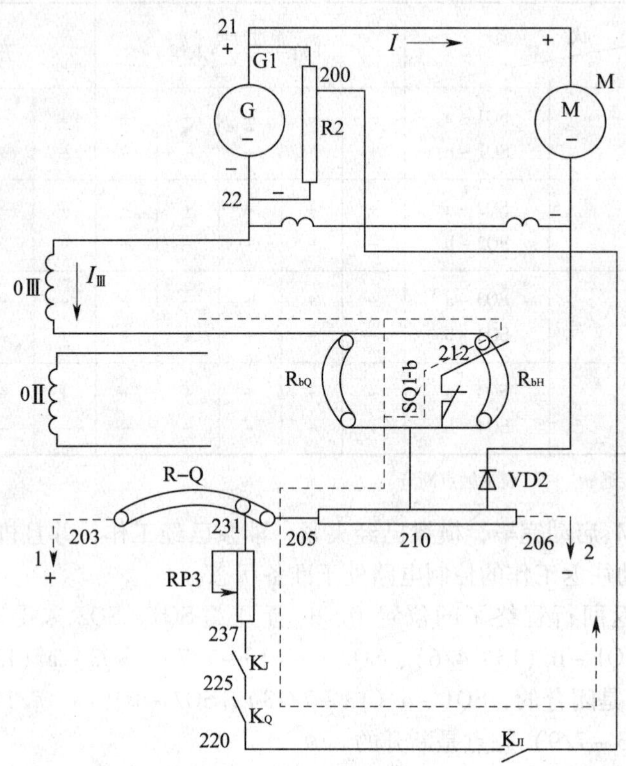

图 13—12　慢速切入时 0Ⅲ绕组励磁电路

2）切削进给。工作台继续前进，撞块 D 使位置开关 SQ4 复位，工作台切削进给工作流程如下：

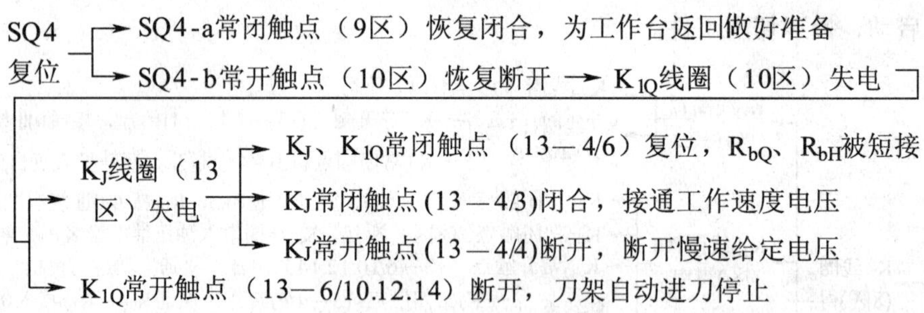

这时 0Ⅲ绕组励磁回路如图 13—13 所示，0Ⅲ绕组的给定电压是端子 221 和端子 210 之间电阻的分压。调速电位器 R－Q 的手柄位置决定给定电压的大小，即工作台正常工作速度高低。当撞块 C 碰上位置开关 SQ3 时，SQ3 复位，即 SQ3－a（11 区）断开，SQ3－b（13－4/6）闭合，短接部分 R_{bQ} 电阻。

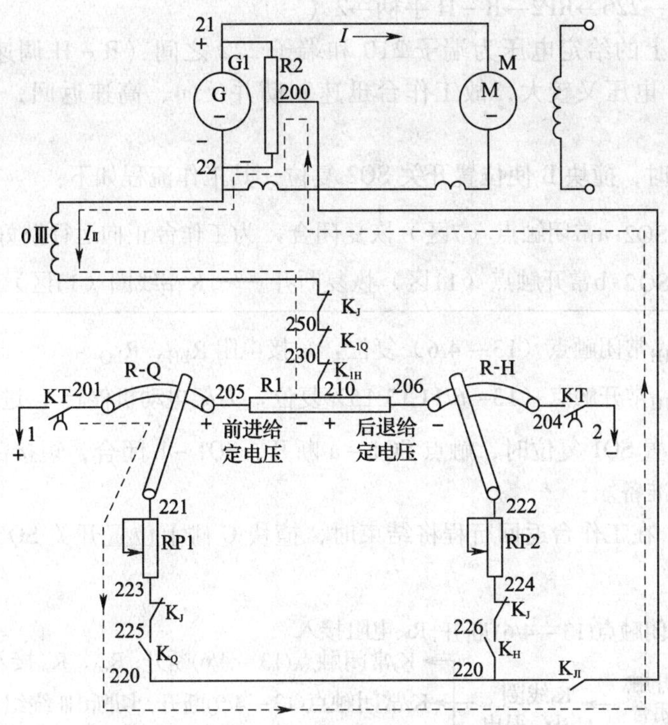

图13—13　前进工作进程时0Ⅲ绕组励磁电路

3）慢速退出。工作台前进行程将结束时，撞块A碰撞位置开关SQ1，其工作流程如下：

SQ1压下
- → SQ1-b(13—4/7)常闭触点断开，接入全部R_{bH}电阻
- → SQ1-a常开触点(13区)闭合 → K_J线圈(13区)得电
  - → K_J常闭触点(13—4/6)断开，R_{bQ}、R_{bH}接入0Ⅲ绕组回路
  - → K_J常闭触点(13—4/3)断开，切断0Ⅲ绕组正常速度工作电路
  - → K_J常开触点(13—4/4)闭合，接通慢速控制电路

位置开关SQ1被压下后，工作台转为慢速运行，使刀具在慢速下脱离工件，同时可使工作台反向时比较平稳，减小反向时工作台的越位。SQ1－b断开，使电阻R_{bH}全部串入0Ⅲ绕组回路中，以限制减速、反向过程中主回路冲击电流不致过大。

4）高速返回。当刀具离开工件，工作台前进结束时，撞块B碰上SQ2，其工作流程如下：

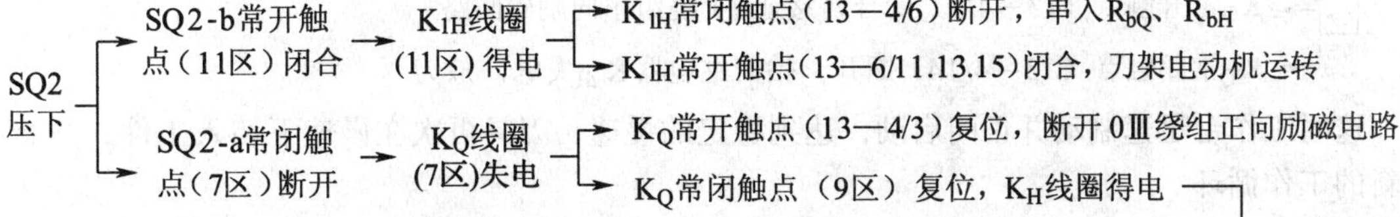

- → K_H常闭触点（13区）断开，K_J线圈失电 → 接入R-H的手柄电路
- → K_H常开触点（13—4/9）闭合，接通0Ⅲ绕组反方向励磁回路
- → K_H常开触点（13—4/13）闭合，抬刀继电器K_{2H}得电，抬刀

0Ⅲ绕组中电流通路是（见图 13—13）：（+）1→201→205→210→230→250→0Ⅲ→22→R2→200→220→226→RP2→R－H 手柄→2（－）。

这时 0Ⅲ绕组上的给定电压为端子 210 和端子 222 之间（R－H 调速手柄）的分压，由于极性已变反，电压又较大，故工作台迅速制动并反向，高速返回，减少空行程的时间。

当工作台返回时，撞块 B 使位置开关 SQ2 复位，其工作流程如下：

SQ2 复位
→ SQ2-a常闭触点（7区）恢复闭合，为工作台正向运行做好准备
→ SQ2-b常开触点（11区）恢复断开 → K_{1H}线圈（11区）失电
→ K_{1H}常闭触点（13—4/6）复位，短接电阻 R_{bH}、R_{bQ}
→ K_{1H}常开触点（13—6/11.13.15）复位，刀架电动机停转，进刀返回停止

当撞块 A 使位置 SQ1 复位时，触点 SQ1－a 断开，SQ1－b 闭合，短接部分 R_{bH}电阻，为再次前进进给做好准备。

5）反向减速。在工作台返回行程将结束时，撞块 C 碰上位置开关 SQ3，其工作流程如下：

SQ3 压下
→ SQ3-b常闭触点(13—4/6)断开，R_{bQ}电阻接入
→ SQ3-a常开触点(12区)闭合 → K_J线圈(13区)得电
→ K_J常闭触点(13—4/6)断开，R_{bQ}、R_{bH}接入0Ⅲ绕组回路
→ K_J常闭触点(13—4/9)断开，切断0Ⅲ绕组高速返回工作电路
→ K_J常开触点(13—4/8)闭合，接通慢速返回电路(RP4串入)

继电器 K_J得电，接通工作台慢速返回电路，工作台以慢速运行，以减小反向时的越位和冲击；R_{bQ}及 R_{bH}电阻的一部分并联后串入 0Ⅲ绕组回路，以防止过渡过程中主回路电流太大，电动机制动太强烈。

6）慢速切入。工作台返回行程结束时，撞块 D 碰上位置开关 SQ4，其工作流程如下：

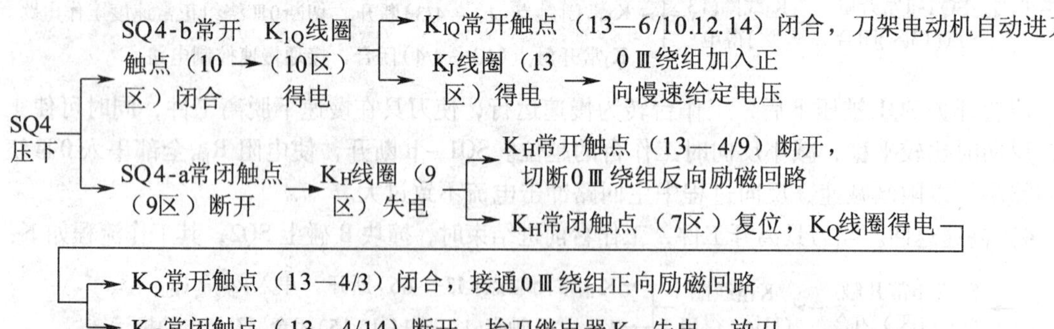

这时工作台迅速制动并正向启动，达到稳定的慢速，刀具再次在慢速下切入工件，开始了新的工作循环。

如果切削速度不太高，刀具能承受此时的冲击，可将操纵台上的转换开关 SA6 扳至断开位置，这样就没有慢速切入阶段，工作速度如图 13—2b 所示。

上述各自动循环动作及速度的变化，可用图 13—14 加以描述，如果工作台停在后退的末尾，并具备开车的全部条件时，即可按下启动按钮 SB9 开车。

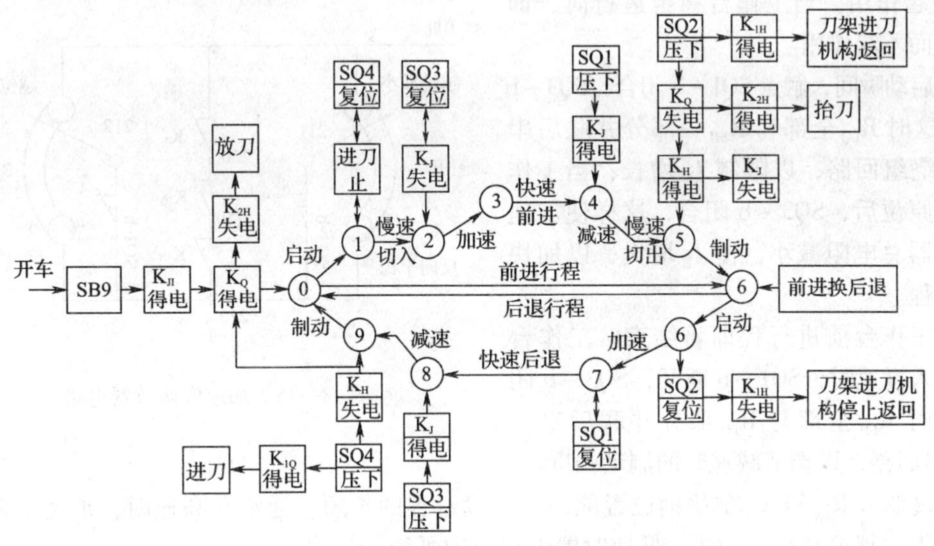

图 13—14 工作台自动循环动作与速度图

（4）工作台的低速和磨削加工

工作台前进或后退调速手柄处于低速位置时，与调速电位器 R－Q、R－H 联动的微动开关 SQ_Q（13－7/15）或 SQ_H（13－7/15）闭合。当前进继电器 K_Q 或后退继电器 K_H 得电时，它们的常开触点 K_Q（13－7/15）或 K_H（13－7/15）闭合，使低速运行继电器 K_{JO} 得电，K_{JO} 常闭触点（13－7/13）断开，减速运行继电器 K_J 不得电，扩大机 0Ⅲ控制绕组在较低的给定电压下低速运行。低速运行时，0Ⅲ控制绕组电流较小，此时励磁变化引起的扩大机输出电动势的变化较小，影响了稳速性能。为稳定工作台低速运行的工作速度，利用 K_{JO} 常开触点（13－4/8）闭合，短接 RP9 部分电阻，增加 0Ⅱ控制绕组的电流正反馈深度来提高运行速度的稳定性能。

当磨削转换开关 SA8（13－7/16）扳到磨削位置时，磨削中间继电器 K_M（13－7/16）得电吸合，其常闭触点（13－7/13）断开，减速运行继电器 K_J 不得电，使得慢速环节不起作用；K_M 常闭触点（13－4/2）断开，将可调电阻 RP11 串入，使给定电压减小，工作台降低到磨削时所需的速度；K_M 常开触点（13－4/3、8）闭合，将 RP8 和 RP9 部分电阻短接，加强了桥形校正环节和电流正反馈的作用，使工作台在磨削加工时运行更加平稳，在负载变化时工作台的速度降落更小；K_M 常开触点（13－4/7）闭合，使磨削加工时电压负反馈深度加强。

（5）加速度调节器

龙门刨床工作台往复运行时，经常处于启动、减速、反向和制动等过渡过程状态。虽然电机扩大机已采用桥形稳定环节，但其时间常数较大，在过渡过程初期，主电路电流的冲击仍很大，为减小这一冲击电流，又能加快过渡过程，在 B2012A 型龙门刨床主驱动控制系统中，设有加速度调节器，其电路如图 13—15 所示。它可以在启动、减速、反向和制动过程刚开始时，抑制主回路电流的增长，使其上升缓慢，待传动机构间隙消除后，再让主回路电流急剧上升到允许值，从而加快过渡过程。加速度调节器只在过渡过程中起作用，当工作台稳定运行时，即被短路而不起作用。

在启动瞬间，触点 SQ1 - b 闭合，SQ3 - b 断开，这时 R_{bQ}全部和 R_{bH}一部分并联后串入 0Ⅲ绕组回路，以限制 $I_{Ⅲ}$ 增长；当工作台离开原位后，SQ3 - b 闭合，这样使加速度调节器总电阻减小，使 $I_{Ⅲ}$ 增大，以加快启动过程。

在工作台前进行程即将结束，工作台即将转入慢速时，SQ1 - b 断开，SQ3 - b 闭合，这时 R_{bH}全部与 R_{bQ}部分并联后串入 0Ⅲ绕组回路，以调节减速时的制动强度。

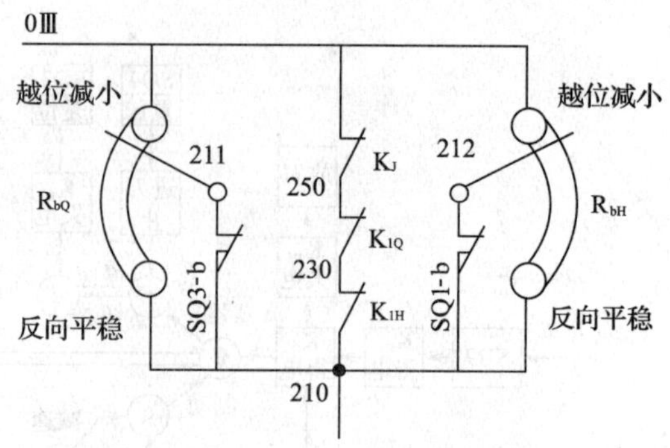

图 13—15　加速度调节器电路

通过调节 R_{bQ}和 R_{bH}的手柄位置能调节过渡过程的长短。通常在高速时，加速度调节器手柄置于“越位减小”一边；低速时置于“反向平稳”一边。

（6）停车制动与自消磁电路

工作台停车时，切断扩大机 0Ⅲ控制绕组给定电压，这时电压负反馈在 0Ⅲ绕组中流过一个很大的反向电流，从而对发电机去磁，使其端电压下降。由于直流电动机转速来不及变化，因而电动机的反电动势将大于发电机端电压，电动机处于发电制动而迅速停车。B2012A 型龙门刨床采用二级停车制动，从按下工作台停止按钮 SB10 到 KT 延时断开常开触点（13 - 4/1、11）断开为第一级停车制动，以后为第二级停车制动。

第一级停车制动的励磁控制与减速的励磁控制原理类似，按下 SB10 后，K_Q或 K_H、K_{JO}失电，触点复位，当 RP5 与 RP6 阻值相同时，与 R1 的两抽头（207 - 210）、（210 - 208）形成一平衡电桥，（210 - 240）间电压为零，所以停车制动时，0Ⅲ控制绕组给定励磁电压为零。0Ⅲ控制绕组流过反向励磁电流，主电路电流反向，电磁力矩成为制动力矩，主电动机 M 处于发电制动状态。电流正反馈也对发电机起去磁作用，参与停车制动。而电流截止负反馈也因主电流反向而起作用，但却是减缓制动作用。图 13—16 中 $I_{ⅢJ}$为电压负反馈产生的电流，$I_{ⅢZ}$为电流截止负反馈产生的电流。电流正反馈作用在扩大机 0Ⅱ绕组上。改变 RP5 和 RP6 的阻值，可以调节第一级制动的强弱，阻值减小，一级制动加强，但应保持 RP5 阻值约等于 RP6 阻值。

KT 断电延时时间到，进入第二级停车制动。R2 上的电压使 0Ⅲ控制绕组流过 $I_{ⅢD}$电流，继续对扩大机反向励磁，电动机 M 仍处于发电制动状态，直至 M 停止。

若 M 停止后，发电机 G1 仍有剩磁电压，就可能使工作台产生“反向爬行”。由 R2 上的端子 280 和 22 之间的电阻和 0Ⅲ控制绕组通过 KT 动断触点组成的发电机自消磁环节，如果发电机尚有剩磁电压，就会在消磁电路中有电流流过 0Ⅲ绕组，使扩大机级发电机励磁绕组朝减小发电机剩磁电压的方向励磁，起到自消磁的作用，克服工作台的“反向爬行”。同时，KT 的常闭触点（13 - 4/1）延时闭合后，有一分流电流流过 RP7，从而使流过扩大机补偿绕组 W_P的电流减小，使扩大机补偿能力减弱，处于欠补偿状态，减小了对发电机的反向励磁，缓和了停车制动，也利于减小剩磁。

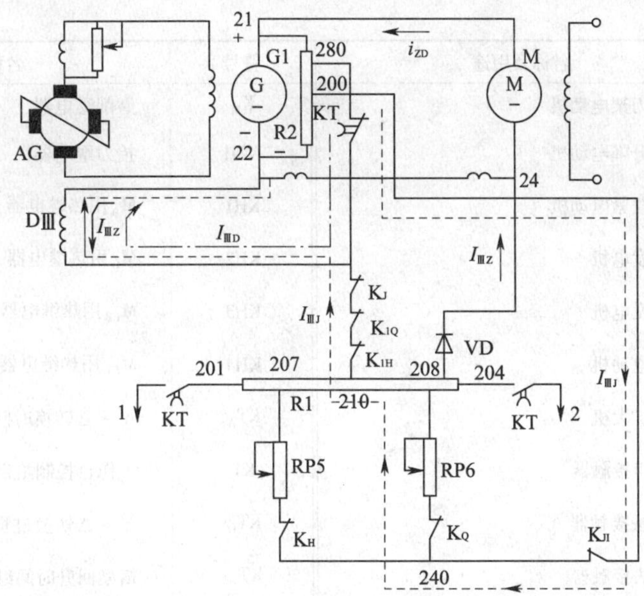

图 13—16 停车制动与自消磁电路

(7) 润滑泵电动机 M_{RB} 控制

将转换开关 SA7（13－7/14）转到“自动”或“连续”位置，接触器 K_{RB} 线圈（13－7/14）得电，润滑泵电动机 M_{RB} 运转，润滑泵正常工作后，工作台才能自动循环，它是由润滑压力继电器 KP 的常开触点（13－7/8）来实现的。

(8) 扩大机欠补偿环节

工作台的停车制动和自消磁电路，可使发电机的剩磁电压降低到很小，但由于扩大机也存在剩磁电压，它使发电机励磁电流反向增大，以致发电机输出电压变负，引起工作台反向“爬行”。为有效地减小扩大机剩磁电压，设置了扩大机补偿环节，如图 13—17 所示。

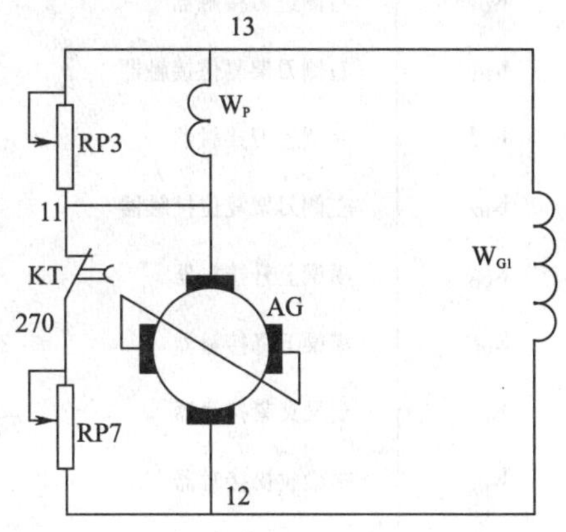

图 13—17 扩大机欠补偿环节

当按下停车按钮后，KT 延时后其动断触点复位，将 RP7 并接在扩大机两端。这样流经扩大机补偿绕组的电流被分流，补偿程度减弱，扩大机处于强烈欠补偿状态，有效地减小了扩大机的剩磁电压。调节 RP7 的阻值，可改变扩大机的补偿程度。

B2012A 型龙门刨床电气设备名称明细见表 13—2。

表 13—2　　B2012A 型龙门刨床电气设备名称明细表

符号	名称及用途	符号	名称及用途
M_A	交流异步电动机，驱动 G1 和 G2	M_{HB}	润滑泵用电动机
M_B	扩大机驱动电动机	M_C	垂直刀架电动机
M_{FB}	通风机用电动机	M_Y	右侧刀架电动机

续表

符号	名称及用途	符号	名称及用途
M_Z	左侧刀架电动机	K_M	磨削继电器
M_H	横梁升降电动机	K2H	抬刀继电器
MJ	横梁松紧电动机	KH1	M_A用热继电器
G1	直流发电机	KH2	M_B用热继电器
G2	励磁发电机	KH3	M_{FB}用热继电器
M	直流电动机	KH4	M_{RB}用热继电器
AG	电机扩大机	KT_A	Y－△转换时间继电器
K_{CA}	电机组接触器	KT	工作台控制给定电源时间继电器
K_Y	Y接法接触器	KT_D	Y－△切换过程延时时间继电器
$K_\triangle$	△接法接触器	KT_H	横梁回升时间继电器
K_{CB}	Y－△转换接触器并控制通风机	KA1	直流电动机主回路过流继电器
K_{RB}	润滑泵接触器	KA2	横梁夹紧过流继电器
K_{QC}	垂直进刀接触器	TC1	控制变压器
K_{HC}	垂直刀架复位接触器	TC2	照明变压器
K_{QY}	右侧进刀接触器	QF	电源总空气开关
K_{HY}	右侧刀架复位接触器	QF1	断路器
K_{QZ}	左侧进刀接触器	QF2	断路器
K_{HZ}	左侧刀架复位接触器	SA1～SA4	转换开关（抬刀选择）
K_{QH}	横梁上升接触器	SA5～SA9	主令开关
K_{HH}	横梁下降接触器	FU1～FU4	熔断器
K_{QJ}	横梁夹紧接触器	VC	硅整流器
K_{HJ}	横梁放松接触器	VD1	二极管
K_Q	工作台前进继电器	VD2	二极管
K_H	工作台后退继电器	SB1～SB10	按钮
K_{J1}	自动工作继电器	SQ1	前进减速位置开关
K_{1Q}	后退换向继电器	SQ2	前进换向位置开关
K_{1H}	前进换向继电器	SQ3	后退减速位置开关
K_J	减速继电器	SQ4	后退换向位置开关
K_{J0}	低速继电器	SQ5	前进限位位置开关

续表

符号	名称及用途	符号	名称及用途
SQ6	后退限位位置开关	SQ_Q	低速位置与 R－Q 联动微动开关
SQ7	横梁上升限位位置开关	SQ_H	低速位置与 R－H 联动微动开关
SQ8	横梁下降限位位置开关	KP	压力继电器
SQ9	横梁下降限位位置开关	R－Q	前进调速电位器
YA1～YA4	抬刀电磁铁线圈	R－H	后退调速电位器
SQ10	横梁松紧位置开关	b－Q	前进减速换向电位器
SQ_C	位置开关，垂直刀架自动进刀时压下	b－H	后退减速换向电位器
SQ_Y	位置开关，右侧刀架自动进刀时压下	HL4	照明灯
SQ_Z	位置开关，左侧刀架自动进刀时压下	HL1～HL3	信号灯

七、B2012A 型龙门刨床器件位置图

B2012A 型龙门刨床电气器件布置如图 13—18 所示，电气控制柜内接线如图 13—19 所示。

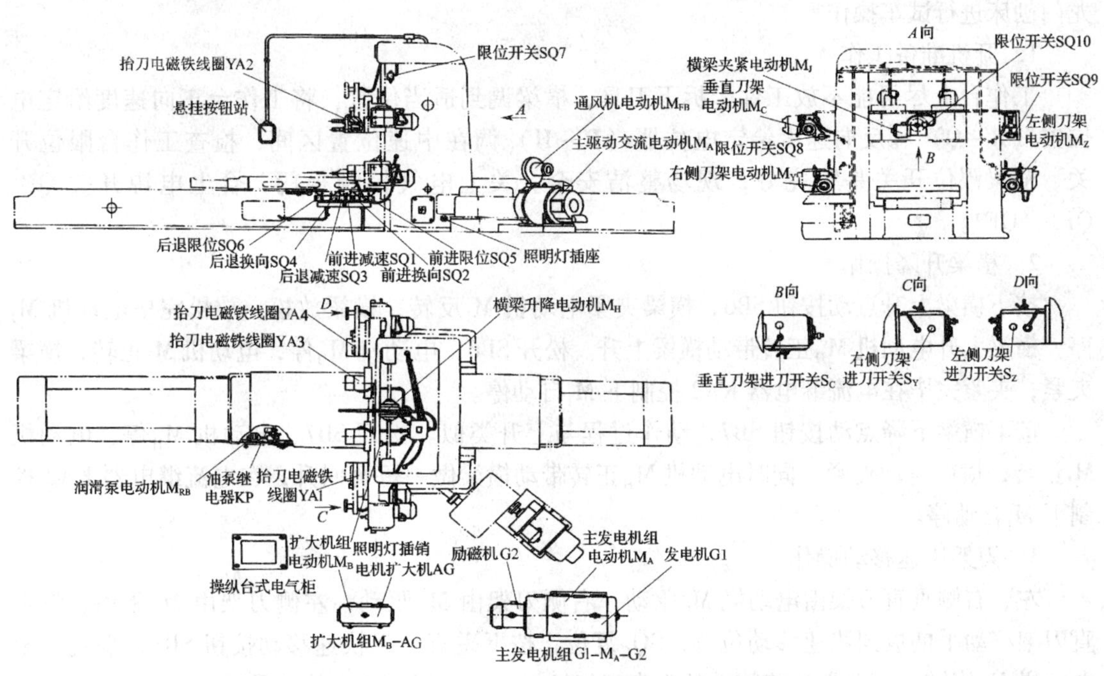

图 13—18　B2012A 型龙门刨床电气器件布置图

任务实施

一、认识 B2012A 型龙门刨床的主要结构和操作部件

观摩 B2012A 型龙门刨床实物与图 13—1 所示的龙门刨床外形图，认识 B2012A 型龙门刨床的主要结构和操作部件。

二、熟悉 B2012A 型龙门刨床的电气设备名称、型号规格、代号及位置

首先切断设备总电源，然后在教师指导下，根据表 13—2 所示元器件明细表、图 13—18 和图 13—19，弄清各位置开关、操作手柄、电动机、电磁铁安装位置，熟悉控制柜中电气元件位置，熟悉线路走向，清楚各操作按钮。

识别器件时，电气开关、操作手柄位置等不能扳动，电位器不要调动；熟悉线路走向时，不能扳动和拉扯导线，不能拆动导线。

三、观摩操作

观察教师对 B2012A 型龙门刨床试车的操作方法和步骤，并在教师指导下对 B2012A 型龙门刨床进行试车操作。

1. 开机准备工作

工作台上尽可能不放工件，拆下刀具，横梁调到适当位置，将工作台正向速度给定电位器（R－Q）和反向速度给定电位器（R－H）调在中速位置区间，检查工作台限位开关、横梁限位开关是否完好，现场整洁安全。关上电气控制柜门，合上电源开关 QF、QF1、QF2。

2. 横梁升降操作

按下横梁上升点动按钮 SB6，横梁夹紧电动机 M_J反转，横梁放松，放松完毕电动机 M_J停，横梁上升电动机 M_H正转带动横梁上升。松开 SB6，电动机 M_H停，电动机 M_J正转，横梁夹紧，夹紧完毕在电流继电器 KA2 控制下 M_J自动停。

按下横梁下降点动按钮 SB7，动作过程与上升类似。松开 SB7，电动机 M_H停，电动机 M_J正转，横梁自动夹紧，同时电动机 M_H正转带动横梁做一短暂回升，在电流继电器 KA2 控制下 M_J自动停。

3. 刀架快速移动操作

左、右侧垂直刀架由电动机 M_C驱动，右侧刀架由 M_Y驱动，左侧刀架由 M_Z驱动。将垂直刀架移动手柄扳到快速移动位置，SQ_C复位，按下垂直刀架快速移动按钮 SB3，垂直刀架电动机 M_C旋转，驱动需快速移动的垂直刀架按机械手柄操作方向快速移动。

右侧刀架、左侧刀架快速移动操作类似。

4. 主驱动机组启动操作

按下启动按钮 SB2，驱动发电动机 G1、G2 的交流电动机 M_A Y形降压启动，励磁发电动机 G2 发电；励磁电压达到额定值时，扩大机驱动电动机 M_B、通风电动机 M_{FB}启动工作，同

时电动机 M_A Y形启动停止，经短暂延时，M_A转入到△形运行。

按下停止按钮 SB1，切断驱动机组电源，M_A、M_B、M_{FB}停。

5. 工作台控制操作

(1) 启动润滑油泵

将转换开关 SA7 转到“自动”或“连续”位置，启动润滑油泵 M_{RB}。

(2) 工作台“步进”或“步退”

按下工作台步进按钮 SB8，扩大机 AG 输出较低电压，发电机 G1 输出较低正向直流电压，驱动直流电动机 M 低速正向旋转，工作台低速点动前进。

按下工作台步退按钮 SB12，工作台低速点动后退。

(3) 工作台自动进给

将某一刀架移动机械手柄扳到自动进刀位置（压下相关的位置开关 SQ_C、SQ_Y、SQ_Z），磨削转换开关 SA8 转到断开位置，转换开关 SA6 转到慢速切入模式，工作台将采用图 13—2a 的模式工作。

按下工作台前进按钮 SB9，抬刀继电器失电（刀架放下），接通刀架自动进刀机构，工作台慢速向前运行（使刀具切入工件）；SQ4 复位，刀架自动进刀停止，工作台按工作速度向前运行；前进将结束时，压下 SQ1，工作台转为慢速运行，使刀具在慢速下脱离工件；工作台前进结束（刀具离开工件）时，压下 SQ2，刀架电动机得电运转，抬刀继电器得电（抬刀），给定电压反向，工作台高速返回；SQ2 复位，刀架电动机停转；返回行程将结束时，压下 SQ3，工作台降为慢速运行；工作台返回结束时，压下 SQ4，刀架电动机自动进刀，工作台加入正向慢速给定电压，抬刀继电器失电（放刀）。重复这一循环工作过程，直至按下停止按钮 SB10。

当 SA6 扳到断开位置时，将无慢速切入工作过程，运行速度如图 13—2b 所示。

当 SA8 扳到磨削位置时，工作台运行速度降低，按图 13—2c 方式运行。

按下工作台后退按钮 SB11，工作过程类似。

试车时仔细观看工作台运行过程中的速度变化，以及抬刀、放刀、进刀动作，多观察几个自动循环过程。龙门刨床结构和操作复杂，试车应在教师监督和刨床操作人员指导下进行。

四、识读 B2012A 型龙门刨床电路图

识读电路原理图，在教师的指导下，结合对龙门刨床的实际操作，进一步理解龙门刨床各部分的功能及工作原理。

任务测评

对任务实施完成情况进行检查，并将结果填入表 13—3。

表 13—3　　评 分 标 准

<table>
<tr><th>项目内容</th><th>序号</th><th colspan="2">评 分 标 准</th><th>配分</th><th>得分</th></tr>
<tr><td rowspan="3">机床认识
（30%）</td><td>1</td><td colspan="2">不能对照龙门刨床实物或挂图说出主要部件名称，每处扣 2 分</td><td>6</td><td></td></tr>
<tr><td>2</td><td colspan="2">不能指出龙门刨床主要电气元件位置、不能识别元器件，每处扣 2 分</td><td>6</td><td></td></tr>
<tr><td>3</td><td colspan="2">横梁、刀架、驱动机组、工作台试车，每种方式试车有误扣 4 分；试车前未进行机床外观检查，扣 2 分</td><td>18</td><td></td></tr>
<tr><td rowspan="8">识读机床
电路图
（70%）</td><td>4</td><td colspan="2">机床主电路各电动机的工作特点表述不清，每处扣 2 分</td><td>10</td><td></td></tr>
<tr><td>5</td><td colspan="2">保护电路作用表述不清，每处扣 5 分</td><td>10</td><td></td></tr>
<tr><td rowspan="6">6</td><td>横梁电路</td><td rowspan="6">（1）识读方法、步骤不清楚，每处扣 3 分
（2）识读错误，每处扣 5 分</td><td>8</td><td></td></tr>
<tr><td>主驱动机组启动电路</td><td>8</td><td></td></tr>
<tr><td>抬刀电路</td><td>8</td><td></td></tr>
<tr><td>刀架电路</td><td>8</td><td></td></tr>
<tr><td>主驱动电路</td><td>9</td><td></td></tr>
<tr><td>工作台控制电路</td><td>9</td><td></td></tr>
<tr><td>备注</td><td colspan="3">本项目可采用自查和互查方式进行</td><td>成绩</td><td></td></tr>
<tr><td>开始时间</td><td></td><td>结束时间</td><td></td><td>实际时间</td><td></td></tr>
</table>

任务 2　检修 B2012A 型龙门刨床

学习目标

1. 掌握 B2012A 型龙门刨床电路典型故障的分析方法以及故障的检测流程。
2. 能按照正确的检测步骤，排除 B2012A 型龙门刨床电路的典型电气故障。

任务引入

B2012A 型龙门刨床电气控制线路复杂，使用过程中不可避免地会发生各种电气故障，影响设备的正常运行。作为机床维修人员，应能迅速、准确地采用正确的方法，查明故障原因并修复故障，以保障设备正常运行。本任务就来学习 B2012A 型龙门刨床常见电气故障的检修方法，逐步提高检修复杂电气线路故障的能力。

相关知识

B2012A 型龙门刨床典型故障分析

继电器部分的故障在前面的课题中分析较多，本节主要围绕工作台自动控制部分典型故障进行分析。

1．主驱动系统的故障

（1）发电机没有输出电压

发电机不能发电的故障一般是发电机两励磁绕组接线错误引起的：一种可能是两绕组自身的首尾相接，造成励磁绕组开路；另一种可能是两绕组接反，造成两绕组的磁通方向相反而抵消。

（2）直流电动机不启动

在直流电动机两组励磁绕组中，如果一组绕组极性接反，将造成直流电动机不启动和过电流继电器 KA1 动作，此时应停机检查励磁绕组的极性。

（3）励磁机的常见故障

1）励磁机没有输出电压

①控制柜内部接线松脱、电动机电刷接触不良，因此，造成发电机不能自励。只要把松脱的线接好，或调控好电刷的压力即可。

②剩磁消失而不能发电输出电压，可将并励绕组与电枢绕组断开，用直流电源（一般 100 V 左右）给并励绕组供电，使磁极充磁，充磁时间 2 ~ 3 min。如还没有输出，可改变极性，重新充磁。

2）励磁机的输出极性相反。如果电动机的旋转方向正确，输出电压极性相反，应该是励磁绕组和电枢绕组的极性同时接反了，可将其中任一绕组极性改接。

3）励磁机空载电压正常，加负载后电压下降过大。这是由于串励绕组或换向极绕组的极性接反，将其中一组绕组的极性改接即可。

（4）电机扩大机的常见故障

1）空载时电压低或没有输出

①控制绕组有断路或短路现象。

②交轴回路电刷顺着电枢旋转方向移动过多。

③交轴助磁绕组极性接反，绕组断线。

④电刷在刷盒内卡死，不能与换向器接触。

⑤换向器以及电枢绕组短路或断路。

⑥补偿绕组和换向极绕组断路。

⑦各绕组接线头脱落。

提示

扩大机与发电机电压极性一定要相符，它关系到电压负反馈的正确与否，因此对极性要认真检查与测量。

2）扩大机空载时发电正常，带负载时电压很低。检查电枢绕组、补偿绕组、换向极绕组的极性是否正确，是否有短路。如果在额定负载下输出电压低或无输出（甚至是负值），可判断为电枢绕组或补偿绕组的极性接反了；如果输出电压为空载电压的一半左右，并且电刷下的火花也比较大，则可能是换向极的绕组极性接反了，或是部分电枢绕组短路；如果电刷下的火花正常，则可能是补偿绕组或是与之并联的调节电阻器短路。

3）有负载时产生自激

①该故障的原因是电刷逆电枢旋转方向移动太多，产生一个助磁磁通，使输出电压升高，从而引起自激，可将电刷逐步顺着电枢旋转方向移动，直到不产生自激为止。

②补偿绕组的并联电阻器接触不良或开路，而造成过补偿。

4）扩大机电刷与换向器间的火花大，输出电压不稳定。该故障有机械原因和电气原因。机械原因主要是换向器表面变形、云母片突出、电刷压力不够、电刷在刷握内摆动或电枢转动不平衡等。电气原因有换向极绕组或助磁绕组极性接反、电刷不在几何中性线上、换向片间短路或绕组与换向片间焊接不良等。

2. 工作台换向过程中的常见故障分析

（1）换向时越位过大

越位是指工作台前进时压下前进换向位置开关 SQ2 或后退时压下后退换向位置开关 SQ4 后，工作台继续前进或后退一段距离，越位过大或过小都不好。越位过大，会撞动终端限位开关而导致经常停车，严重时工作台会和蜗杆脱开，甚至工作台冲出，造成设备和人身事故。B2012A 型龙门刨床规定在最高速度（90 m/min）时越位不超过 250～280 mm，超过该数值就是越位过大。产生越位过大的主要原因有：

1）减速制动回路工作不正常。

2）减速开关（R_{bQ}、R_{bH}）和继电器 K_J 的工作情况不正常。

3）电位器 RP3 和 RP4 上的触点有接触不良现象。

4）电压负反馈强度不合适，如果负反馈系数低于 0.4，可适当加强电压负反馈以减小越位。如果负反馈强度合适，则需要观察 RP8 的大小，检查稳定作用的强弱；观察 RP1 和 RP2 的大小，检查强迫励磁的强度；观察 RP3 和 RP4 的大小，检查减速制动的强弱。

5）截止电压较低。一般在电动机换向允许的情况下，可适当提高截止电压。

6）稳定环节作用较小或减速制动强度过高。要把加速调节器旋到“越位减小”的位置来调节 RP3、RP4。否则，即使调整好 RP3、RP4，刨床工作时，只要调节器旋到“越位减小”处，仍能出现反向冲击现象。

（2）换向越位过小

换向越位过小表明换向过程的制动作用过强，主电路制动电流过大，使直流电动机 M 的电刷下产生严重火花，同时会使机械部分受到过大的冲击，影响电动机和机床的使用寿命；越位过小还会产生进刀量较大时来不及进刀的问题。因为进刀时间从碰撞换向位置开关 SQ4 开始，经过一段时间越位，工作台由后退变为前进，再使 SQ4 复位为止，所以换向过小来不及进刀。换向越位最小距离规定在最高速时不小于 30～50 mm。

换向越位过小的原因和处理方法与换向越位过大相反。

（3）换向不正常

1）工作台在后退减速开关附近来回不断地往复运动。这是因为前进调速电位器 R－Q 上有铜屑，造成（101－231）接通短路。

2）如果 RP3 上的 231、233、235、237 接点与 RP4 上的 232、234、236、238 接点中任意一个接点互换，也会造成碰减速开关就反向的现象。

3. 工作台运行中的常见故障

（1）步进和步退动作不正常

先检查工作台交流控制电路，按下步进 SB8 或步退 SB12 按钮，观察前进继电器 K_Q 或后退继电器 K_H 是否吸合。若不吸合，根据交流控制电路逐个检查相关触点工作是否正常。若前进或后退继电器能正常吸合，则故障可能的原因是：

1）检查相关的触点和 200 号线头在 R2 上接触是否良好。

2）检查 VD1 和 VD2 整流管是否击穿。

3）检查给定电压是否过低。

4）电流正反馈是否太弱，可调节相关的电阻值。

5）工作台润滑油的黏度是否合适。

6）步进失效，而步退正常，是因为步进和步退电路不平衡，可检查 RP5、RP6 电位器上的短接点是否接触不良，造成支路不通。

（2）工作台速度过高

1）电压负反馈电路中有断线，造成电压负反馈信号消失，使 0Ⅲ控制绕组中的电流增大，使电机扩大机和直流发电机过电压，从而使带动工作台的电动机速度过高。

2）直流电动机的励磁绕组出线端松脱，电动机剩磁很小，如果电动机在轻载或空载情况下运转时，将会产生“飞车”现象。如果电动机驱动较大负载，将使电动机停转。

3）发电机自激也会使工作台速度过高，可检查绕组接线和极性。

4）扩大机过补偿。扩大机补偿的并联电阻 RP13 断路，使扩大机工作在过补偿状态，造成扩大机和直流发电机输出过电压，引起工作台速度过高。

（3）工作台速度升不到高速

1）电机扩大机的交轴电刷接触不良，经放大后有很大的电压降，使发电机的励磁回路电压不足，造成速度上不去。

2）控制绕组 0Ⅱ中有接触不良现象。

3）电压负反馈过强。

4）减速继电器 K_J 铁心被粘住，使工作台始终处在减速状态下运行。

5）调速手柄本身损坏，失去调速作用。

（4）低速吃刀后工作台速度下降，返回行程速度正常

1）电路正反馈回路有断路现象，反馈强度不够，或是将电流正反馈极性接反成为负反馈。

2）电压负反馈太弱时，扩大机或发电机电刷位置顺着旋转方向移动过多。

（5）工作台低速蠕动（爬行）

工作台在低速特别是磨削运动时，有时会产生移动一下→停止一下→再移动一下的循环动作。产生的原因是工作台与导轨之间动摩擦与静摩擦差别较大，当导轨面完全为油膜隔开或工作台速度较高时不会产生蠕动。可加强润滑，减小摩擦力；适当加大低速时的电压负反馈或电流正反馈及加强稳定环节的作用来消除蠕动现象。

（6）按下步进或步退按钮后，工作台均前进且速度很高

故障原因一般是直流电路中的二极管 VD1 被击穿，其电路如图 13—20 所示。当时间继电器 KT 的常开触点（13－4/1，11）闭合后，在 0Ⅲ控制绕组中会有很大的击穿电流 $I_{击}$ 流过。在按下步进按钮 SB8 时，在 0Ⅲ控制绕组中的 $I_{步进}$ 与 $I_{击}$ 电流方向相同，故扩大机和发电

机发出较高电压，使工作台高速步进；按下步退按钮 SB12 时，在 0Ⅲ控制绕组中的 $I_{步退}$ 与 $I_{击}$ 电流方向相反，但由于此时 $I_{击} \gg I_{步退}$，所以工作台仍为步进运行，不会步退，只不过前进的速度略低于步进时前进的速度。

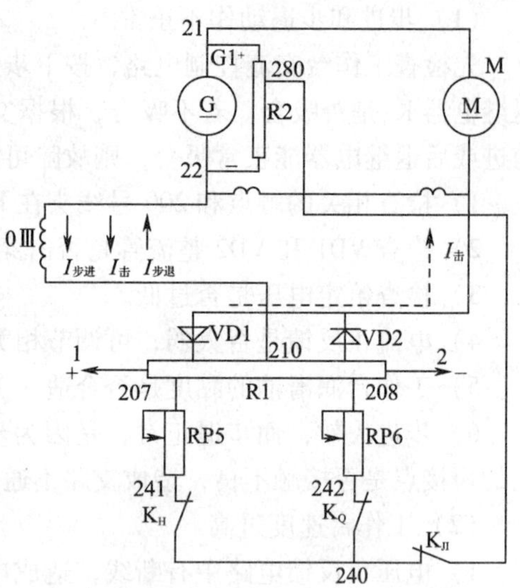

图 13—20　电流截止负反馈环节 VD1 被击穿后的电路

4. 停车时的常见故障

（1）停车爬行

当发电机的剩磁电压为 4 ~ 5 V 时，就能使工作台产生爬行。有时由于消磁作用太强而反向磁化，使停车后反方向继续爬行，这时可采用减少剩磁的方法解决。

1）检查消磁回路是否有错误或接触不良。

2）R2 的 280 – 22 之间的阻值是否太小。

3）检查时间继电器 KT 的延时闭合常闭触点接触是否良好。

（2）停车不稳或倒退

该故障主要是制动太强所致。首先判断停车过猛发生在第一级还是第二级制动，如果是第一级制动，应检查和调整 RP5 和 RP6 阻值、稳定环节，以及电流截止环节。如果是发生在第二级制动，就应该检查和调整自消磁环节和欠补偿能耗制动环节，也可调整时间继电器 KT 的延时时间。

（3）停车冲程大

该故障的原因是制动强度太弱。可调节电流负反馈强度，或是减小 RP5 和 RP6 回路的阻值，降低稳定环节的强度。

（4）停车时振荡

该故障的原因是稳定环节不起作用。

1）检查电阻 R3 与 0Ⅰ绕组是否接触不良。

2）检查扩大机的 0Ⅰ控制绕组出线极性是否标反。如果标反，0Ⅰ绕组产生的磁通与 0Ⅲ绕组产生的磁通方向相同，相当于产生一个助磁磁通，使扩大机的电压上升，因而不仅起不到稳定作用，而且会造成振荡。

5. 交流控制电路的常见故障

（1）按停止按钮后，工作台不停，松开按钮工作台反向后退并转换为自动工作。

该故障是继电器 $K_{Л}$ 线圈失电后，铁心粘住未脱开造成的。

（2）横梁夹紧和上下移动动作不正常

该故障的原因是位置开关 SQ10 动作失灵，在自动复位过程中停留在中间位置，出现了常开触点未断开，常闭触点未闭合的现象，因而使电路无法工作。

（3）横梁夹紧电动机 M_J 过载烧坏

该故障的原因是过流继电器 KA2 失灵，导致横梁夹紧电动机 M_J 长期在堵转电流状态下工作而烧坏。

任务实施

一、任务准备

实施本任务所需要的实训设备及工具材料见表 13—4。

表 13—4　　实训器材表

工具	测电笔、电工刀、尖嘴钳、斜口钳、剥线钳、螺钉旋具、活扳手等
仪表	万用表、兆欧表、钳形电流表
机床	B2012A 型龙门刨床或 B2012A 型龙门刨床模拟电气控制台

二、B2012A 型龙门刨床典型故障的排除

1. 理清 B2012A 型龙门刨床各电气元件的位置、线路走向。

2. 对典型故障分析中涉及的故障现象设置已知故障点，试车、检测并排除。

3. 针对以下故障现象在 B2012A 型龙门刨床上设置故障点。

（1）合上电源开关后，垂直刀架、左侧刀架、右侧刀架均不能手动快速调整。

（2）垂直刀架手动调节正常，左、右侧刀架不能手动调整。

（3）垂直刀架不能自动进刀。

（4）按下主驱动启动按钮 SB2，M_A能Y形启动运转，不能进入△运行，通风机 M_{FB}和扩大机驱动电动机 M_B不运转，工作台也不能运行。

（5）工作台停止状态下，按下横梁上升（SB6）或下降按钮（SB7），横梁不能上升也不能下降。

（6）横梁放松后既不能升也不能降。

（7）横梁上升动作正常，但不能下降。

（8）横梁下降后无回升动作。

（9）按下工作台步进按钮 SB8，工作台点动前进；但按下步退按钮 SB12，工作台不运动。

（10）按下工作台前进按钮 SB9，工作台运行，松开按钮，工作台停止。

（11）工作台步进、步退正常，但不能自动循环工作。

（12）工作台停车时不稳定，冲击过大。

（13）工作台后退时抬刀电磁铁不工作。

（14）主驱动机组工作正常，按下工作台前进、后退按钮均不工作。

（15）工作台运行到前进转后退时，工作台自动停车。

4. 故障检测前先通过试车说出故障现象，分析故障大致范围，讲清拟采用的故障检测手段、检测流程，正确无误后方能在教师监护下进行检测训练。

5. 找出故障点以后切断电源，仔细修复，不得扩大故障或产生新的故障；修复后通电试车。

任务测评

对 B2012A 型龙门刨床电气控制线路检修任务实施完成情况进行检查，并将结果填入表 13—5。

表 13—5　　评分标准

项目内容	序号	评分标准	配分	得分
故障分析	1	不能根据试车的状况说出故障现象，扣5～10分	10	
	2	不能标出最小故障范围，每个故障扣5分	10	
	3	不能标出故障线段或错标在故障回路以外，每个故障点扣5分	10	
排除故障	4	停电不验电，扣5分	5	
	5	测量仪表使用不正确，每次扣5分	5	
	6	排除故障方法、步骤不正确，扣10分	10	
	7	损坏电气元件，扣10分	10	
	8	不能排除故障，扩大故障范围或产生新的故障，每个故障扣20分	40	
安全文明生产	违反安全文明生产规程，未清理场地扣10～70分			
定额工时 30 min	不允许超时检查故障，但在修复故障时每超时1 min扣1分			
备注	除定额工时外，各项内容的最高扣分不得超过配分数		成绩	
开始时间		结束时间		实际时间

思考与练习

1. G－M驱动的B2012A型龙门刨床的直流调速系统引入了________反馈、________反馈、________反馈、________环节。

2. 电机扩大机0Ⅰ绕组的作用是________，0Ⅱ绕组的作用是________，0Ⅲ绕组的作用是________。

3. 工作台开始前进时采用低速，目的是________；在工作台前进与后退的末尾，工作台减速的目的是________、________。

4. 桥形稳定环节如何起稳定作用？稳定作用的强弱如何调节？

5. 在闭环系统中为什么要加入电流正反馈环节？

6. 电流截止负反馈环节对系统的静、动态特性有何影响？提高或减小比较电压会带来什么后果？在B2012A型龙门刨床中，该环节是怎样起作用的？

7. B2012A型龙门刨床刀架自动进给时，如何进刀和复位？

8. 横梁夹紧装置中电流继电器KA2的动作电流大小对横梁夹紧有何影响？

9. 加速度调节器的作用是什么？

10. 何谓自消磁？扩大机欠补偿环节的作用是什么？

11. 电机扩大机的驱动电动机工作正常，但扩大机发不出电压，分析产生故障的原因。

12. B2012A型龙门刨床工作台运行速度大大超过调速手柄规定的数值，产生这一故障的原因有哪些？

13. 横梁升降后不能夹紧，试分析故障原因。

14. 工作台步进、步退正常，但不能自动循环，试分析故障原因。